U0216311

高等学校通识课程教材系列

总 主 编　曹利军

执行主编　钟瑞栋

国务院侨务办公室立项

彭磷基外招生人才培养改革基金资助

高等学校创新教材

概率论与数理统计

苏保河 ◎ 编著

厦门大学出版社
XIAMEN UNIVERSITY PRESS
国家一级出版社
全国百佳图书出版单位

内容提要

  本书共分为八章,包括随机事件及其概率、一维随机变量及其数字特征、多维随机变量及其数字特征、大数定律和中心极限定理、数理统计的基本概念、参数估计、假设检验、方差分析和线性回归分析等内容.各章配有习题,并附有习题参考答案.本书的最大特点是将功能强大的数学软件 Mathematica 和 SPSS 融入教学之中,力图降低学生的学习负担,帮助他们更好地掌握概率论与数理统计知识.参加本书审稿的有:吴广庆、杜萍、刘中学、王为民、洪莉、张越等.

  本书可作为高等院校"概率论与数理统计"课程的教材或教学参考书,适用于理工医和经济管理类各专业本科教学.本书也适用于社科类大学生作为通识课或选修课开设的"概率论与数理统计"课程,教师可根据学生基础和教学学时适当减少理论证明和公式推导.本书可供各类管理人员和工程技术人员参考.

  讲授本教材内容,可根据学时多少、生源特征和教学目标作适当取舍,讲授学时可在 32～64 学时.与传统教学内容相比,建议增加应用的讲授和训练,减少计算技巧的讲解和练习,让学生把数学的思想和方法留给自己,把枯燥繁杂的计算交给计算机.

  使用本教材,预计可以减轻学生负担 25%,有效激发学生的学习兴趣,彻底解决相关计算问题,有助于学生终身掌握概率论与数理统计知识,提高将理论方法应用于实际的能力.

前　言

"概率论与数理统计"是高等院校理工医和经管类各专业的重要基础课程,由于其逻辑性强,计算量大,应用性广,使我们在教学实践中遇到极大挑战:

首先,教学课时不断压缩与教学内容有增无减的矛盾难以调和.2000 年以前,"概率论与数理统计"课程的学时普遍为 64 学时以上,近年来,受教学改革、节假日增多等影响,学时普遍被压缩为 48 学时以下,而且很多院校将每学时由 50 分钟压缩为 45 分钟.与此同时,人们越来越认识到概率论与数理统计的重要作用,教学内容并没有减少.

其次,传统教学内容和方法难以适应高等教育从精英教育向大众教育的转变.近年来,随着高校的大面积扩招,大学生不再都是百里挑一的高才生,对概率论与数理统计的理解能力整体上有所下降,不少学生学习比较吃力,学习效果不甚理想.

另外,学生培养目标与概率论与数理统计教学内容的矛盾日益突出.近年来,高等院校越来越注重培养受社会欢迎的"应用型人才",而传统教学内容偏重理论推导和习题演算,与实际应用严重脱节,难以培养学生利用概率论与数理统计知识解决实际问题的能力.

我们用什么来应对挑战?

荀子在《劝学》中说:"假舆马者,非利足也,而致千里;假舟楫者,非能水也,而绝江河.君子生非异也,善假于物也."今天,功能最强大、使用最普及的"物"或许就是计算机了.我们认为,将功能强大的计算机和数学软件融入概率论与数理统计教学之中,能够有效解决学生数学基础薄弱和保证教学质量的矛盾,彻底破解棘手的计算问题,大大激发学生的学习兴趣,显著提高概率论与数理统计的教学质量,为高等院校的教学改革和发展提供正能量.

将计算机和数学软件(本书采用 Mathematica 和 SPSS)融入概率论与数理统计教学中,其优越性至少有以下几方面:

第一,Mathematica 和 SPSS 能涵盖概率论与数理统计的所有内容,不存在教学内容上的盲区,不用担心内容的衔接与断档问题.

第二,Mathematica 和 SPSS 不仅功能极其强大,而且具有良好的人机界面,操作方便,简单易学,学生很容易掌握.

第三,对于基础较差的学生,即使他们没有很好地掌握概率论与数理统计的理论和技巧,也可以利用 Mathematica 和 SPSS 实现相关运算,使他们从抽象乏味的计算中解脱出来,有助于激发他们的学习兴趣和潜能,培养他们运用概率论与数理统计方法分析和解决实际问题的能力.

基于上述认识,我们将教学内容与数学软件有机融合起来,在系统讲述概率论与数理统计知识的基础上,增加了利用 Mathematica 和 SPSS 实现相关运算的内容.此外,我们还增加了若干实际问题,通过建立数学模型和利用数学软件运算,培养学生分析和解决实际问题的能力.

实践是检验真理的唯一标准,本教材的创新之处是否有生命力,能否有效改善概率论与数理统计的教学效果,还有待于实践的检验.欢迎各位同行集思广益,推动本教材的质量再上新台阶.

限于编者水平,教材中一定存在错误和不妥之处,敬请广大读者批评指正,谨表示诚挚的谢意!

苏保河

2014 年 10 月

目 录

第一章　随机事件及其概率 ·· 1

　第一节　随机试验与样本空间 ··· 1

　第二节　概率的定义 ··· 6

　第三节　计算概率的常用方法 ··· 14

　第四节　Mathematica 的简单应用 ······································ 25

　习题一 ·· 29

第二章　随机变量 ·· 32

　第一节　随机变量及其分布函数 ··· 32

　第二节　离散型随机变量 ··· 34

　第三节　连续型随机变量 ··· 42

　第四节　随机变量的函数的分布 ··· 51

　第五节　随机变量的数字特征 ··· 57

　第六节　Mathematica 在随机变量中的应用 ······························ 71

　习题二 ·· 77

第三章　多维随机变量 ·· 81

　第一节　多维随机变量及其联合分布函数 ································· 81

　第二节　二维离散型随机变量 ··· 83

　第三节　二维连续型随机变量 ··· 91

　第四节　多维随机变量的数字特征 ······································· 109

　第五节　二维正态分布 ··· 119

　第六节　Mathematica 在多维随机变量中的应用 ·························· 122

　习题三 ·· 126

第四章　大数定律和中心极限定理 ·· 132

　第一节　大数定律 ··· 132

第二节　中心极限定理 ………………………………………… 137

第三节　Mathematica 的应用 ………………………………… 141

习题四 ………………………………………………………… 143

第五章　数理统计的基本概念 …………………………… 144

第一节　总体与样本 ………………………………………… 144

第二节　常用抽样分布 ……………………………………… 152

第三节　数学软件在数理统计中的简单应用………………… 160

习题五 ………………………………………………………… 165

第六章　参数估计 ………………………………………… 167

第一节　参数的点估计 ……………………………………… 167

第二节　参数的区间估计 …………………………………… 177

第三节　数学软件在参数估计中的应用……………………… 189

习题六 ………………………………………………………… 195

第七章　假设检验 ………………………………………… 198

第一节　假设检验的概念 …………………………………… 198

第二节　正态总体参数的假设检验 ………………………… 203

第三节　两个正态总体参数的假设检验 …………………… 213

第四节　分布拟合检验 ……………………………………… 223

第五节　应用实例 …………………………………………… 227

第六节　数学软件在假设检验中的应用……………………… 235

习题七 ………………………………………………………… 247

第八章　方差分析和线性回归分析 ……………………… 252

第一节　单因素方差分析 …………………………………… 252

第二节　一元线性回归分析 ………………………………… 258

第三节　SPSS 的应用 ……………………………………… 265

习题八 ………………………………………………………… 270

附表 1　泊松分布表 ……………………………………… 272

附表 2　标准正态分布函数表 …………………………… 274

附表 3　χ^2 分布的上 α 分位数表 ································· 275

附表 4　t 分布的上 α 分位数表 ································· 277

附表 5　F 分布的上 α 分位数表 ································· 278

习题参考答案 ··· 284

参考文献 ·· 295

第一章　　随机事件及其概率

在自然界和人类社会活动中,经常会看到两类现象:第一类是必然现象,例如,两个物体相互之间必然会有吸引力,同性电荷必然相互排斥,异性电荷必然相互吸引,等等;第二类是随机现象,例如,抛掷一枚质地均匀的硬币,可能出现正面,也可能出现反面,在抛掷之前不知道出现哪一结果,但是,如果我们重复抛掷同一硬币很多次,其结果就会呈现出规律性:出现正面的次数约为抛掷总次数的一半.概率论与数理统计就是研究随机现象规律的一门学科.

第一节　　随机试验与样本空间

一、随机试验

我们把人们对随机现象的观察称为**试验**.例如,抛掷一枚硬币观察出现正面还是反面,观察一批电子产品的寿命等.概率论与数理统计研究的是**随机试验**.

定义 1　满足下述条件的试验称为随机试验:

(1)试验可以在相同条件下重复进行;

(2)每次试验的结果不止一个,在试验之前能够明确试验的所有结果;

(3)每次试验之前无法预知会出现哪一结果.

随机试验可以简称为**试验**,经常用 E 表示.

例 1　E_1:掷一枚骰子,观察出现的点数.

例 2　E_2:记录某电话总机在某段时间接到的呼叫次数.

例 3　E_3:在一批电脑中任取一台,测试它的寿命(以小时计).

二、随机事件

试验的结果不止一个,每次试验可能出现这一结果,也可能出现那一结果.

定义 2　随机试验的直接结果称为样本点,所有样本点的集合称为样本空间,样本空间的子集称为随机事件.

样本空间常用 S 表示,**随机事件**可以简称为**事件**,经常用大写字母 A,B,C 等表示.

由一个**样本点**组成的事件称为**基本事件**.

在一次试验中,当且仅当事件中的一个样本点出现时,称这一事件**发生**. 显然,样本空间 S 也是事件,它在每一次试验中必然发生,称为**必然事件**. 空集不包含样本点,它在每一次试验中都不可能发生,称为**不可能事件**,经常将其记为 $\varnothing$.

例4　例1中 E_1 的样本空间为 $S_1 = \{1,2,3,4,5,6\}$,"出现的点数大于3"是一个事件,这一事件可记为

$$A_1 = \{4,5,6\},$$

"出现的点数大于0"是必然事件,"出现的点数大于6"是不可能事件.

例5　例2中 E_2 的样本空间为 $S_2 = \{0,1,2,\cdots\}$,"接到的呼叫次数不超过5"是一个事件,这一事件可记为

$$A_2 = \{0,1,2,3,4,5\}.$$

例6　例3中 E_3 的样本空间为 $S_3 = \{t \mid t \geqslant 0\}$,"这台电脑的寿命大于1000(小时)"是一个事件,这一事件可记为

$$\{t \mid t > 1000\},$$

"这台电脑的寿命不小于0"是必然事件,"这台电脑的寿命小于0"是不可能事件.

三、随机事件的关系与运算

根据上述定义,事件也是集合,因此,事件的关系与运算的实质就是集合的关系与运算. 如果我们用平面内的矩形表示样本空间 S,用矩形内的平面图形表示事件 A,则可以将事件的关系和运算通过图形表示出来,这种直观的表示方法称为**文图**,如图 1-1 所示.

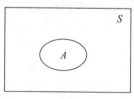

图 1-1

1. 包含和相等

如果事件 A 发生必然导致事件 B 发生,则称事件 B **包含**事件 A,记为 $B \supset A$ 或 $A \subset B$,如图 1-2 所示.如果 $A \supset B$ 且 $B \supset A$,则称事件 A 与事件 B **相等**,记为 $A = B$ 或 $B = A$.

2. 互不相容(互斥)

如果事件 A 与事件 B 不能同时发生,则称事件 A 与事件 B **互不相容或互斥**,如图 1-3 所示.如果 n 个事件 $A_1, A_2, \cdots, A_n$ 中任意两个事件都是互不相容的,则称这 n 个事件 $A_1, A_2, \cdots, A_n$ 是**两两互不相容的**.

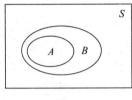

图 1-2

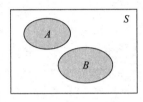

图 1-3

3. 事件的和

如果 A 与 B 均为事件,则事件 $A \cup B$ 表示"事件 A 与 B 中至少有一个发生",称为事件 A 与事件 B 的**和事件**,如图 1-4 所示.$A \cup B$ 也可以记为 $A + B$.

类似地,事件 $\bigcup\limits_{i=1}^{n} A_i$ 称为 n 个事件 $A_1, A_2, \cdots, A_n$ 的和事件,表示 n 个事件 $A_1, A_2, \cdots, A_n$ 中至少有一个发生;事件 $\bigcup\limits_{i=1}^{\infty} A_i$ 称为可列个事件 $A_1, A_2, \cdots$ 的和事件,表示可列个事件 $A_1, A_2, \cdots$ 中至少有一个发生.

4. 事件的积

如果 A 与 B 均为事件,则事件 $A \cap B$ 表示"事件 A 与 B 都发生",称为事件 A 与事件 B 的**积事件**,如图 1-5 所示.$A \cap B$ 也可以记为 AB.

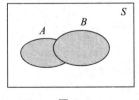

图 1-4

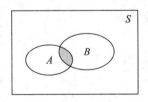

图 1-5

显然,事件 A 与事件 B 互不相容的充分必要条件为 $A \cap B = \varnothing$.

类似地,事件$\bigcap\limits_{i=1}^{n}A_i$称为$n$个事件$A_1,A_2,\cdots,A_n$的积事件,表示$n$个事件$A_1,A_2,\cdots,A_n$都发生;事件$\bigcap\limits_{i=1}^{\infty}A_i$称为可列个事件$A_1,A_2,\cdots$的积事件,表示可列个事件$A_1,A_2,\cdots$都发生.

5. 事件的差

如果A与B均为事件,则事件$A-B$表示"事件A发生且事件B不发生",称为事件A与事件B的**差事件**,如图 1-6 所示.显然有

$$A-A=\varnothing,\quad A-S=\varnothing,\quad A-\varnothing=A.$$

6. 事件的对立

如果A与B均为事件,$A\cup B=S$,$A\cap B=\varnothing$,则称事件B是事件A的**对立事件**,或称事件A是事件B的对立事件,也称为事件A与事件B互为对立事件.在任意一次试验中,如果事件A与事件B互为对立事件,则事件A与事件B中必有一个发生,且只有一个发生.事件A的对立事件记为$\overline{A}$,表示"事件A不发生",如图 1-7 所示.A的对立事件$\overline{A}$也称为A的**逆事件**或**余事件**.显然,

$$\overline{A}=S-A,\quad \overline{\overline{A}}=A$$
$$A\cup\overline{A}=S,\quad A\cap\overline{A}=\varnothing,$$
$$A-B=A\overline{B}=A-AB.$$

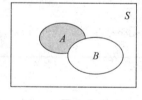

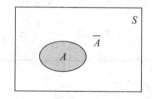

图 1-6　　　　　　　　　　　　　图 1-7

事件的运算有如下规律:

(1) 交换律

$$A\cup B=B\cup A,\quad A\cap B=B\cap A.$$

(2) 结合律

$$(A\cup B)\cup C=A\cup(B\cup C),$$
$$(A\cap B)\cap C=A\cap(B\cap C).$$

(3) 分配律

$$A\cup(B\cap C)=(A\cup B)\cap(A\cup C),$$

$$A \cap (B \cup C) = (A \cap B) \cup (A \cap C),$$

$$A \cup (\bigcap_{i=1}^{n} B_i) = \bigcap_{i=1}^{n} (A \cup B_i), \quad A(\bigcup_{i=1}^{n} B_i) = \bigcup_{i=1}^{n} AB_i.$$

(4) 德摩根律

$$\overline{A \cup B} = \overline{A} \cap \overline{B}, \quad \overline{A \cap B} = \overline{A} \cup \overline{B},$$

$$\overline{\bigcup_{i=1}^{n} A_i} = \bigcap_{i=1}^{n} \overline{A_i}, \quad \overline{\bigcap_{i=1}^{n} A_i} = \bigcup_{i=1}^{n} \overline{A_i}.$$

例 7　掷一枚骰子,观察出现的点数. A 表示"出现偶数点", B 表示"出现的点数大于 2", C 表示"出现的点数是小于 4 的奇数". 试表示下列事件:

$$A, \quad B, \quad C, \quad A \cup B, \quad AB, \quad A-B, \quad B\overline{C}, \quad \overline{A} \cup C.$$

解　$A = \{2,4,6\}, \quad B = \{3,4,5,6\}, \quad C = \{1,3\},$

$A \cup B = \{2,3,4,5,6\}, \quad AB = \{4,6\}, \quad A-B = A-AB = \{2\},$

$B\overline{C} = B-C = \{4,5,6\}, \quad \overline{A} \cup C = \{1,3,5\} \cup \{1,3\} = \{1,3,5\}.$

例 8　证明:(1)$(A \cup B)(A \cup \overline{B}) = A$; (2)$(A \cup B) - A = B - A$.

证　(1)$(A \cup B)(A \cup \overline{B}) = A \cup (B\overline{B}) = A \cup \varnothing = A.$

(2)$(A \cup B) - A = (A \cup B)\overline{A} = A\overline{A} \cup B\overline{A} = \varnothing \cup B\overline{A}$

$$= B\overline{A} = B - A.$$

例 9　设 $A_i(i = 1,2,3)$ 是事件,试用 $A_i(i = 1,2,3)$ 表示下列事件:

(1)A_1 不发生, A_2, A_3 都发生.

(2)A_1, A_2, A_3 中恰有一个发生.

(3)A_1, A_2, A_3 中不多于两个发生.

(4)A_1, A_2, A_3 中至少有两个发生.

解　(1)用 B_1 表示事件"A_1 不发生, A_2, A_3 都发生". 注意到 A_1 不发生,即 $\overline{A_1}$ 发生,因此, $B_1 = \overline{A_1} A_2 A_3$.

(2)用 B_2 表示事件"A_1, A_2, A_3 中恰有一个发生". 注意到 B_2 包含:A_1 发生且 A_2, A_3 均不发生、A_2 发生且 A_1, A_3 均不发生、A_3 发生且 A_1, A_2 均不发生,因此,

$$B_2 = A_1 \overline{A_2}\, \overline{A_3} \cup \overline{A_1} A_2 \overline{A_3} \cup \overline{A_1}\, \overline{A_2} A_3.$$

(3)用 B_3 表示事件"A_1, A_2, A_3 中不多于两个发生",其含义为"A_1, A_2, A_3 中至少有一个未发生",因此,

$$B_3 = \overline{A_1} \cup \overline{A_2} \cup \overline{A_3} = \overline{A_1 A_2 A_3}.$$

(4)用 B_4 表示事件"A_1, A_2, A_3 中至少有两个发生",其含义为"A_1, A_2, A_3 中有且只有两个发生,或者三个都发生",因此

$$B_4 = A_1 A_2 \overline{A_3} \bigcup A_1 \overline{A_2} A_3 \bigcup \overline{A_1} A_2 A_3 \bigcup A_1 A_2 A_3.$$

例 10 抛 3 次硬币,事件 $A_i(i=1,2,3)$ 表示"第 i 次出现正面",试用 $A_i(i=1,2,3)$ 表示下列事件:

(1) 仅第一次出现正面.

(2) 只出现一次正面.

(3) 三次都没有出现正面.

(4) 至少出现一次正面.

解 (1) 用 B_1 表示事件"仅第一次出现正面",这意味着"第一次出现正面,且第二次和第三次均未出现正面",因此,$B_1 = A_1 \overline{A_2} \overline{A_3}$.

(2) 用 B_2 表示事件"只出现一次正面",这表示"第一次出现正面且第二次和第三次均未出现正面,或第二次出现正面且第一次和第三次均未出现正面,或第三次出现正面且第一次和第二次均未出现正面",因此,

$$B_2 = A_1 \overline{A_2}\,\overline{A_3} \bigcup \overline{A_1} A_2 \overline{A_3} \bigcup \overline{A_1}\,\overline{A_2} A_3.$$

(3) 用 B_3 表示事件"三次都没有出现正面",这意味着"第一次没有出现正面,第二次没有出现正面,第三次也没有出现正面",因此,$B_3 = \overline{A_1}\,\overline{A_2}\,\overline{A_3}$.

(4) 用 B_4 表示事件"至少出现一次正面",这表示"或第一次出现正面,或第二次出现正面,或第三次出现正面",因此,$B_4 = A_1 \bigcup A_2 \bigcup A_3$. 根据对立事件的概念和运算规律,

$$B_4 = \overline{\overline{A_1 \bigcup A_2 \bigcup A_3}} = \overline{\overline{A_1}\,\overline{A_2}\,\overline{A_3}}.$$

B_4 也可以表示为互不相容的事件的和事件

$$B_4 = A_1 \overline{A_2}\,\overline{A_3} \bigcup \overline{A_1} A_2 \overline{A_3} \bigcup \overline{A_1}\,\overline{A_2} A_3 \bigcup A_1 A_2 \overline{A_3} \bigcup A_1 \overline{A_2} A_3 \bigcup \overline{A_1} A_2 A_3$$
$$\bigcup A_1 A_2 A_3.$$

第二节 概率的定义

随机事件在一次试验中可能发生,也可能不发生. 虽然在试验之前不能确定事件是否发生,但是,我们希望能够知道事件发生的可能性的大小,并且希望用数来表示这个可能性. 用来表示某事件发生的可能性大小的数,我们称其为该事件的**概率**,我们要解决的问题是:怎样定义事件的概率?

一、概率的统计定义

我们知道,随机事件在一次试验中是否发生并不确定,但是,经过大量试

验之后,事件的发生却有统计规律性.

如果在相同条件下将试验重复进行 n 次,事件 A 发生了 k 次,则称比值 $\dfrac{k}{n}$ 为事件 A 在这 n 次试验中发生的**频率**,记为 $Q_n(A)$. 例如,在抛掷硬币中,将 "出现正面"记为事件 A,如果抛掷硬币 10 次,发现正面出现了 6 次,我们就说 事件 A 在这 10 次试验中发生的频率 $Q_{10}(A) = \dfrac{6}{10}$. 为了观察统计规律性,前人 做过大量此类试验,表 1-1 给出了部分试验结果:

表 1-1

抛掷硬币者	抛掷次数 n	正面出现次数 k	正面出现频率 $\dfrac{k}{n}$
浦丰	4040	2048	0.5069
皮尔逊	24000	12012	0.5005
维尼	30000	14994	0.4998

由表 1-1 可以看出,随着抛掷次数增大,出现正面的频率越来越接近于 0.5. 大量试验证实,当试验次数充分增大时,随机事件发生的频率总会趋近 于某一个常数,随机现象的这一性质称为**频率的稳定性**. 基于频率的稳定性, 我们可以这样给出事件概率的定义:

定义 1 如果在相同条件下进行 n 次试验,事件 A 发生的频率在某一常 数附近摆动,并且随着试验次数 n 的充分增大,频率总会趋近于这个常数,则 称这个常数为事件 A 的概率,记为 $P(A)$.

定义 1 称为**概率的统计定义**. 由此定义可以看出,事件 A 的概率 $P(A)$ 就 是在一次试验中,对事件 A 发生的可能性大小的描述. 例如,我们用 0.5 来描 述在抛掷均匀硬币时出现正面的可能性.

二、概率的古典定义

古典概型是概率论发展初期研究的主要概率模型之一,概率的定义这样 给出:

定义 2 设随机试验 E 满足下列两个条件:

(1) E 的样本空间 $S = \{e_1, e_2, \cdots, e_n\}$ 只有 n(有限数) 个样本点,

(2) 每个基本事件发生的可能性相同,

则称随机试验 E 为古典概型或等可能概型. 如果事件 $A = \{e_{i_1}, e_{i_2}, \cdots, e_{i_k}\} \subset S$,即 A

包含 k 个样本点,则称 $P(A) = \dfrac{k}{n}$ 为事件 A 的概率.

定义 2 称为概率的**古典定义**. 在定义 2 中,事件 A 的概率 $P(A) = \dfrac{k}{n}$,其中 k 表示事件 A 中包含的基本事件的个数,n 表示样本空间 S 中包含的基本事件的总数.

在使用公式 $P(A) = \dfrac{k}{n}$ 前要判断所研究的问题是否属于古典概型,例如,袋中装有形状相同的 2 个红球和 3 个白球,分别编号 1,2,3,4,5,现从袋中任取一球.如果根据取到的球的号码建立样本空间 $S_1 = \{1,2,3,4,5\}$,显然属于古典概型;如果根据取到的球的颜色建立样本空间 $S_2 = \{红色,白色\}$,则不是古典概型问题,因为两个基本事件的概率不相等.

例 1 掷一枚骰子,观察出现的点数.A 表示"出现偶数点",B 表示"出现的点数大于 2",C 表示"出现的点数是小于 4 的奇数".试计算下列事件的概率:

$$A, \quad B, \quad C, \quad A \bigcup B, \quad B\overline{C}.$$

解 试验的样本空间 $S = \{1,2,3,4,5,6\}$,包含 6 个基本事件:$\{1\}$、$\{2\}$、$\{3\}$、$\{4\}$、$\{5\}$、$\{6\}$;事件 $A = \{2,4,6\}$,包含 3 个基本事件:$\{2\}$、$\{4\}$、$\{6\}$.根据古典概型的概率计算公式,我们有

$$P(A) = \frac{3}{6} = \frac{1}{2};$$

类似地可得其他事件的概率:

由 $B = \{3,4,5,6\}$,可得 $P(B) = \dfrac{4}{6} = \dfrac{2}{3}$;

由 $C = \{1,3\}$,可得 $P(C) = \dfrac{2}{6} = \dfrac{1}{3}$;

由 $A \bigcup B = \{2,3,4,5,6\}$,可得 $P(A \bigcup B) = \dfrac{5}{6}$;

由 $B\overline{C} = \{4,5,6\}$,可得 $P(B\overline{C}) = \dfrac{3}{6} = \dfrac{1}{2}$.

例 2 一批产品共 100 件,其中有 4 件优等品,试求:

(1) 这批产品的优等品率.

(2) 任取 2 件产品,恰有 1 件是优等品的概率.

(3) 任取 3 件产品全非优等品的概率.

解 分别用 $P(A_1)$,$P(A_2)$,$P(A_3)$ 表示(1)、(2)、(3)中所求的概率,根

据古典概型的概率计算公式,我们有:

(1)$P(A_1)$相当于任取 1 件产品恰是优等品的概率.从这批产品中任取 1 件产品,每一种取法是一个基本事件.显然,取到优等品的取法有 4 种,即 A_1 包含的基本事件的个数为 $k_1 = 4$;所有产品中任取 1 件的取法共有 100 种,即样本空间 S_1 中包含的基本事件的总数为 $n_1 = 100$,所求概率

$$P(A_1) = \frac{4}{100} = 0.04.$$

(2)从这批产品中任取 2 件产品,每一种取法是一个基本事件.显然,2 件产品恰有一件是优等品的取法有 $C_4^1 C_{96}^1$ 种,即 A_2 包含的基本事件的个数为 $k_2 = C_4^1 C_{96}^1$;所有产品中任取 2 件的取法共有 C_{100}^2 种,即样本空间 S_2 中包含的基本事件的总数为 $n_2 = C_{100}^2$,所求概率

$$P(A_2) = \frac{C_4^1 C_{96}^1}{C_{100}^2} \approx 0.0775758.$$

(3)从这批产品中任取 3 件产品,每一种取法是一个基本事件.显然,3 件产品全非优等品的取法有 C_{96}^3 种,即 A_3 包含的基本事件的个数为 $k_3 = C_{96}^3$;所有产品中任取 3 件的取法共有 C_{100}^3 种,即样本空间 S_3 中包含的基本事件的总数为 $n_3 = C_{100}^3$,所求概率

$$P(A_3) = \frac{C_{96}^3}{C_{100}^3} \approx 0.883612.$$

例 3   将 n 只球随机放入 $N(n \leqslant N)$ 个盒子中,假设每一只球放入任一个盒子是等可能的,试求:

(1)任一个盒子中最多有一只球的概率.

(2)某指定的 n 个盒子中各有一只球的概率.

(3)某指定的一个盒子中恰有 $k(k < n)$ 只球的概率.

解   将 n 只球随机放入 $N(n \leqslant N)$ 个盒子中,每一种放法是一个基本事件.因为每一只球都可以放入 N 个盒子中的任何一个,有 N 种放法,所以 n 只球共有

$$N \times N \times \cdots \times N = N^n$$

种放法,即样本空间包含 N^n 个基本事件.

(1)用事件 A 表示"任一个盒子中最多有一只球".我们可以这样考虑:将第一只球放入 N 个盒子中的任何一个,有 N 种放法,将第二只球放入没有球的 $N-1$ 个盒子中的任何一个,有 $N-1$ 种放法 …… 将第 n 只球放入没有球的

$$N-(n-1)=N-n+1$$

个盒子中的任何一个,有 $N-n+1$ 种放法.所以,共有

$$N\times(N-1)\times\cdots\times(N-n+1)$$

种放法.根据古典概型的概率计算公式,所求概率

$$P(A)=\frac{N\times(N-1)\times\cdots\times(N-n+1)}{N^n}=\frac{C_N^n n!}{N^n}.$$

(2)用事件 B 表示"某指定的 n 个盒子中各有一只球".我们可以这样考虑:将第一只球放入指定的 n 个盒子中的任何一个,有 n 种放法,将第二只球放入指定的且没有球的 $n-1$ 个盒子中的任何一个,有 $n-1$ 种放法 …… 将第 n 只球放入指定的且没有球的 1 个盒子中,有 1 种放法.所以,共有

$$n\times(n-1)\times\cdots\times 1$$

种放法.根据古典概型的概率计算公式,所求概率

$$P(B)=\frac{n\times(n-1)\times\cdots\times 1}{N^n}=\frac{n!}{N^n}.$$

(3)用事件 C 表示"某指定的一个盒子里恰有 $k(k\leqslant n)$ 只球".我们可以这样考虑:首先从 n 只球中取出 k 只球,有 C_n^k 种取法,将它们放入指定的一个盒子中,有 1 种放法;然后将剩余的 $n-k$ 只球放入非指定的 $N-1$ 个盒子中的任何一个,有 $(N-1)^{n-k}$ 种放法.所以,共有

$$C_n^k\times 1\times(N-1)^{n-k}=C_n^k(N-1)^{n-k}$$

种放法.根据古典概型的概率计算公式,所求概率

$$P(C)=\frac{C_n^k(N-1)^{n-k}}{N^n}.$$

例 3 是古典概型中的一个经典模型,许多有趣的实际问题可以归结为这一模型.例如,"将 10 封邮件随机发到 100 台电脑,某指定的一台电脑恰收到 3 封邮件",就相当于"将 10 只球随机放入 100 个盒子中,某指定的一个盒子里恰有 3 只球",这一事件的概率为

$$\frac{C_n^k(N-1)^{n-k}}{N^n}\Big|_{\substack{k=3\\n=10\\N=100}}=\frac{C_{10}^3(100-1)^{10-3}}{100^{10}}\approx 0.000111848.$$

例 4 100 件同型号的产品中,有 40 件一等品,60 件二等品,从中任取 3 件,在下列两种取样方法中,试求:"所取三件产品都是一等品"的概率和"所取三件产品中一件是一等品,两件是二等品"的概率.

(1)放回取样.即每次取一件,检查后放回,然后在所有产品中再取一件.

(2)不放回取样.即每次取一件,检查后不放回,然后在剩下的产品中再取一件.

解　分别用事件 A 表示"所取三件产品都是一等品", B 表示"所取三件产品中一件是一等品,两件是二等品".

(1) 放回取样.由于是放回取样,每次抽取产品都有 100 种选择,所以在 100 件产品中抽取 3 件有 100^3 种抽取方法,即样本空间含有 100^3 个基本事件.而事件 A 表示抽取的 3 件产品都是一等品,只能从 40 件一等品中抽取,有 40^3 种抽取方法.因此,事件 A 的概率

$$P(A) = \frac{40^3}{100^3} = 0.064.$$

事件 B 表示抽取的三件产品中,一件是一等品,两件是二等品,所以一件产品是从 40 件一等品中抽取的,有 40 种抽取方法;两件产品是从 60 件二等品中抽取的,有 60^2 种抽取方法;由于我们考虑了顺序问题,所以还需考虑一件一等品是在第一、二、三次抽取中的哪一次抽到的,显然有 C_3^1 种可能.因此,事件 B 含有 $C_3^1 \times 40 \times 60^2$ 个基本事件,事件 B 的概率

$$P(B) = \frac{C_3^1 \times 40 \times 60^2}{100^3} = 0.432.$$

(2) 不放回取样.由于是不放回取样,从 100 件产品抽取一件后,第二次只能从剩下的 99 件中抽取,第三次只能从剩下的 98 件中抽取,所以样本空间含有 $100 \times 99 \times 98 = P_{100}^3$(100 个不同元素中取出 3 个元素的排列数)个基本事件.同理,事件 A 含有 $40 \times 39 \times 38 = P_{40}^3$ 个基本事件,事件 A 的概率

$$P(A) = \frac{P_{40}^3}{P_{100}^3} \approx 0.0611008,$$

事件 B 含有 $C_3^1 \times P_{40}^1 \times P_{60}^2$ 个基本事件,事件 B 的概率

$$P(B) = \frac{C_3^1 \times P_{40}^1 \times P_{60}^2}{P_{100}^3} \approx 0.437848.$$

由例 4 可知,放回取样和不放回取样所得概率不相等.但是,当产品数量较大,而且抽取的产品数量较小时,放回取样和不放回取样所得概率相差很小.因此,在实际应用中,如果遇到产品数量很大而抽取数量相对很小的情形,可以把不放回取样作为放回取样来处理,更加方便地解决问题.

三、概率的公理化定义

概率的统计定义虽然很直观,但是,在理论和应用上都存在缺陷,例如,我们不能利用这个定义计算概率 $P(A)$;概率的古典定义也有局限性,例如,它要求样本空间的样本点为有限个,要求基本事件的发生是等可能的.我们希望能够给出概率的"更好"的定义,为此,我们先分析频率 $Q_n(A)$.设试验 E 的样

本空间为 S,A,B 为事件,容易验证频率 $Q_n(A)$ 具有下列性质:

(1) 非负性:$Q_n(A) \geqslant 0$,

(2) 归一性:$Q_n(S) = 1$,

(3) 可加性:若 $AB = \varnothing$,则 $Q_n(A \cup B) = Q_n(A) + Q_n(B)$.

我们再分析概率的古典定义. 可以验证,概率的古典定义满足下列性质:

(1) 非负性:$P(A) \geqslant 0$,

(2) 归一性:$P(S) = 1$,

(3) 可加性:若 $AB = \varnothing$,则 $P(A \cup B) = P(A) + P(B)$.

根据频率的性质、概率的统计定义和概率的古典定义,人们经过总结和抽象,给出了**概率的公理化定义**:

定义 3　设 E 是随机试验,S 是 E 的样本空间. 如果对于任一事件 $A \subset S$,定义一个实数 $P(A)$,它满足以下三个条件:

(1) 非负性:$P(A) \geqslant 0$,

(2) 归一性:$P(S) = 1$,

(3) 可列可加性:对于两两互不相容的可列个事件 $A_1,A_2,\cdots$,

$$P(\bigcup_{i=1}^{\infty} A_i) = \sum_{i=1}^{\infty} P(A_i),$$

则称 $P(A)$ 为事件 A 的概率.

如不特别说明,本书中所说的概率定义是指定义 3. 显然,概率的古典定义是定义 3 的特例. 由定义 3 可得概率的如下性质:

性质 1　$P(\varnothing) = 0$.

证　因为必然事件 $S = S \cup \varnothing \cup \varnothing \cdots \cup \varnothing \cdots$,且 $S,\varnothing,\varnothing,\cdots,\varnothing,\cdots$ 两两互不相容,由定义 3 的三个条件可知 $P(\varnothing) = 0$.

性质 2　对于两两互不相容的 n 个事件 $A_1,A_2,\cdots,A_n$,

$$P(\bigcup_{i=1}^{n} A_i) = \sum_{i=1}^{n} P(A_i).$$

证　在定义 3 的条件(3)中,令 $A_{n+1} = A_{n+2} = \cdots = \varnothing$,再利用性质 1 易得性质 2.

性质 2 称为概率的**有限可加性**.

性质 3　对于任一事件 $A,P(A) = 1 - P(\overline{A})$.

证　因为 $S = A \cup \overline{A}$,且 $A,\overline{A}$ 互不相容,由定义 3 和性质 2 可知

$$1 = P(S) = P(A) + P(\overline{A}),$$

即 $P(A) = 1 - P(\overline{A})$.

性质 4   如果事件 $B \supset A$, 则 $P(B-A) = P(B) - P(A)$.

证   因为

$$B = A \bigcup (B-A), \quad A(B-A) = \varnothing,$$

所以

$$P(B) = P(A \bigcup (B-A)) = P(A) + P(B-A),$$

即

$$P(B-A) = P(B) - P(A).$$

由性质 4 易知, 对于任意事件 A, B,

$$P(B-A) = P(B-AB) = P(B) - P(AB).$$

性质 5   如果事件 $B \supset A$, 则 $P(B) \geqslant P(A)$.

证   由性质 4 和定义 3 易得性质 5.

由定义 3、性质 1 和性质 5 易知, 对于任意事件 $A, 0 \leqslant P(A) \leqslant 1$.

性质 6   如果 A, B 是两个事件, 则 $P(A \bigcup B) = P(A) + P(B) - P(AB)$.

证   因为

$$A \bigcup B = A \bigcup (B-AB), \quad A(B-AB) = \varnothing,$$

所以

$$P(A \bigcup B) = P(A \bigcup (B-AB)) = P(A) + P(B-AB)$$
$$= P(A) + P(B) - P(AB).$$

上式称为概率的**加法公式**. 加法公式可以推广到多个事件的和事件的情形, 例如, 如果 A_1, A_2, A_3 是三个事件, 则

$$P(A_1 \bigcup A_2 \bigcup A_3) = P(A_1) + P(A_2) + P(A_3) - P(A_1 A_2)$$
$$- P(A_1 A_3) - P(A_2 A_3) + P(A_1 A_2 A_3).$$

例 5   设 $P(A) = 0.3, P(B) = 0.4, P(AB) = 0.2$, 求 $P(\overline{A}), P(A-B)$, $P(\overline{A}B), P(A \bigcup B)$.

解   由事件和概率的性质可得:

$P(\overline{A}) = 1 - P(A) = 1 - 0.3 = 0.7$,

$P(A-B) = P(A-AB) = P(A) - P(AB) = 0.3 - 0.2 = 0.1$,

$P(\overline{A}B) = P(B-A) = P(B-AB) = P(B) - P(AB) = 0.4 - 0.2 = 0.2$,

$P(A \bigcup B) = P(A) + P(B) - P(AB) = 0.3 + 0.4 - 0.2 = 0.5$.

例 6   设 $P(A) = 0.2, P(B) = 0.4, P(A \bigcup B) = 0.5$, 求 $P(AB)$, $P(\overline{A}\,\overline{B}), P(\overline{A} \bigcup \overline{B})$.

解   由概率的加法公式 $P(A \bigcup B) = P(A) + P(B) - P(AB)$, 可得

$$P(AB) = P(A) + P(B) - P(A \bigcup B) = 0.2 + 0.4 - 0.5 = 0.1.$$

由性质 3 可得

$$P(\overline{A}\,\overline{B}) = P(\overline{A \bigcup B}) = 1 - P(A \bigcup B) = 1 - 0.5 = 0.5.$$

$$P(\overline{A} \bigcup \overline{B}) = P(\overline{AB}) = 1 - P(AB) = 1 - 0.1 = 0.9.$$

例 7 设 A,B 互不相容，$P(A) = 0.1$，$P(B) = 0.6$，求 $P(A\overline{B})$，$P(\overline{A}\,\overline{B})$.

解 因为 A,B 互不相容，即 $AB = \varnothing$，由性质 1 可知 $P(AB) = 0$，所以

$$P(A\overline{B}) = P(A-B) = P(A-AB) = P(A) - P(AB) = 0.1 - 0 = 0.1.$$

因为 A,B 互不相容，由概率的有限可加性可知

$$P(A \bigcup B) = P(A) + P(B) = 0.1 + 0.6 = 0.7,$$

由上式可得

$$P(\overline{A}\,\overline{B}) = P(\overline{A \bigcup B}) = 1 - P(A \bigcup B) = 1 - 0.7 = 0.3.$$

例 8 某办公室有两台计算机，计算机甲发生故障的概率为 0.1，计算机乙发生故障的概率为 0.2，两台计算机同时发生故障的概率为 0.05，试求：

(1) 两台计算机至少有一台发生故障的概率.

(2) 两台计算机都不发生故障的概率.

(3) 两台计算机不都发生故障的概率.

解 用事件 A 表示"计算机甲发生故障"，事件 B 表示"计算机乙发生故障"，则

$$P(A) = 0.1, \quad P(B) = 0.2, \quad P(AB) = 0.05.$$

(1) 两台计算机至少有一台发生故障的概率

$$P(A \bigcup B) = P(A) + P(B) - P(AB)$$
$$= 0.1 + 0.2 - 0.05 = 0.25.$$

(2) 两台计算机都不发生故障的概率

$$P(\overline{A}\,\overline{B}) = P(\overline{A \bigcup B}) = 1 - P(A \bigcup B)$$
$$= 1 - 0.25 = 0.75.$$

(3) 两台计算机不都发生故障的概率

$$P(\overline{AB}) = 1 - P(AB) = 1 - 0.05 = 0.95.$$

第三节　计算概率的常用方法

上一节介绍了概率的定义和一些简单的计算方法，本节我们学习计算概率的一些常用概念和方法.

一、条件概率和乘法公式

在实际问题中,会遇到计算在已经知道事件 A 发生的条件下事件 B 发生的概率,我们称这样的概率为事件 A 发生的条件下事件 B 的**条件概率**,记为 $P(B|A)$.例如,在掷骰子试验中,样本空间为 $S = \{1,2,3,4,5,6\}$,设事件 A 表示"点数为偶数",事件 B 表示"点数不超过5",则 $A = \{2,4,6\}$,$B = \{1,2,3,4,5\}$,$AB = \{2,4\}$,相应事件的概率为

$$P(A) = \frac{3}{6}, \quad P(B) = \frac{5}{6}, \quad P(AB) = \frac{2}{6}.$$

如果已经知道事件 A 发生了,则样本空间缩减为 $S_A = \{2,4,6\}$,计算 A 发生的条件下事件 B 的条件概率 $P(B|A)$,即在缩减了的样本空间 $S_A = \{2,4,6\}$ 下求事件 B 的概率,此时,只有出现的点数为 2 或 4 时,B 才会发生,所以 $P(B|A) = \frac{2}{3}$,或写作

$$P(B|A) = \frac{2}{3} = \frac{\frac{2}{6}}{\frac{3}{6}} = \frac{P(AB)}{P(A)}.$$

虽然上述结果是从掷骰子试验中得出的,但是,经过大量研究发现,这一结果也适用于一般情形.

定义 1　设 A 和 B 是随机试验 E 的两个事件,且 $P(A) > 0$,则称

$$P(B|A) = \frac{P(AB)}{P(A)}$$

为事件 A 发生的条件下事件 B 的条件概率.

由定义 1 立得下述定理:

定理 1　设 A 和 B 是随机试验 E 的两个事件,且 $P(A) > 0$,则

$$P(AB) = P(A)P(B|A).$$

上述公式称为概率的**乘法公式**.乘法公式可以推广到多个事件的情形:如果 $A_1, A_2, \cdots, A_n$ 是 n 个事件,且 $P(A_1 A_2 \cdots A_{n-1}) > 0$,则

$$P(A_1 A_2 \cdots A_n) = P(A_1)P(A_2|A_1)P(A_3|A_1 A_2) \cdots P(A_n|A_1 A_2 \cdots A_{n-1}),$$

特殊地,如果 $n = 3$,上述公式化为

$$P(A_1 A_2 A_3) = P(A_1)P(A_2|A_1)P(A_3|A_1 A_2).$$

例 1　已知 $P(A) = \frac{1}{4}$,$P(B|A) = \frac{1}{3}$,$P(A|B) = \frac{1}{2}$,求 $P(AB)$,$P(B)$,$P(\overline{A}\,\overline{B})$.

解 $P(AB) = P(A)P(B \mid A) = \dfrac{1}{4} \times \dfrac{1}{3} = \dfrac{1}{12}$,

$$P(B) = \frac{P(AB)}{P(A \mid B)} = \frac{\dfrac{1}{12}}{\dfrac{1}{2}} = \frac{1}{6},$$

$$\begin{aligned} P(\overline{A}\,\overline{B}) = P(\overline{A \bigcup B}) &= 1 - P(A \bigcup B) \\ &= 1 - [P(A) + P(B) - P(AB)] \\ &= 1 - \left(\frac{1}{4} + \frac{1}{6} - \frac{1}{12} \right) = \frac{2}{3}. \end{aligned}$$

例 2 设 100 件产品中有 5 件不合格品和 95 件合格品,分别用下列两种方法取 2 件,求 2 件都是合格品的概率.

(1) 不放回取样.

(2) 放回取样.

解 用 A 表示"第一次取得合格品",事件 B 表示"第二次取得合格品".

(1) 不放回取样. 由题意可知

$$P(A) = \frac{95}{100}, \quad P(B \mid A) = \frac{94}{99},$$

所求概率

$$P(AB) = P(A)P(B \mid A) = \frac{95}{100} \times \frac{94}{99} \approx 0.902020.$$

(2) 放回取样. 由题意可知

$$P(A) = \frac{95}{100}, \quad P(B \mid A) = \frac{95}{100},$$

所求概率

$$P(AB) = P(A)P(B \mid A) = \frac{95}{100} \times \frac{95}{100} = 0.9025.$$

可以验证,条件概率满足概率的公理化定义中的三个条件,即

(1) 非负性:对于任一事件 B, $P(B \mid A) \geqslant 0$,

(2) 归一性:$P(S \mid A) = 1$,

(3) 可列可加性:对于两两互不相容的可列个事件 $A_1, A_2, \cdots$,

$$P\left(\left(\bigcup_{i=1}^{\infty} A_i \right) \mid A \right) = \sum_{i=1}^{\infty} P(A_i \mid A),$$

因此,上节中概率的 6 个性质也适用于条件概率,例如:

$$P(\overline{B}|A) = 1 - P(B|A),$$
$$P((B-C)|A) = P(B|A) - P(BC|A),$$
$$P((B \cup C)|A) = P(B|A) + P(C|A) - P(BC|A).$$

例 3 A 市雨天的比例为 20%，B 市雨天的比例为 18%，两市同时下雨的比例为 12%，试求：

（1）已知 A 市下雨的条件下，B 市也下雨的概率.

（2）已知 B 市下雨的条件下，A 市也下雨的概率.

（3）已知 A 市下雨的条件下，B 市不下雨的概率.

解 用事件 A 表示"A 市下雨"，事件 B 表示"B 市下雨"，由题意可知

$$P(A) = \frac{20}{100}, \quad P(B) = \frac{18}{100}, \quad P(AB) = \frac{12}{100}.$$

（1）已知 A 市下雨的条件下，B 市也下雨的概率

$$P(B|A) = \frac{P(AB)}{P(A)} = \frac{\frac{12}{100}}{\frac{20}{100}} = \frac{60}{100}.$$

（2）已知 B 市下雨的条件下，A 市也下雨的概率

$$P(A|B) = \frac{P(AB)}{P(B)} = \frac{\frac{12}{100}}{\frac{18}{100}} \approx \frac{66.6667}{100}.$$

（3）已知 A 市下雨的条件下，B 市不下雨的概率

$$P(\overline{B}|A) = 1 - P(B|A) = 1 - \frac{60}{100} = \frac{40}{100}.$$

例 4 盒中装有 3 个红球和 2 个白球，从中不放回地取球，每次取 1 个.

（1）取两次，求第二次取得红球的概率.

（2）取三次，求第三次才取得红球的概率.

（3）取两次，已知第二次取得红球，求第一次取得白球的概率.

解 用 $A_i(i = 1,2,3)$ 表示"第 i 次取得红球".

（1）取两次，第二次取得红球的概率

$$P(A_2) = P((\overline{A_1} \cup A_1)A_2) = P(\overline{A_1}A_2 \cup A_1A_2) = P(\overline{A_1}A_2) + P(A_1A_2)$$

$$= P(\overline{A_1})P(A_2|\overline{A_1}) + P(A_1)P(A_2|A_1)$$

$$= \frac{2}{5} \times \frac{3}{4} + \frac{3}{5} \times \frac{2}{4} = \frac{3}{5}.$$

（2）取三次，第三次才取得红球的概率

$$P(\overline{A_1}\ \overline{A_2}A_3) = P(\overline{A_1})P(\overline{A_2}\,|\,\overline{A_1})P(A_3\,|\,\overline{A_1}\ \overline{A_2}) = \frac{2}{5} \times \frac{1}{4} \times \frac{3}{3} = \frac{1}{10}.$$

（3）取两次，已知第二次取得红球，第一次取得白球的概率

$$P(\overline{A_1}\,|\,A_2) = \frac{P(\overline{A_1}A_2)}{P(A_2)} = \frac{P(\overline{A_1})P(A_2\,|\,\overline{A_1})}{P(A_2)} = \frac{\dfrac{2}{5} \times \dfrac{3}{4}}{\dfrac{3}{5}} = \frac{1}{2}.$$

概率 $P(B)$ 也称为**无条件概率**. 一般来说，条件概率 $P(B\,|\,A)$ 和无条件概率 $P(B)$ 之间没有确定的大小关系. 但是，如果 $P(A) > 0, B \subset A$，则

$$P(B\,|\,A) = \frac{P(AB)}{P(A)} = \frac{P(B)}{P(A)} \geqslant P(B).$$

二、全概率公式和贝叶斯公式

在实际应用中，往往会遇到一些比较复杂的问题，解决起来很不容易，这时，我们可以将复杂问题分解为比较容易解决的简单问题，解决了这些简单问题，复杂问题也就随之解决了. 全概率公式和贝叶斯公式的作用，就是将计算复杂事件的概率化为计算一些较简单事件的概率. 为了介绍这两个公式，我们首先引入如下定义：

定义 2　设样本空间 S 的 n 个事件 $A_1, A_2, \cdots, A_n$ 满足下列条件：

（1）$A_1, A_2, \cdots, A_n$ 两两互不相容，

（2）$A_1 \bigcup A_2 \bigcup \cdots \bigcup A_n = S$，

则称 $A_1, A_2, \cdots, A_n$ 为样本空间 S 的一个完备事件组.

样本空间 S 的一个**完备事件组**也称为 S 的一个**划分**. 例如，掷一枚骰子，观察出现的点数，则样本空间为 $S = \{1,2,3,4,5,6\}$. 事件组

$$A_1 = \{1,2,3\}, \quad A_2 = \{4\}, \quad A_3 = \{5,6\}$$

是 S 的一个完备事件组；事件组

$$A_1 = \{1,3,5\}, \quad A_2 = \{2,4,6\}$$

也是 S 的一个完备事件组.

定理 2　设 B 是样本空间 S 的事件，$A_1, A_2, \cdots, A_n$ 是 S 的一个完备事件组，且

$$P(A_i) > 0, \quad i = 1,2,\cdots,n,$$

则事件 B 的概率

$$P(B) = P(A_1)P(B\,|\,A_1) + P(A_2)P(B\,|\,A_2) + \cdots + P(A_n)P(B\,|\,A_n).$$

证 $P(B) = P(B \cap S) = P(B \cap (A_1 \cup A_2 \cup \cdots \cup A_n))$

$= P(BA_1 \cup BA_2 \cup \cdots \cup BA_n)$

$= P(BA_1) + P(BA_2) + \cdots + P(BA_n)$

$= P(A_1)P(B|A_1) + P(A_2)P(B|A_2) + \cdots + P(A_n)P(B|A_n).$

定理 2 中的公式称为**全概率公式**.

例 5   某市场供应的某型节能灯中, A 公司产品占 70%, B 公司占 30%, A 公司产品优等率是 95%, B 公司产品优等率是 80%, 试求市场上该型节能灯的优等率.

解   在市场上任取一只节能灯, 用事件 C 表示"这只节能灯是优等品", A 表示"这只节能灯是 A 公司产品", B 表示"这只节能灯是 B 公司产品", 显然, A, B 是一个完备事件组, 所求概率

$$P(C) = P(A)P(C|A) + P(B)P(C|B)$$

$$= \frac{70}{100} \times \frac{95}{100} + \frac{30}{100} \times \frac{80}{100}$$

$$= \frac{90.5}{100}.$$

定理 3   设 B 是样本空间 S 的事件, $A_1, A_2, \cdots, A_n$ 是 S 的一个完备事件组, 且

$$P(B) > 0, \quad P(A_i) > 0, \quad i = 1, 2, \cdots, n,$$

则事件 B 发生的条件下事件 A_i 的条件概率

$$P(A_i|B) = \frac{P(A_i)P(B|A_i)}{\sum_{k=1}^{n} P(A_k)P(B|A_k)}.$$

证   利用条件概率、乘法公式和全概率公式:

$$P(A_i|B) = \frac{P(A_iB)}{P(B)} = \frac{P(A_i)P(B|A_i)}{P(B)} = \frac{P(A_i)P(B|A_i)}{\sum_{k=1}^{n} P(A_k)P(B|A_k)}.$$

定理 3 中的公式称为**贝叶斯公式**.

例 6   某企业有 A, B, C 三条生产线生产同一种硬盘, 次品率依次为 4%, 2%, 5%, 产量依次占企业总产量的 45%, 35%, 20%, 现在从待出厂的硬盘中检查出一只次品, 试求它是由 A 生产线生产的概率.

解   用事件 D 表示"这只硬盘是次品", A, B, C 依次表示"这只次品是由 A, B, C 生产线生产的", 显然, A, B, C 是一个完备事件组. 由题意可知:

$$P(A) = \frac{45}{100}, \quad P(B) = \frac{35}{100}, \quad P(C) = \frac{20}{100},$$

$$P(D \mid A) = \frac{4}{100}, \quad P(D \mid B) = \frac{2}{100}, \quad P(D \mid C) = \frac{5}{100},$$

由贝叶斯公式可得所求概率

$$P(A \mid D) = \frac{P(A)P(D \mid A)}{P(A)P(D \mid A) + P(B)P(D \mid B) + P(C)P(D \mid C)}$$

$$= \frac{\dfrac{45}{100} \times \dfrac{4}{100}}{\dfrac{45}{100} \times \dfrac{4}{100} + \dfrac{35}{100} \times \dfrac{2}{100} + \dfrac{20}{100} \times \dfrac{5}{100}}$$

$$\approx 0.514286.$$

请读者计算该次品是 B 生产线生产的概率.

例 7 12 个乒乓球都是新球,每次比赛时随机取出 3 个,用完后放回去,试求:

(1) 第三次比赛时取出的球都是新球的概率.

(2) 已知第三次比赛时取出的球都是新球,第二次取出的球中有一个新球的概率.

解 用事件 $A_i(i = 0, 1, 2, 3)$ 表示"第二次取出的球中有 i 个新球",B 表示"第三次比赛时取出的球都是新球",则 A_0, A_1, A_2, A_3 是一个完备事件组,由题意可知:

$$P(A_i) = \frac{C_9^i C_3^{3-i}}{C_{12}^3}, \quad P(B \mid A_i) = \frac{C_{9-i}^3}{C_{12}^3}, \quad i = 0, 1, 2, 3.$$

(1) 由全概率公式可得所求概率

$$P(B) = \sum_{i=0}^{3} P(A_i) P(B \mid A_i) = \sum_{i=0}^{3} \frac{C_9^i C_3^{3-i}}{C_{12}^3} \frac{C_{9-i}^3}{C_{12}^3} \approx 0.145785.$$

(2) 由贝叶斯公式可得所求概率

$$P(A_1 \mid B) = \frac{P(A_1)P(B \mid A_1)}{\sum\limits_{i=0}^{3} P(A_i)P(B \mid A_i)} = \frac{\dfrac{C_9^1 C_3^{3-1}}{C_{12}^3} \dfrac{C_{9-1}^3}{C_{12}^3}}{\sum\limits_{i=0}^{3} \dfrac{C_9^i C_3^{3-i}}{C_{12}^3} \dfrac{C_{9-i}^3}{C_{12}^3}}$$

$$\approx \frac{0.0312397}{0.145785} \approx 0.214286.$$

请读者计算:已知第三次比赛时取出的球有一个新球,第二次取出的球都是新球的概率.

例 8 当生产设备运行时,它可能处于正常状态,也可能处于故障(隐患)状态.为了知道设备的状态,需要对设备进行故障诊断,而诊断结果有可能发生错误:当设备处于正常状态时诊断结果错误称为误断,当设备故障时诊断结果错误称为漏断.评价故障诊断效果的一个重要指标是诊断正确度 —— 诊断结果正确的概率 p.另外,在工程中,人们还对这两个指标感兴趣:(1) 正常准确度 r_1:诊断结果是设备处于正常状态,设备确实处于正常状态的概率.(2) 故障准确度 r_2:诊断结果是设备处于故障状态,设备确实处于故障状态的概率.已知设备运行时处于正常状态的概率为 q,处于故障状态的概率为 $1-q$;故障诊断的误断概率为 $1-p_1$,漏断概率为 $1-p_2$.试求诊断正确度 p、正常准确度 r_1 和故障准确度 r_2.

解   用事件 A 表示"设备处于正常状态", B 表示"诊断结果正确", C 表示"诊断结果是设备处于正常状态".

(1) 由全概率公式,诊断正确度

$$p = P(B) = P(A)P(B \mid A) + P(\overline{A})P(B \mid \overline{A}) = qp_1 + (1-q)p_2.$$

(2) 由贝叶斯公式,正常准确度

$$r_1 = P(A \mid C) = \frac{P(A)P(C \mid A)}{P(A)P(C \mid A) + P(\overline{A})P(C \mid \overline{A})} = \frac{qp_1}{qp_1 + (1-q)(1-p_2)},$$

故障准确度

$$r_2 = P(\overline{A} \mid \overline{C}) = \frac{P(\overline{A})P(\overline{C} \mid \overline{A})}{P(A)P(\overline{C} \mid A) + P(\overline{A})P(\overline{C} \mid \overline{A})} = \frac{(1-q)p_2}{q(1-p_1) + (1-q)p_2}.$$

三、事件的独立性

引例   设袋中有 a 个红球和 b 个白球,进行放回取样.事件 A 表示"第一次取到红球",B 表示"第二次取到红球",求 $P(B \mid A)$ 和 $P(B)$.

解   由题意可知:

$$P(A) = \frac{a}{a+b}, \quad P(AB) = P(A)P(B \mid A) = \frac{a^2}{(a+b)^2},$$

$$P(\overline{A}B) = P(\overline{A})P(B \mid \overline{A}) = \frac{ba}{(a+b)^2},$$

由条件概率和全概率公式可得

$$P(B \mid A) = \frac{P(AB)}{P(A)} = \frac{\dfrac{a^2}{(a+b)^2}}{\dfrac{a}{a+b}} = \frac{a}{a+b},$$

$$P(B) = P(A)P(B \mid A) + P(\overline{A})P(B \mid \overline{A})$$

$$= \frac{a^2}{(a+b)^2} + \frac{ba}{(a+b)^2} = \frac{a}{a+b},$$

即 $P(B|A) = P(B)$,这说明无论事件 A 是否发生,对事件 B 的概率没有影响.事实上,因为是放回取样,所以,第二次取到红球还是白球与第一次取到什么球毫无关系.一般地,如果 $P(B|A) = P(B)$,即

$$P(AB) = P(A)P(B|A) = P(A)P(B),$$

我们就说事件 A 和 B 相互独立.

定义 3   设 A 和 B 是两个事件,如果

$$P(AB) = P(A)P(B),$$

则称事件 A 和 B 相互独立.

相互独立可以简称为**独立**.

由定义 3 和条件概率可知,如果 $P(A) > 0$,则事件 A 和 B 相互独立的充分必要条件是 $P(B|A) = P(B)$;如果 $P(B) > 0$,则事件 A 和 B 相互独立的充分必要条件是 $P(A|B) = P(A)$.

定理 4   如果事件 A 和 B 相互独立,则下列各对事件

$$\overline{A} \text{ 和 } B, \quad A \text{ 和 } \overline{B}, \quad \overline{A} \text{ 和 } \overline{B}$$

也分别相互独立.

证   因为事件 A 和 B 相互独立,即 $P(AB) = P(A)P(B)$,所以

$$P(\overline{A}B) = P(B - AB) = P(B) - P(AB) = P(B) - P(A)P(B)$$
$$= P(B)(1 - P(A)) = P(\overline{A})P(B),$$

即 $\overline{A}$ 和 B 相互独立.

同理可证 A 和 $\overline{B}$ 相互独立,$\overline{A}$ 和 $\overline{B}$ 相互独立.

相互独立的概念可以推广到多个事件的情形.

定义 4   设 A, B, C 是三个事件,如果

$$P(AB) = P(A)P(B),$$
$$P(AC) = P(A)P(C),$$
$$P(BC) = P(B)P(C),$$
$$P(ABC) = P(A)P(B)P(C),$$

则称事件 A, B, C 相互独立.

一般地,设有 $n(n \geqslant 2)$ 个事件 $A_1, A_2, \cdots, A_n$,如果其中任意 $k(2 \leqslant k \leqslant n)$ 个事件的积事件的概率等于各事件概率的乘积,则称事件 $A_1, A_2, \cdots, A_n$ 相互独立.

可以证明,如果 $n(n \geqslant 2)$ 个事件 $A_1, A_2, \cdots, A_n$ 相互独立,则将其中任意多个事件换成各自的对立事件,所得的 n 个事件仍然相互独立.例如,如果事

件 A_1, A_2, A_3, A_4 相互独立,则 $\overline{A_1}, A_2, \overline{A_3}, A_4$ 相互独立,$\overline{A_1}, \overline{A_2}, \overline{A_3}, \overline{A_4}$ 也相互独立.

当 n 个事件 $A_1, A_2, \cdots, A_n$ 相互独立时,为了简化计算,常常将计算和事件的概率化为计算积事件的概率:

$$P(A_1 \bigcup A_2 \bigcup \cdots \bigcup A_n) = 1 - P(\overline{A_1 \bigcup A_2 \bigcup \cdots \bigcup A_n})$$
$$= 1 - P(\overline{A_1}\, \overline{A_2} \cdots \overline{A_n})$$
$$= 1 - P(\overline{A_1})P(\overline{A_2}) \cdots P(\overline{A_n}).$$

例 9   A,B,C 三部机床独立工作,它们需要工人照管的概率分别为 0.1,0.2,0.15,试求有机床需要工人照管的概率.

解   用事件 A,B,C 分别表示"机床 A,B,C 需要工人照管". 由题意可知:

$$P(A) = 0.1, \quad P(B) = 0.2, \quad P(C) = 0.15,$$
$$P(\overline{A}) = 0.9, \quad P(\overline{B}) = 0.8, \quad P(\overline{C}) = 0.85,$$

所求概率

$$P(A \bigcup B \bigcup C) = 1 - P(\overline{A})P(\overline{B})P(\overline{C})$$
$$= 1 - 0.9 \times 0.8 \times 0.85 = 0.388.$$

例 10   A,B,C 三枚导弹独立地飞向同一敌舰,其命中率分别为 0.4,0.5,0.7,假设有一枚、两枚、三枚导弹击中敌舰后,敌舰被击沉的概率分别为 0.2,0.6,1,试求敌舰被击沉的概率.

解   用事件 $A_i(i = 0,1,2,3)$ 表示"有 i 枚导弹击中敌舰",B 表示"敌舰被击沉",C_1, C_2, C_3 分别表示 A,B,C 导弹击中敌舰. 显然,C_1, C_2, C_3 相互独立,A_0, A_1, A_2, A_3 是一个完备事件组. 由题意可知:

$$P(C_1) = 0.4, \quad P(C_2) = 0.5, \quad P(C_3) = 0.7,$$
$$P(A_0) = P(\overline{C_1}\,\overline{C_2}\,\overline{C_3}) = P(\overline{C_1})P(\overline{C_2})P(\overline{C_3})$$
$$= 0.6 \times 0.5 \times 0.3 = 0.09,$$
$$P(A_1) = P(C_1\,\overline{C_2}\,\overline{C_3}) + P(\overline{C_1}C_2\,\overline{C_3}) + P(\overline{C_1}\,\overline{C_2}C_3)$$
$$= 0.4 \times 0.5 \times 0.3 + 0.6 \times 0.5 \times 0.3 + 0.6 \times 0.5 \times 0.7 = 0.36,$$
$$P(A_2) = P(C_1C_2\,\overline{C_3}) + P(C_1\,\overline{C_2}C_3) + P(\overline{C_1}C_2C_3)$$
$$= 0.4 \times 0.5 \times 0.3 + 0.4 \times 0.5 \times 0.7 + 0.6 \times 0.5 \times 0.7 = 0.41,$$
$$P(A_3) = P(C_1C_2C_3) = 0.4 \times 0.5 \times 0.7 = 0.14,$$
$$P(B|A_0) = 0, \quad P(B|A_1) = 0.2, \quad P(B|A_2) = 0.6, \quad P(B|A_3) = 1,$$

由全概率公式可得敌舰被击沉的概率

$$P(B) = \sum_{i=0}^{3} P(A_i) P(B \mid A_i)$$
$$= 0.09 \times 0 + 0.36 \times 0.2 + 0.41 \times 0.6 + 0.14 \times 1$$
$$= 0.458.$$

四、伯努利概型

下面介绍概率论中的一个重要模型 —— 伯努利概型.

如果随机试验 E 只有两个结果:某事件发生和不发生,分别记为 A 和 $\overline{A}$,则称 E 为**伯努利(Bernoulli)试验**.将伯努利试验 E 独立地重复进行 n 次,则称这 n 次试验为 **n 重伯努利试验**.所谓"独立"是指这 n 次试验中的任意多次试验的任何结果对其他任意多次试验的任何结果发生的概率没有影响.如果用事件 $A_i(i = 1, 2, \cdots, n)$ 表示第 i 次试验结果,"独立"即指事件 $A_1, A_2, \cdots, A_n$ 相互独立.

定理 5　如果在伯努利试验中 A 的概率为 p,则 n 重伯努利试验中事件 A 发生 k 次的概率

$$P_n(k) = C_n^k p^k (1-p)^{n-k}, \quad i = 0, 1, 2, \cdots, n.$$

证　因为在 n 重伯努利试验中,事件"A 在指定的 k 次试验(例如在前 k 次试验)中发生,且在其余 $n-k$ 次试验中不发生"的概率为 $p^k(1-p)^{n-k}$,而这种指定的方式有 C_n^k 种,对应的 C_n^k 个事件是两两互不相容的,所以 n 重伯努利试验中事件 A 发生 k 次的概率

$$P_n(k) = C_n^k p^k (1-p)^{n-k}.$$

例 11　某生产线的产品中,一级品率为 0.6,现检查了 10 件产品,求有 3 件一级品的概率.

解　检查一件产品可视为一次伯努利试验,用事件 A 表示"产品是一级品",则 A 的概率 $P(A) = 0.6$.检查 10 件产品是 10 重伯努利试验,所求概率

$$P_{10}(3) = C_{10}^3 0.6^3 (1-0.6)^{10-3} \approx 0.0424673.$$

例 12　将 n 只球随机放入 $N(n \leqslant N)$ 个盒子中,假设每一只球放入任一个盒子是等可能的,试求某指定的一个盒子里恰有 $k(k < n)$ 只球的概率.

解　将一只球放入一个盒子可视为一次伯努利试验,用事件 A 表示"将球放入指定的盒子",则 A 的概率 $P(A) = \dfrac{1}{N}$.将 n 只球随机放入 $N(n \leqslant N)$ 个盒子中,是 n 重伯努利试验.用事件 B 表示"某指定的一个盒子里恰有 $k(k < n)$

只球",所求概率

$$P(B) = P_n(k) = C_n^k \left(\frac{1}{N}\right)^k \left(\frac{N-1}{N}\right)^{n-k} = \frac{C_n^k (N-1)^{n-k}}{N^n}.$$

例 13　某企业的 12 台车床,有时处于工作状态,有时处于停工状态.设每台车床处于停工状态的概率为 $\frac{1}{3}$,各台车床停工或工作是相互独立的,试计算:

(1) 恰有两台车床处于停工状态的概率 P_1.

(2) 至少有三台车床处于停工状态的概率 P_2.

解　观察一台车床是否处于停工状态可视为一次伯努利试验,用事件 A 表示"车床处于停工状态",则 A 的概率 $P(A) = \frac{1}{3}$.对 12 台车床进行观察是 12 重伯努利试验.

(1) 恰有两台车床处于停工状态的概率

$$P_1 = P_{12}(2) = C_{12}^2 \left(\frac{1}{3}\right)^2 \left(\frac{2}{3}\right)^{12-2} \approx 0.127171.$$

(2) 没有车床处于停工状态的概率和恰有一台车床处于停工状态的概率分别为

$$P_{12}(0) = C_{12}^0 \left(\frac{1}{3}\right)^0 \left(\frac{2}{3}\right)^{12-0} \approx 0.00770735,$$

$$P_{12}(1) = C_{12}^1 \left(\frac{1}{3}\right)^1 \left(\frac{2}{3}\right)^{12-1} \approx 0.0462441,$$

至少有三台车床处于停工状态的概率

$$P_2 = 1 - P_{12}(0) - P_{12}(1) - P_{12}(2) \approx 0.818876.$$

第四节　Mathematica 的简单应用

Mathematica 的用法可查阅有关书籍,例如笔者主编的《高等数学》(厦门大学出版社,2013).下面介绍 Mathematica 的一些简单应用.

Mathematica 可以完成各种运算,如四则运算、函数运算、函数作图、解方程等.在 Mathematica 系统中定义了许多功能强大的函数,我们称之为内建函数(built − in function),直接调用这些函数可以取得事半功倍的效果.这些函数分为两类，一类是数学意义上的函数，如：绝对值函数 Abs[x]，正弦函数 Sin[x]，余弦函数 Cos[x]，以 e 为底的对数函数 Log[x]，以 a 为底的对数函数 Log[a,x] 等；第二类是命令意义上的函数，如作函数图形的函数 Plot[f[x]，{x,xmin,xmax}]，解方程函数 Solve[方程,未知量] 等．

必须注意的是：Mathematica 严格区分大小写，一般地，内建函数的首写字母必须大写，有时一个内建函数名由几个单词构成，则每个单词的首写字母也必须大写，如：反正弦函数 ArcSin[x] 等．另外，在 Mathematica 中，函数名和自变量之间的分隔符是用方括号"[ ]"，而不是一般数学书上常用的圆括号"( )"．

表 1-2 给出了 Mathematica 中一些常用符号．

表 1-2

符号	说明
Pi	圆周率 $\pi = 3.1415926\cdots$
E	自然数 $e = 2.7182818\cdots$
Infinity	正无穷大 $+\infty$
$-$ Infinity	负无穷大 $-\infty$

表 1-3 给出了 Mathematica 中一些常用的内建函数．

表 1-3

内建函数	说明
Sin[x]，Cos[x]，Tan[x]，Cot[x]，Sec[x]，Csc[x]	三角函数：$\sin x, \cos x, \tan x, \cot x, \sec x, \csc x$
ArcSin[x]，ArcCos[x]，ArcTan[x]	反三角函数：$\arcsin x, \arccos x, \arctan x$
Sqrt[x]	平方根函数 $\sqrt{x}$
Exp[x]	指数函数 e^x
Log[x]	自然对数函数 $\ln x$
Log[a,x]	以 a 为底的对数函数 $\log_a x$
Abs[x]	绝对值函数 $|x|$
n!	n 的阶乘

表 1-4 给出了 Mathematica 中一些常用的运算符号．

表 1-4

运算符号	说明
$+,-,*,/,\wedge$	加,减,乘,除,幂
$>,<,<=,>=,==$	大于,小于,小于或等于,大于或等于,等于
$N[x],N[x,n]$	求 x 的近似值(保留 6 位或 n 位有效数字)
$\mathrm{Sum}[f[i],\{i,imin,imax\}]$	求和 $\displaystyle\sum_{i=imin}^{imax}f(i)$
$\mathrm{Together}[f[x]]$	通分 $f(x)$
$\mathrm{Simplify}[f[x]]$	化简 $f(x)$
$\mathrm{Solve}[方程,未知量]$	求方程的解
$\mathrm{Solve}[\{方程 1,方程 2,\cdots,方程 n\},\{未知量 1,未知量 2,\cdots,未知量 m\}]$	求包含 n 个方程和 m 个未知量的方程组的解
$\mathrm{Plot}[函数,\{自变量,自变量下限,自变量上限\}]$	在给定区间上作函数的图形
$\mathrm{Plot}[\{函数 1,函数 2,\cdots,函数 n\},\{自变量,自变量下限,自变量上限\}]$	在给定区间上同时作 n 个函数的图形

下面通过例子介绍 Mathematica 的基本用法.

例 1   计算 $3\times 4^2-12\div(2+4)$.

解   在主工作窗口输入表达式 $3*4\wedge 2-12/(2+4)$,然后按下 Shift + Enter 键,得到运算结果 46,如图 1-8 所示.

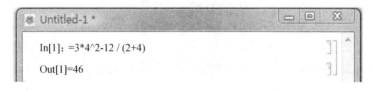

图 1-8

注意 Mathematica 的基本运算加、减、乘、除、乘方的符号分别为 $+$、$-$、$*$、$/$、$\wedge$.其中乘法既可以用"$*$",又可以用空格表示,例如 $2\ 3=2*3=6$.

例 2   计算 $5\times(2\pi)^3$(保留 10 位有效数字).

解   在主工作窗口输入表达式 $N[5\ (2\ \mathrm{Pi})\wedge 3,10]$,然后按下 Shift +

Enter 键,得到运算结果 1240.251067. 在主工作窗口显示:

$$In[1]: = N[5 (2 Pi)^3,10]$$

$$Out[1] = 1240.251067$$

即

$$5 \times (2\pi)^3 = 1240.251067.$$

在 Mathematica 中,可以自定义函数,其输入语句如下(注意等号左端 x 之后有"_"):

$$f[x\_] = 关于 x 的表达式$$

定义之后,引用该函数时输入"f[x]"(x 之后没有"_"). 类似地自定义多元函数,例如,二元函数的输入语句为:

$$f[x\_,y\_] = 关于 x,y 的表达式$$

例 3 (本章第三节例 7)12 个乒乓球都是新球,每次比赛时随机取出 3 个,用完后放回去,试求:

(1) 第三次比赛时取出的球都是新球的概率.

(2) 已知第三次比赛时取出的球都是新球,第二次取出的球中有一个新球的概率.

解 由本章第三节例 7 可知,所求概率分别为

$$P(B) = \sum_{i=0}^{3} \frac{C_9^i C_3^{3-i}}{C_{12}^3} \frac{C_{9-i}^3}{C_{12}^3} \approx 0.145785,$$

$$P(A_1 \mid B) = \frac{\dfrac{C_9^1 C_3^{3-1}}{C_{12}^3} \dfrac{C_{9-1}^3}{C_{12}^3}}{\sum_{i=0}^{3} \dfrac{C_9^i C_3^{3-i}}{C_{12}^3} \dfrac{C_{9-i}^3}{C_{12}^3}} \approx 0.214286.$$

我们利用 Mathematica 进行计算,输入和输出语句为:

```
In[1]: = c[x_,y_] = x!/(y!(x - y)!);
        pb = N[Sum[(c[9,i] c[3,3-i]/c[12,3]) (c[9-i,3]/c[12,
        3]),{i,0,3}]]
        palb = N[((c[9,1] c[3,3 - 1]/c[12,3]) (c[9 - 1,3]/c[12,
        3]))/pb]
Out[2] = 0.145785
Out[3] = 0.214286
```

例 4 (本章第三节例 13) 某企业的 12 台车床,有时处于工作状态,有时处于停工状态. 设每台车床处于停工状态的概率为 $\dfrac{1}{3}$,各台车床停工或工作是

相互独立的,试计算恰有两台车床处于停工状态的概率 P_1.

解　由本章第三节例 13 可知,所求概率

$$P_1 = C_{12}^2 \left(\frac{1}{3}\right)^2 \left(\frac{2}{3}\right)^{12-2} \approx 0.127171.$$

我们利用 Mathematica 进行计算,输入和输出语句为:

In[1] := c[x_,y_] = x!/(y! (x − y)!);

　　　　p1 = N[c[12,2] (1/3)^2 (2/3)^(12 − 2)]

Out[2] = 0.127171

习 题 一

1. 写出下列随机试验的样本空间和随机事件:

(1) 掷一枚骰子,A:出现奇数点.

(2) 将一枚硬币抛二次,A:第一次出现正面;B:两次出现同一面;C:至少有一次出现正面.

(3) 一个口袋中装有 5 只球,编号分别为 1,2,3,4,5,从中同时取出 3 只,A:球的最小号为 1.

(4) 在 1,2,3,4 四个数中可重复地取两个数,A:一个数是另一个的 2 倍;

(5) 将两只球随机地放入三个盒子中,A:第一个盒子中至少有一只球.

2. 设样本空间 $S = \{1,2,\cdots,10\}$,$A = \{2,3,4\}$,$B = \{3,4,5\}$,$C = \{5,6,7\}$,试求事件:

(1) $\overline{AB}$.　(2) $\overline{A}\,\overline{B}$.　(3) $\overline{A\,\overline{BC}}$.

3. 将下列事件用 A,B,C 表示出来:

(1)A 发生.　　　　　　　　(2)A 发生,B 和 C 不发生.

(3)A 和 B 发生,C 不发生.　　(4)A,B,C 三个事件都发生.

4. 化简下列各式:

(1)$(A \cup B) \cap (A \cup \overline{B})$.　　　　(2)$(A \cup B) \cap (B \cup C)$.

(3)$(A \cap B) \cap (A \cup \overline{B}) \cap (\overline{A} \cap B)$.

5. 设 A,B,C 是三个事件,且 $P(A) = P(B) = P(C) = 0.25$,$P(AB) = P(BC) = 0$,$P(AC) = 0.125$,求 A,B,C 至少有一个发生的概率.

6. 有 10 个人分别佩戴从 1 号至 10 号的纪念章,从中任取 3 人记录其纪念章的号码,求

(1) 最小的号码为 5 的概率.

(2) 最大的号码为 5 的概率.

(3) 中间的号码为 5 的概率.

7. 在 11 张卡片上写有 Probability 这 11 个字母,从中任取 7 张,求其排列为 ability 的概率.

8. 一部 5 卷文集按任意次序放在书架上,问各卷自左向右或自右向左的卷号恰为 1,2,3,4,5 的顺序的概率等于多少?

9. 从 5 双不同的鞋子中任取 4 只,4 只鞋子中至少有 2 只鞋子配成一对的概率是多少?

10. 一口袋中有五只黑球和两只白球,从袋中任取一球,看过颜色后放回,然后再取一球,设每只球被取到的可能性相同,求

(1) 第一次与第二次都取到黑球的概率;

(2) 第一次取得黑球,第二次取得白球的概率;

(3) 第二次取得白球的概率.

11. 计算下列概率:

(1) 设 $P(A) = \dfrac{1}{4}, P(B) = \dfrac{1}{2}, P(AB) = \dfrac{1}{8}$,求 $P(A \bigcup B), P(\overline{A}B)$,
$P(\overline{AB}), P[(A \bigcup B) \overline{AB}]$.

(2) 设 $P(A) = 0.5, P(B) = 0.3, P(AB) = 0.1$,求 $P(A|B)$,
$P(AB|A \bigcup B), P(A|AB)$.

12. 袋中有 6 只白球,5 只红球,每次在袋中任取 1 只.若取得白球,放回,并放入 1 只白球;若取得红球不放回也不再放入另外的球.连续取球 4 次,求第一、二次取得白球且第三、四次取得红球的概率.

13. 设全部信息中有 95% 是可信的,全部不可信信息中有 0.1% 是用密码钥匙传送的,全部可信信息是由密码钥匙传送的,求由密码钥匙传送的信息是可信信息的概率.

14. 盒子里有 12 只乒乓球,其中 9 只是新的,第一次比赛时从中任取 3 只来用,比赛后仍然放回盒子,第二次比赛时再从中任取 3 只.

(1) 求第二次取出的 3 只球都是新球的概率.

(2) 若已知第二次取出的球都是新球,求第一次取出的球都是新球的概率.

15. 设甲袋中有 3 只红球和 1 只白球,乙袋中有 4 只红球和 2 只白球,从甲袋中任取一球放到乙袋中,再从乙袋中任取一球,求最后一次取得红球的概率.

16. 设某一工厂有甲、乙、丙三个车间,他们生产同一种产品,每个车间的产量分别占总产量的 25%,35%、40%,每个车间的次品率分别是 5%、4%、2%.

（1）如果从全厂产品中任取一件,求取得次品的概率.

（2）若取得的是次品,问此次品是甲车间生产的概率是多少?

17. 设敌机俯冲时,步枪射击一次击落敌机的概率是 0.008,求步枪射击 25 次击落敌机的概率.

18. 若三次射击中至少命中一次目标的概率为 0.875,求一次射击命中目标的概率.

19. 三人独立地去破译一个密码,他们能够译出的概率分别为 $\frac{1}{5}$,$\frac{1}{4}$,$\frac{1}{3}$,问能将此密码译出的概率是多少?

20. 在空战中,甲机先向乙机开火,击落乙机的概率为 0.2,若乙机未被击落,就进行还击,击落甲机的概率为 0.3,若甲机未被击落,则再进攻乙机,击落乙机的概率为 0.4,求在这几个回合中:

（1）甲机被击落的概率.(2)乙机被击落的概率.

21. 已知含有杂质的产品检测结果正确的概率为 0.8,不含有杂质的产品检测结果正确的概率为 0.9,产品含有和不含有杂质的概率分别为 0.4 和 0.6. 对某产品独立地进行 3 次检测,2 次检测结果为含有杂质,1 次检测结果为不含有杂质,求该产品含有杂质的概率.

第二章 随机变量

上一章我们引入了随机试验、随机事件及其概率的概念,介绍了一些计算概率的常用方法,为了更好地研究随机事件及其概率,需要借助于强有力的数学概念和方法,为此,我们引入随机变量及其分布的概念.

第一节 随机变量及其分布函数

一、随机变量

在第一章描述的随机试验的样本空间中,样本点可以是数或者与数有关系,例如测量物体的长度,检查产品的废品率等;样本点也可以与数没有任何关系,例如抛一枚硬币出现正面或反面.为了能够利用数学方法更深入地研究随机现象及其规律性,需要在样本点与数之间建立对应关系,这就是**随机变量**.

定义1 设 S 是随机试验 E 的样本空间,如果对于每一个 $e \in S$,有唯一确定的实数 $X(e)$ 与之对应,则称定义在 S 上的实值函数 $X = X(e)$ 为随机变量.

本书用大写字母 X, Y, Z 等表示随机变量,用小写字母 x, y, z 等表示实数.

随机变量不是普通意义下的变量,它是由随机试验 E 的结果所确定的数.因为试验前不能确定出现哪一种结果,从而也不能确定随机变量取何值;但是,试验 E 的结果有统计规律性,所以随机变量的取值也有相应的统计规律性.我们可以利用随机变量 X 来描述 S 的随机事件,对于任意实数 x 和 y,集合 $\{X = x\}, \{X \leqslant y\}, \{x < X \leqslant y\}$ 等都是事件,从而有相应的概率.

例1 将一枚硬币连抛两次,分别用 H 和 T 表示出现正面和反面,其样本空间为

$$S = \{HH, HT, TH, TT\},$$

用 X 表示正面出现的次数,则
$$X(\mathrm{HH}) = 2, \quad X(\mathrm{HT}) = 1, \quad X(\mathrm{TH}) = 1, \quad X(\mathrm{TT}) = 0,$$
显然 X 是随机变量. 我们可以通过 X 来描述 S 的事件,例如,$\{X = 0\}$ 表示事件 $\{\mathrm{TT}\}$,即"出现了 0 次正面";$\{X \leqslant 1\}$ 表示事件 $\{\mathrm{TT},\mathrm{HT},\mathrm{TH}\}$,即"出现正面的次数不超过 1",即"出现了 0 次正面或 1 次正面". 相应事件的概率为
$$P\{X = 0\} = \frac{1}{4}, \quad P\{X \leqslant 1\} = \frac{3}{4},$$
显然成立
$$P\{X \leqslant 1\} = P\{X = 0\} + P\{X = 1\} = \frac{1}{4} + \frac{2}{4} = \frac{3}{4}.$$

二、分布函数

因为随机变量的取值不一定能一一列举出来,例如,如果用随机变量 X 表示计算机的寿命,则 X 的取值为全体非负实数. 因此,为了研究随机变量取值的概率规律,常常需要计算对于任意实数 x,事件 $\{X \leqslant x\}$ 的概率 $P\{X \leqslant x\}$,我们称之为随机变量 X 的分布函数.

定义 2　设 X 是随机变量,x 是任意实数,函数
$$F(x) = P\{X \leqslant x\}, \quad x \in \mathbf{R}$$
称为 X 的分布函数.

分布函数是一个普通的函数,定义域为实数集合 $\mathbf{R}$,值域含于闭区间 $[0,1]$. 如果将随机变量 X 看成数轴上随机点的坐标,那么分布函数在点 x 的函数值 $F(x)$ 就是随机点 X 落在区间 $(-\infty, x]$ 的概率.

对于任意实数 $x_1, x_2 (x_1 < x_2)$,随机变量 X 取值于区间 $(x_1, x_2]$ 的概率
$$P\{x_1 < X \leqslant x_2\} = P\{X \leqslant x_2\} - P\{X \leqslant x_1\} = F(x_2) - F(x_1),$$
因此,只要知道了随机变量 X 的分布函数,也就知道了 X 取值于区间 $(x_1, x_2]$ 的概率,即分布函数能够完整描述随机变量取值的概率规律.

可以证明,分布函数 $F(x)$ 有下列性质:

(1) $0 \leqslant F(x) \leqslant 1, \quad x \in \mathbf{R}$.

(2) $F(x)$ 是单调不减函数,即对于任意实数 $x_1, \quad x_2 (x_1 < x_2), \quad F(x_1) \leqslant F(x_2)$.

(3) $F(-\infty) = \lim\limits_{x \to -\infty} F(x) = 0, \quad F(+\infty) = \lim\limits_{x \to +\infty} F(x) = 1$.

(4) $F(x)$ 在任意点 x_0 右连续,即 $\lim\limits_{x \to x_0^+} F(x) = F(x_0)$.

例 2　设随机变量 X 的分布函数为

$$F(x) = \begin{cases} A + Be^{-\frac{x^2}{2}}, & x > 0, \\ 0, & x \leqslant 0. \end{cases}$$

求常数 A, B.

解 由分布函数的性质(3)和(4)可得方程组

$$\begin{cases} 1 = F(+\infty) = \lim_{x \to +\infty}(A + Be^{-\frac{x^2}{2}}) = A, \\ 0 = F(0) = \lim_{x \to 0^+}(A + Be^{-\frac{x^2}{2}}) = A + B, \end{cases}$$

解该方程组得 $A = 1, B = -1$.

随机变量及其分布函数是建立在随机事件基础上的重要概念,通常按随机变量的取值情况将其分为三类:

(1) 离散型随机变量;

(2) 连续型随机变量;

(3) 其他随机变量 —— 既非离散型也非连续型随机变量.

在实际应用中,通常只遇到前两种随机变量,因此,本书只研究离散型随机变量和连续型随机变量.我们首先研究离散型随机变量.

第二节 离散型随机变量

一、离散型随机变量及其分布律

定义 1 如果随机变量 X 所有可能取到的值是有限个或可列个,则称 X 为离散型随机变量.

例如,掷一枚骰子,用 X_1 表示出现的点数,则 X_1 所有可能取到的值为 1, 2, 3, 4, 5, 6,是有限个值,所以 X_1 是离散型随机变量;再例如,抛一枚硬币,直到出现正面为止,用 X_2 表示需要抛掷的次数,则 X_2 所有可能取到的值为 1, 2, 3, $\cdots$,是可列个值,所以 X_2 也是离散型随机变量.

对于离散型随机变量,我们最关心的是它可能取哪些值,它取每个值的概率是多少.

定义 2 如果离散型随机变量 X 所有可能取到的值为 $x_1, x_2, \cdots, x_i, \cdots$,取各个值的概率分别为 $p_1, p_2, \cdots, p_i, \cdots$,则称

$$P\{X = x_i\} = p_i, \quad i = 1, 2, \cdots$$

为 X 的分布律.

由分布律的定义可知，X 的分布律具有下列性质：

(1) $p_i \geqslant 0, i = 1, 2, \cdots$;

(2) $\sum\limits_{i=1}^{\infty} p_i = 1$.

任何满足上述性质的数列 $p_1, p_2, \cdots, p_i, \cdots$，都可以看成某个离散型随机变量的分布律.

分布律也可以写成下列的表格形式：

X	x_1,	x_2,	$\cdots$,	x_i,	$\cdots$
P	p_1,	p_2,	$\cdots$,	p_i,	$\cdots$

如果已知离散型随机变量 X 的分布律 $P\{X = x_i\} = p_i, i = 1, 2, \cdots$，由概率的性质可知其分布函数为

$$F(x) = P(X \leqslant x) = \sum_{x_i \leqslant x} P\{X = x_i\} = \sum_{x_i \leqslant x} p_i,$$

X 落在区间 $[a, b]$ 和 (a, b) 的概率分别为

$$\begin{aligned}
P\{a \leqslant X \leqslant b\} &= P\{a < X \leqslant b\} + P\{X = a\} \\
&= F(b) - F(a) + P\{X = a\}, \\
P\{a < X < b\} &= P\{a < X \leqslant b\} - P\{X = b\} \\
&= F(b) - F(a) - P\{X = b\}.
\end{aligned}$$

例 1 离散型随机变量 X 的所有可能取值为 $1, 2, \cdots, n$，且 $P\{X = i\} = ai(i = 1, 2, \cdots, n)$，求常数 a 的值.

解 由分布律的性质可知，

$$\sum_{i=1}^{n} P\{X = i\} = \sum_{i=1}^{n} ai = a \cdot \frac{n(n+1)}{2} = 1,$$

因此可得常数

$$a = \frac{2}{n(n+1)}.$$

例 2 一批产品的一等品率、二等品率、三等品率、废品率分别为 60%、10%、20%、10%，从中任取一件产品，试用随机变量描述这件产品的检验结果.

解 构造随机变量 X：分别用 $\{X = 1\}$、$\{X = 2\}$、$\{X = 3\}$、$\{X = 4\}$ 表示"所取产品为一等品"、"所取产品为二等品"、"所取产品为三等品"、"所取产品

为废品",显然,X 是随机变量,它可以取 $1,2,3,4$ 这 4 个值,X 的分布律为

$$P\{X=1\}=0.6, \quad P\{X=2\}=0.1,$$
$$P\{X=3\}=0.2, \quad P\{X=4\}=0.1,$$

分布律也可以写成下列的表格形式:

X	1	2	3	4
P	0.6	0.1	0.2	0.1

例3　一袋中装有标号为 $1,2,2,3,3,3$ 数字的六个球,从中任取一球,用随机变量 X 表示球上所标数字,试求 X 的分布律、分布函数及其图形.

解　首先求 X 的分布律.由题意可知 X 的分布律为

$$P\{X=1\}=\frac{1}{6}, \quad P\{X=2\}=\frac{2}{6}, \quad P\{X=3\}=\frac{3}{6},$$

或写成下列的表格形式:

X	1	2	3
P	$\frac{1}{6}$	$\frac{2}{6}$	$\frac{3}{6}$

下面求 X 的分布函数 $F(x)$:

当 $x<1$ 时,$\{X\leqslant x\}$ 是不可能事件,因此 $F(x)=P\{X\leqslant x\}=0.$

当 $1\leqslant x<2$ 时,$\{X\leqslant x\}=\{X=1\}$,因此 $F(x)=P\{X\leqslant x\}=\frac{1}{6}.$

当 $2\leqslant x<3$ 时,$\{X\leqslant x\}=\{X=1\}\bigcup\{X=2\}$,因此 $F(x)=P\{X\leqslant x\}=\frac{1}{6}+\frac{2}{6}=\frac{3}{6}.$

当 $x\geqslant 3$ 时,$\{X\leqslant x\}$ 是必然事件,因此 $F(x)=P\{X\leqslant x\}=1.$

故分布函数

$$F(x)=\begin{cases} 0, & x<1, \\ \dfrac{1}{6}, & 1\leqslant x<2, \\ \dfrac{3}{6}, & 2\leqslant x<3, \\ 1, & x\geqslant 3. \end{cases}$$

分布函数的图形如图 2-1 所示.

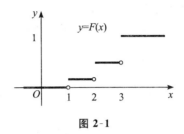

图 2-1

容易验证，$F(x)$ 满足分布函数的 4 条性质.

二、几个重要的离散型随机变量及其分布

1. 两点分布

如果随机变量 X 的可能取值为 0 和 1，分布律为

$$P\{X = i\} = p^i q^{1-i}, \quad i = 0, 1,$$

或写成表格形式：

X	0	1
P	q	p

其中 $p + q = 1$，则称 X 服从参数为 p 的**两点分布**. 两点分布又称为**伯努利分布**或 **$(0-1)$ 分布**.

2. 二项分布

在 n 重伯努利试验中，如果事件 A 在每次试验中发生的概率为 p，则 A 恰好发生 $k(k = 0, 1, 2, \cdots, n)$ 次的概率为 $C_n^k p^k (1-p)^{n-k}$. 用 X 表示在 n 重伯努利试验中 A 发生的次数，则 X 是一个随机变量，它的可能取值为 $0, 1, 2, \cdots, n$，其分布律为

$$P\{X = k\} = C_n^k p^k (1-p)^{n-k}, \quad k = 0, 1, 2, \cdots, n,$$

我们称随机变量 X 服从参数为 n, p 的二项分布，记为 $X \sim B(n, p)$.

例 4 一批产品的次品率为 0.01，从中任取 10 件，求其中至少有 2 件次品的概率.

解 用 X 表示取出的 10 件产品中的次品数，由题意可知 $X \sim B(10, 0.01)$，其中至少有 2 件次品的概率

$$P\{X \geqslant 2\} = 1 - P\{X < 2\} = 1 - P\{X = 0\} - P\{X = 1\}$$
$$= 1 - C_{10}^0 \times 0.01^0 \times 0.99^{10} - C_{10}^1 \times 0.01^1 \times 0.99^9$$
$$\approx 0.00426620.$$

例 5 某型飞机每个发动机发生故障的概率为 $1-p$,且发动机是否发生故障相互独立,当不少于一半的发动机正常运行时飞机可以正常飞行,问当 p 取何值时,4 发动机飞机比 2 发动机飞机更可靠.

解 用 X 表示 4 发动机飞机正常运行的发动机台数,由题意可知,事件 "4 发动机飞机正常飞行"等价于$\{X \geqslant 2\}$,且 $X \sim B(4,p)$. 因此,"4 发动机飞机正常飞行"的概率为

$$P\{X \geqslant 2\} = P\{X = 2\} + P\{X = 3\} + P\{X = 4\}$$
$$= C_4^2 p^2 (1-p)^2 + C_4^3 p^3 (1-p)^1 + C_4^4 p^4 (1-p)^0$$
$$= 6p^2 (1-p)^2 + 4p^3 (1-p) + p^4.$$

同理可得"2 发动机飞机正常飞行"的概率为 $2p - p^2$.

欲使 4 发动机飞机比 2 发动机飞机更可靠,需满足

$$6p^2 (1-p)^2 + 4p^3 (1-p) + p^4 > 2p - p^2,$$

注意到 $0 < p < 1$,解之得 $\dfrac{2}{3} < p < 1$,即发动机正常工作的概率满足 $\dfrac{2}{3} < p < 1$ 时,4 发动机飞机比 2 发动机飞机更可靠.

例 6 某型火炮的命中率为 0.1. 为了使击中目标的概率不小于 0.9,问至少要准备多少发炮弹?

解 设准备 n 发炮弹. 用 X 表示发射 n 发炮弹击中目标的炮弹数,则 $X \sim B(n, 0.1)$,使击中目标的概率不小于 0.9,即

$$P\{X \geqslant 1\} = 1 - P\{X = 0\} = 1 - C_n^0 \times 0.1^0 \times 0.9^n$$
$$= 1 - 0.9^n \geqslant 0.9,$$

注意到 n 是正整数,解得 $n \geqslant 22$,即至少要准备 22 发炮弹.

下面讨论二项分布的最可能取值:

设 $X \sim B(n,p)$,X 的可能取值为 $0, 1, 2, \cdots, n$,对于固定的 n 和 p,概率

$$P\{X = k\} = C_n^k p^k (1-p)^{n-k} \quad (k = 0, 1, 2, \cdots, n)$$

一开始随 k 的增大而增大,直至达到最大值,然后随着 k 的增大而减小. 当 $P\{X = k_0\}$ 取得最大值时,称 k_0 为二项分布 $B(n,p)$ 的**最可能取值**. 对于任意的 $k(k = 1, 2, \cdots, n)$,我们有

$$\frac{P\{X = k\}}{P\{X = k-1\}} = \frac{C_n^k p^k (1-p)^{n-k}}{C_n^{k-1} p^{k-1} (1-p)^{n-k+1}} = 1 + \frac{(n+1)p - k}{k(1-p)},$$

由上式可知:

当 $k < (n+1)p$ 时,$\dfrac{P\{X = k\}}{P\{X = k-1\}} > 1$,$P\{X = k\}$ 随着 k 的增大而增大;

当 $k > (n+1)p$ 时，$\dfrac{P\{X=k\}}{P\{X=k-1\}} < 1$，$P\{X=k\}$ 随着 k 的增大而减小.
注意到 k 是正整数，我们可以看出：

如果 $(n+1)p$ 不是整数，则 $k = [(n+1)p]$ 为最可能取值；

如果 $(n+1)p$ 是整数，则 $k_1 = (n+1)p$ 和 $k_2 = (n+1)p-1$ 为最可能取值.

例如，如果 $X \sim B(4,0.6)$，则 $(n+1)p = (4+1) \times 0.6 = 3$ 是整数，容易得到 X 的分布律

X	0	1	2	3	4
P	0.0256	0.1536	0.3456	0.3456	0.1296

显然，$k_1 = (n+1)p = 3$ 和 $k_2 = (n+1)p-1 = 2$ 为最可能取值；

再例如，如果 $X \sim B(4,0.3)$，则 $(n+1)p = (4+1) \times 0.3 = 1.5$ 不是整数，容易得到 X 的分布律

X	0	1	2	3	4
P	0.2401	0.4116	0.2646	0.0756	0.0081

显然，$k = [(n+1)p] = [1.5] = 1$ 为最可能取值.

当 n 很大而且 p 很小时，二项分布的分布律很难计算，例如，当 $X \sim B(1000,0.005)$ 时，$P\{X=300\} = C_{1000}^{300} \times 0.005^{300} \times 0.995^{700}$ 是不易计算的，这时，可以利用下面介绍的泊松分布计算它的近似值.

3. 泊松分布

如果随机变量 X 的所有可能取值为一切非负整数 $0,1,2,\cdots$，分布律为

$$P\{X=k\} = \frac{\lambda^k \mathrm{e}^{-\lambda}}{k!}, \quad k = 0,1,2,\cdots,$$

其中常数 $\lambda > 0$，则称随机变量 X 服从参数为 λ 的泊松（Poisson）分布，记为 $X \sim P(\lambda)$.

泊松分布的应用相当广泛，经常用来描述大量实验中稀有事件（即发生概率较小的事件）发生次数的概率分布. 例如，一页书中印刷错误的个数，一段时间内大地震发生的次数，检验一大批产品时废品出现的次数，等等.

例 7   设某报纸上印刷错误的个数 $X \sim P(10)$，试求报纸上至少有一个印刷错误的概率.

解   由题意，报纸上至少有一个印刷错误的概率为

$$P\{X \geqslant 1\} = 1 - P\{X = 0\} = 1 - \frac{10^0 \mathrm{e}^{-10}}{0!} \approx 0.999955.$$

下面我们不加证明地介绍**泊松定理**,该定理描述了泊松分布和二项分布的密切联系.

定理 1　设随机变量 $X_n \sim B(n, p_n)$,$n = 1, 2, \cdots$,其分布律

$$P\{X_n = k\} = C_n^k p_n^k (1 - p_n)^{n-k}, \quad k = 0, 1, 2, \cdots, n,$$

如果 $\lim\limits_{n \to \infty} np_n = \lambda$,其中实数 $\lambda > 0$,则

$$\lim_{n \to \infty} P\{X_n = k\} = \lim_{n \to \infty} C_n^k p_n^k (1 - p_n)^{n-k} = \frac{\lambda^k \mathrm{e}^{-\lambda}}{k!}.$$

定理 1 称为泊松定理,条件 $\lim\limits_{n \to \infty} np_n = \lambda$ 隐含了 $\lim\limits_{n \to \infty} p_n = 0$,说明当 n 充分大且 p 充分小时,可用参数为 $\lambda = np$ 的泊松分布近似代替二项分布 $B(n, p)$. 在实际计算中,当 $n \geqslant 100$,$np \leqslant 10$ 时,就可以考虑用 $\dfrac{\lambda^k \mathrm{e}^{-\lambda}}{k!}$($\lambda = np$)近似代替 $C_n^k p^k (1 - p)^{n-k}$ $(k = 0, 1, 2, \cdots, n)$.

例 8　设某部分人群对于某种疾病的患病率为 0.015,现对 100 人进行体检,试求恰有一人患病的概率.

解　由题意,100 人中的患病人数 $X \sim B(100, 0.015)$,由于 $n = 100$ 较大,且 $p = 0.015$ 较小,我们利用泊松定理计算所求概率的近似值,注意到 $\lambda = np = 1.5 < 10$,我们有

$$P\{X = 1\} \approx \frac{1.5^1 \mathrm{e}^{-1.5}}{1!} \approx 0.334695.$$

为了考察误差的大小,我们按二项分布计算所求概率

$$P\{X = 1\} = C_{100}^1 \times 0.015^1 \times 0.985^{99} \approx 0.335953,$$

两种方法的计算结果非常接近.

书末附表 1 为**泊松分布表**,读者可查阅.

4. 几何分布

如果在伯努利实验中事件 A 发生的概率为 p($0 < p < 1$),独立地反复进行实验,用 $\{X = k\}$ 表示"在第 k 次实验中事件 A 首次发生",容易得到的随机变量 X 的分布律

$$P\{X = k\} = p(1 - p)^{k-1}, \quad k = 1, 2, \cdots,$$

我们称 X 服从参数为 p 的几何分布,记为 $X \sim G(p)$.

例 9　某人投篮命中率为 0.4,问首次投中前的投篮次数小于 5 的概率.

解　用 X 表示首次投中时已投篮的次数,则 X 服从参数为 0.4 的几何分

布,即

$$P\{X = k\} = 0.4 \times 0.6^{k-1}, \quad k = 1, 2, \cdots,$$

"首次投中前的投篮次数小于 5"可表示为 $\{X \leqslant 5\}$,所求概率

$$P\{X \leqslant 5\} = \sum_{k=1}^{5} 0.4 \times 0.6^{k-1} = 0.92224.$$

5. 超几何分布

如果随机变量 X 的分布律为

$$P\{X = k\} = \frac{C_M^k C_{N-M}^{n-k}}{C_N^n},$$

其中 k 为整数,且 $\max(0, n + M - N) \leqslant k \leqslant \min\{n, M\}$,我们称 X 服从参数为 n, M, N 的超几何分布,记为 $X \sim H(n, M, N)$.

超几何分布产生于 n 次不放回取样:设一批产品共 N 件,其中 M 件次品,现从中任取 n 件,这 n 件产品中的次品数 X 是随机变量,利用古典概型可知,X 服从参数为 n, M, N 的超几何分布.显然,当 M 和 N 都很大且 n 相对较小时,不放回取样与放回取样区别不大,可以用参数为 n, p 的二项分布近似代替参数为 n, M, N 的超几何分布,其中 $p = \dfrac{M}{N}$.

例 10   某植物种子 1000 粒中有 900 粒可以发芽,现从中任取 10 粒,求恰有 9 粒可以发芽的概率.

解   用 X 表示 10 粒种子中可以发芽的粒数,则 X 服从参数为 10,900,1000 的超几何分布,所求概率

$$P\{X = 9\} = \frac{C_{900}^9 C_{100}^1}{C_{1000}^{10}} \approx 0.389369.$$

由于 $M = 900, N = 1000$,二者都很大,且 $n = 10$ 相对较小,所以 X 近似地服从参数为

$$n = 10, \quad p = \frac{M}{N} = \frac{900}{1000} = 0.9$$

的二项分布,所求概率

$$P\{X = 9\} \approx C_{10}^9 \times 0.9^9 \times 0.1 \approx 0.387420,$$

两种方法的计算结果非常接近.

第三节　连续型随机变量

离散型随机变量并不能描述所有的随机变量,例如,某型电子产品的寿命是一个随机变量,它的取值可以是任一非负实数. 在非离散型的随机变量中,实际应用中常见的是连续型随机变量.

一、连续型随机变量及其概率密度

定义 1 设随机变量 X 的分布函数为 $F(x)$,如果存在非负可积函数 $f(x)$,使得

$$F(x) = \int_{-\infty}^{x} f(t)\mathrm{d}t,$$

则称 X 是连续型随机变量,称 $f(x)$ 为 X 的概率密度函数.

可以证明,连续型随机变量的分布函数 $F(x)$ 是连续函数. **概率密度函数**简称为**概率密度或密度函数**. 根据分布函数的性质和定义 1 可知,概率密度有下列性质:

(1) $f(x) \geqslant 0$;

(2) $\int_{-\infty}^{+\infty} f(x)\mathrm{d}x = 1.$

对于定义在实数集合 R 上的任一函数 $f(x)$,如果 $f(x)$ 满足上述两条性质,则可将其视为某个连续型随机变量的概率密度.

根据定义 1,如果已知连续型随机变量 X 的概率密度 $f(x)$,可以利用积分求分布函数 $F(x)$;反之,如果已知分布函数 $F(x)$,且概率密度 $f(x)$ 在点 x 连续,由积分的性质可知,概率密度 $f(x)$ 等于分布函数的导数,即 $f(x) = F'(x)$.

如果知道了随机变量 X 的分布函数 $F(x)$ 或概率密度 $f(x)$,可以利用下式计算 X 落在区间 $(a,b]$ 的概率

$$P\{a < X \leqslant b\} = F(b) - F(a) = \int_{a}^{b} f(x)\mathrm{d}x,$$

由上式可知,对于任意实数 a 和 $\Delta x > 0$,

$$0 \leqslant P\{X = a\} \leqslant P\{a - \Delta x < X \leqslant a\} = F(a) - F(a - \Delta x),$$

令 $\Delta x \to 0^+$,由函数极限的夹逼准则可得 $P\{X = a\} = 0$,即连续型随机变量取任一给定值的概率为 0,因此,对于连续型随机变量来说,

$$P\{a < X < b\} = P\{a < X \leqslant b\} = P\{a \leqslant X < b\} = P\{a \leqslant X \leqslant b\}$$
$$= F(b) - F(a) = \int_a^b f(x)\mathrm{d}x,$$

由定积分的几何意义可知,上述概率等于由 x 轴、曲线 $y = f(x)$ 和两条直线 $x = a, x = b$ 所围曲边梯形的面积,如图 2-2 所示.

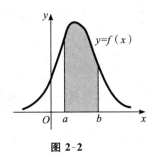

图 2-2

例 1　设连续型随机变量 X 的概率密度

$$f(x) = \begin{cases} kx + 1, & 0 < x < 2, \\ 0, & \text{其他}, \end{cases}$$

试求:

(1) 常数 k.

(2) 分布函数 $F(x)$.

(3) X 落在区间 $(1.5, 2.5)$ 的概率.

解　(1) 由概率密度的性质可知,

$$\int_{-\infty}^{+\infty} f(x)\mathrm{d}x = \int_0^2 (kx + 1)\mathrm{d}x = 2k + 2 = 1,$$

解之得 $k = -\dfrac{1}{2}$.

(2) 积分可得分布函数

$$F(x) = \int_{-\infty}^x f(t)\mathrm{d}t = \begin{cases} 0, & x \leqslant 0, \\ -\dfrac{1}{4}x^2 + x, & 0 < x < 2, \\ 1, & x \geqslant 2. \end{cases}$$

(3) 所求概率

$$P\{1.5 < X < 2.5\} = \int_{1.5}^{2.5} f(x)\mathrm{d}x = \int_{1.5}^2 \left(-\dfrac{1}{2}x + 1\right)\mathrm{d}x = 0.0625.$$

或利用分布函数计算所求概率:

$$P\{1.5 < X < 2.5\} = F(2.5) - F(1.5) = 1 - (-\frac{1.5^2}{4} + 1.5) = 0.0625.$$

二、几个重要的连续型随机变量

1. 均匀分布

定义 2　如果连续型随机变量 X 的概率密度

$$f(x) = \begin{cases} \dfrac{1}{b-a}, & a < x < b, \\ 0, & \text{其他}, \end{cases}$$

其中 a, b 为常数,且 $a < b$,则称 X 服从区间 (a, b) 的均匀分布,记为 $X \sim U(a, b)$.

容易求出 X 的分布函数

$$F(x) = \begin{cases} 0, & x \leqslant a, \\ \dfrac{x-a}{b-a}, & a < x < b, \\ 1, & x \geqslant b, \end{cases}$$

概率密度 $f(x)$ 和分布函数 $F(x)$ 的图形如图 2-3 所示.

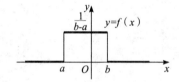 

图 2-3

显然,如果随机变量 $X \sim U(a, b)$,则对于不大于 a 的实数 a_0 和不小于 b 的实数 b_0,成立

$$P\{X \leqslant a_0\} = P\{X \geqslant b_0\} = 0,$$

而当 $a \leqslant c < d \leqslant b$ 时,成立

$$P\{c < X < d\} = \frac{d-c}{b-a},$$

即 X 落在 (a, b) 的任一子区间 (c, d) 内的概率只与 (c, d) 的长度有关,而与其位置无关,这就是称之为"均匀分布"的原因.

例 2　某公交车始发站每隔 6 分钟发车,使得所有候车乘客都能乘车. 设每一位乘客的候车时间 $X \sim U(0, 6)$,且各个乘客候车是相互独立的,试求:

(1) 一位乘客候车时间超过 5 分钟的概率.

(2) 4 位乘客中恰有 2 位乘客候车时间超过 5 分钟的概率.

解　(1)因为一位乘客候车时间 $X \sim U(0,6)$,所以 X 的概率密度为

$$f(x) = \begin{cases} \dfrac{1}{6}, & 0 < x < 6, \\ 0, & \text{其他}, \end{cases}$$

一位乘客候车时间超过 5 分钟的概率

$$P\{X > 5\} = \int_5^{+\infty} f(x)\mathrm{d}x = \int_5^6 \frac{1}{6}\mathrm{d}x = \frac{1}{6}.$$

(2)4 位乘客中候车时间超过 5 分钟的乘客人数 Y 是离散型随机变量,且 $Y \sim B\left(4, \dfrac{1}{6}\right)$,4 位乘客中恰有 2 位乘客候车时间超过 5 分钟的概率为

$$P\{Y = 2\} = C_4^2 \times \left(\frac{1}{6}\right)^2 \times \left(\frac{5}{6}\right)^2 \approx 0.115741.$$

2. 指数分布

定义 3　如果连续型随机变量 X 的概率密度

$$f(x) = \begin{cases} \lambda \mathrm{e}^{-\lambda x}, & x > 0, \\ 0, & x \leqslant 0, \end{cases}$$

其中常数 $\lambda > 0$,则称 X 服从参数为 λ 的指数分布,记为 $X \sim E(\lambda)$.

容易求出 X 的分布函数

$$F(x) = \begin{cases} 1 - \mathrm{e}^{-\lambda x}, & x > 0, \\ 0, & x \leqslant 0, \end{cases}$$

概率密度 $f(x)$ 和分布函数 $F(x)$ 的图形如图 2-4 所示.

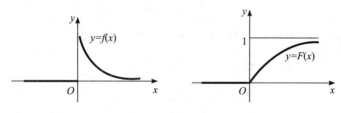

图 2-4

指数分布的应用非常广泛,例如,某些产品的寿命、顾客排队时等候服务的时间等都服从或近似服从指数分布.下面给出关于指数分布的一个重要定理:

定理 1　如果随机变量 $X \sim E(\lambda)$,则对于任意的 $s > 0, t > 0$,

$$P\{X > s + t \mid X > s\} = P\{X > t\}.$$

证　因为 $X \sim E(\lambda)$,所以其分布函数

$$F(x) = \begin{cases} 1 - e^{-\lambda x}, & x > 0, \\ 0, & x \leqslant 0, \end{cases}$$

注意到对于任意的 $s > 0, t > 0, \{X > s + t\} \subset \{X > s\}$，我们有

$$P\{X > s + t \mid X > s\} = \frac{P\{X > s, X > s + t\}}{P\{X > s\}} = \frac{P\{X > s + t\}}{P\{X > s\}}$$

$$= \frac{1 - F(s + t)}{1 - F(s)} = \frac{e^{-\lambda(s+t)}}{e^{-\lambda s}} = e^{-\lambda t}$$

$$= 1 - F(t) = P\{X > t\}.$$

定理 1 说明，如果某产品的寿命服从指数分布，则它已经工作了一段时间 s 之后，只要没有故障，它再工作一段时间 t 的概率 $P\{X > s + t \mid X > s\}$ 与新产品工作一段时间 t 的概率 $P\{X > t\}$ 相同. 指数分布的这一性质称为"无记忆性".

例 3 已知某电子元件的寿命 $X \sim E(0.015)$，试求：

(1) 该电子元件的寿命大于 100 的概率.

(2) x 取何值时，能使该电子元件的寿命大于 x 的概率大于 0.1.

解 由题意可知，随机变量 X 的概率密度

$$f(x) = \begin{cases} 0.015 e^{-0.015x}, & x > 0, \\ 0, & x \leqslant 0. \end{cases}$$

(1) 该电子元件的寿命大于 100 的概率

$$P\{X > 100\} = 1 - P\{X \leqslant 100\} = 1 - \int_{-\infty}^{100} f(x)\mathrm{d}x$$

$$= 1 - \int_{0}^{100} 0.015 e^{-0.015x} \mathrm{d}x = e^{-1.5} \approx 0.22313.$$

(2) 由题意，欲使该电子元件的寿命大于 x 的概率

$$P\{X > x\} = 1 - P\{X \leqslant x\} = 1 - \int_{-\infty}^{x} f(x)\mathrm{d}x$$

$$= 1 - \int_{0}^{x} 0.015 e^{-0.015x} \mathrm{d}x = e^{-0.015x} > 0.1,$$

解之可得

$$x < -\frac{\ln 0.1}{0.015} \approx 153.506.$$

3. 正态分布

定义 4 如果连续型随机变量 X 的概率密度

$$f(x) = \frac{1}{\sqrt{2\pi}\sigma} e^{-\frac{(x-\mu)^2}{2\sigma^2}}, \quad -\infty < x < +\infty,$$

其中 μ, σ 均为常数,且 $\sigma > 0$,则称 X 服从参数为 μ, σ 的正态分布,记为 $X \sim N(\mu, \sigma^2)$.

正态分布又称为**高斯(Gauss)分布**,是概率论与数理统计中最重要的分布,在自然界和社会生活中,很多随机变量服从或近似服从正态分布,例如,人的身高,测量中的误差,农作物的产量,等等.

参数为 μ, σ 的正态分布的概率密度 $f(x)$ 的图形(如图 2-5 所示)有下列性质:

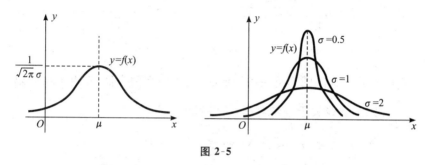

图 2-5

(1) 曲线 $y = f(x)$ 关于直线 $x = \mu$ 对称,即 $f(\mu + x) = f(\mu - x)$.

(2) 函数 $y = f(x)$ 在区间 $(-\infty, \mu]$ 单调递增,在区间 $[\mu, +\infty)$ 单调递减,在点 $x = \mu$ 取得最大值 $\dfrac{1}{\sqrt{2\pi}\sigma}$.

(3) 极限 $\lim\limits_{x \to \infty} f(x) = 0$,即曲线 $y = f(x)$ 有水平渐近线 x 轴.

(4) 曲线 $y = f(x)$ 依赖两个参数 μ 和 σ. 如果固定 σ,随着 μ 值的变化,曲线沿 x 轴左右平行移动而不改变形状. 如果固定 μ,随着 σ 值变小,最大值 $\dfrac{1}{\sqrt{2\pi}\sigma}$ 变大,曲线 $y = f(x)$ 更加陡峭,X 落在 μ 附近的概率随之变大;反之,随着 σ 值变大,最大值 $\dfrac{1}{\sqrt{2\pi}\sigma}$ 变小,曲线 $y = f(x)$ 更加扁平,X 落在 μ 附近的概率随之变小. 因此,我们称 μ 为正态分布的位置参数,称 σ 为正态分布的形状参数.

如果 $X \sim N(\mu, \sigma^2)$,称 X 为正态随机变量,其分布函数

$$F(x) = \frac{1}{\sqrt{2\pi}\sigma} \int_{-\infty}^{x} \mathrm{e}^{-\frac{(t-\mu)^2}{2\sigma^2}} \mathrm{d}t,$$

特殊地,当 $\mu = 0, \sigma^2 = 1$ 时,即 $X \sim N(0,1)$ 时,称 X 为标准正态随机变量,或称 X 服从标准正态分布,其概率密度和分布函数分别记为

$$\varphi(x) = \frac{1}{\sqrt{2\pi}} \mathrm{e}^{-\frac{x^2}{2}}, \quad \Phi(x) = \frac{1}{\sqrt{2\pi}} \int_{-\infty}^{x} \mathrm{e}^{-\frac{t^2}{2}} \mathrm{d}t, \quad -\infty < x < +\infty,$$

其图形如图 2-6 所示.

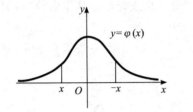 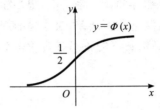

图 2-6

函数 $y = \varphi(x)$ 的图形是一条钟形曲线,中间高两头低,在点 $x = 0$ 取得最大值 $\frac{1}{\sqrt{2\pi}}$. 因为曲线关于 y 轴对称,所以当 $x < 0$ 时,

$$P\{X \leqslant x\} = P\{X \geqslant -x\} = 1 - P\{X < -x\},$$

即

$$\Phi(x) = 1 - \Phi(-x).$$

上式是标准正态分布的一个重要公式. 书末附表 2 为标准正态分布函数表,当 $x > 0$ 时可以直接查到 $\Phi(x)$ 的值,当 $x < 0$ 时可以查到 $\Phi(-x)$ 的值,再利用上述公式得到 $\Phi(x)$ 的值.

例 4　设 $X \sim N(0,1)$,利用标准正态分布函数表计算:

(1) $P\{X \leqslant -2.34\}$.　(2) $P\{|X| \leqslant 1.14\}$.　(3) $P\{|X| > 1.25\}$.

解　查标准正态分布函数表可得:

(1) $P\{X \leqslant -2.34\} = \Phi(-2.34) = 1 - \Phi(2.34) = 1 - 0.9904 = 0.0096$.

(2) $P\{|X| \leqslant 1.14\} = P\{-1.14 \leqslant X \leqslant 1.14\} = \Phi(1.14) - \Phi(-1.14)$

$$= 2\Phi(1.14) - 1 = 2 \times 0.8729 - 1 = 0.7458.$$

(3) $P\{|X| > 1.25\} = P\{X > 1.25\} + P\{X < -1.25\}$

$$= 1 - \Phi(1.25) + \Phi(-1.25)$$

$$= 2 - 2\Phi(1.25) = 2 - 2 \times 0.8944 = 0.2112.$$

为了计算一般正态分布的相关概率,需要引入下述定理:

定理 2　如果 $X \sim N(\mu, \sigma^2)$,则 X 的分布函数 $F(x) = \Phi\left(\dfrac{x - \mu}{\sigma}\right)$.

证　对 X 的分布函数 $F(x)$ 作换元积分法:令 $y = \dfrac{t - \mu}{\sigma}$,则

$$F(x) = \frac{1}{\sqrt{2\pi}\sigma} \int_{-\infty}^{x} e^{-\frac{(t-\mu)^2}{2\sigma^2}} dt = \frac{1}{\sqrt{2\pi}} \int_{-\infty}^{\frac{x-\mu}{\sigma}} e^{-\frac{y^2}{2}} dy = \Phi\left(\frac{x-\mu}{\sigma}\right).$$

根据定理 2，如果 $X \sim N(\mu, \sigma^2)$，则

$$P\{a < X \leqslant b\} = F(b) - F(a) = \Phi\left(\frac{b-\mu}{\sigma}\right) - \Phi\left(\frac{a-\mu}{\sigma}\right).$$

例 5 设 $X \sim N(1, 2^2)$，试求：

(1) $P\{0 < X < 1.6\}$.

(2) $P\{X > 2.3\}$.

(3) 求常数 C，使 $P\{X > C\} = 2P\{X < C\}$.

解 利用定理 2 和标准正态分布函数表可得：

$$(1) P\{0 < X < 1.6\} = \Phi\left(\frac{1.6-1}{2}\right) - \Phi\left(\frac{0-1}{2}\right) = \Phi(0.3) - \Phi(-0.5)$$

$$= \Phi(0.3) + \Phi(0.5) - 1 = 0.6179 + 0.6915 - 1$$

$$= 0.3094.$$

$$(2) P\{X > 2.3\} = 1 - P\{X \leqslant 2.3\} = 1 - \Phi\left(\frac{2.3-1}{2}\right)$$

$$= 1 - \Phi(0.65) = 1 - 0.7422 = 0.2578.$$

(3) 因为

$$P\{X > C\} = 1 - P\{X \leqslant C\} = 1 - \Phi\left(\frac{C-1}{2}\right),$$

$$2P\{X < C\} = 2\Phi\left(\frac{C-1}{2}\right),$$

由题意可知

$$1 - \Phi\left(\frac{C-1}{2}\right) = 2\Phi\left(\frac{C-1}{2}\right),$$

解之可得

$$\Phi\left(\frac{C-1}{2}\right) = 1 - \Phi\left(-\frac{C-1}{2}\right) = \frac{1}{3},$$

即

$$\Phi\left(-\frac{C-1}{2}\right) = \frac{2}{3} \approx 0.6667,$$

查标准正态分布函数表可得 $-\dfrac{C-1}{2} \approx 0.43$，解得常数 $C \approx 0.14$.

例 6 利用车床加工某种金属圆杆，圆杆直径（以厘米计）$X \sim N(12.4, \sigma^2)$. 如果规定合格品的直径为 $12.0 \sim 12.8$ 厘米，并且要求合格品率不低于

0.95,试确定 σ 的取值范围.

解　由题意,需确定 σ 使之满足条件

$$P\{12.0 < X < 12.8\} = \Phi\left(\frac{12.8-12.4}{\sigma}\right) - \Phi\left(\frac{12.0-12.4}{\sigma}\right)$$

$$= \Phi\left(\frac{0.4}{\sigma}\right) - \Phi\left(\frac{-0.4}{\sigma}\right) = 2\Phi\left(\frac{0.4}{\sigma}\right) - 1 \geqslant 0.95,$$

由上式可得

$$\Phi\left(\frac{0.4}{\sigma}\right) \geqslant 0.975,$$

注意到 $\Phi(x)$ 是单调增加函数,查标准正态分布函数表可得 $\dfrac{0.4}{\sigma} \geqslant 1.96$,即 $\sigma \leqslant 0.204082$.

例 7　某人去机场可选择两条路线:甲路线路程较短但交通情况复杂,所需时间(以分钟计)$X \sim N(40,10^2)$;乙路线路程较长但交通顺畅,所需时间 $Y \sim N(45,4^2)$.试问在下述两种情况下,应该选择哪一条路线?

(1) 离停止办理登机手续还有 45 分钟.

(2) 离停止办理登机手续还有 50 分钟.

解　两种情况下都应该选择使及时到达的概率较大的路程.

(1) 因为离停止办理登机手续还有 45 分钟,选择甲路线和乙路线能及时到达的概率分别为

$$P\{X \leqslant 45\} = \Phi\left(\frac{45-40}{10}\right) = \Phi(0.5) = 0.6915,$$

$$P\{Y \leqslant 45\} = \Phi\left(\frac{45-45}{4}\right) = \Phi(0) = 0.5,$$

所以应选择甲路线.

(2) 因为离停止办理登机手续还有 50 分钟,选择甲路线和乙路线能及时到达的概率分别为

$$P\{X \leqslant 50\} = \Phi\left(\frac{50-40}{10}\right) = \Phi(1) = 0.8413,$$

$$P\{Y \leqslant 50\} = \Phi\left(\frac{50-45}{4}\right) = \Phi(1.25) = 0.8944,$$

所以应选择乙路线.

第四节　随机变量的函数的分布

在实际应用中,我们不仅会遇到随机变量,还会遇到随机变量的函数.例如测量一个圆的直径,由于存在误差,所以以直径的测量值 X 是随机变量,而圆的面积 $Y = \dfrac{\pi X^2}{4}$ 是 X 的函数,也是随机变量.我们要研究的问题是:如果已知随机变量 X 的分布,怎样去求 X 的函数的分布?

一、离散型随机变量的函数的分布

我们先看一个例题.

例1　设随机变量 X 的分布律为

X	-2	-1	0	1	3
P	0.1	0.2	0.3	0.1	0.3

试求 $Y = 2X + 1$ 和 $Z = X^2 + 1$ 的分布律.

解　由 X 的分布律可得 $Y = 2X + 1$ 的分布律

Y	-3	-1	1	3	7
P	0.1	0.2	0.3	0.1	0.3

由 $Z = X^2 + 1$ 可得

Z	5	2	1	2	10
P	0.1	0.2	0.3	0.1	0.3

注意到
$$P\{Z = 2\} = P\{X = -1\} + P\{X = 1\} = 0.2 + 0.1 = 0.3,$$
故 $Z = X^2 + 1$ 的分布律为

Z	1	2	5	10
P	0.3	0.3	0.1	0.3

一般地,设离散型随机变量 X 的分布律为
$$P\{X = x_i\} = p_i, \quad i = 1, 2, \cdots,$$
$Y = f(X)$ 也是离散型随机变量,当 X 取某值 x_i 时,Y 取值 $y_i = f(x_i)$,如果所

有 $y_1, y_2, \cdots$ 全不相等,则 $Y = f(X)$ 的分布律为

$$P\{Y = y_i\} = P\{X = x_i\} = p_i, \quad i = 1, 2, \cdots.$$

如果 $y_1, y_2, \cdots$ 中有相等的值,则将其对应的概率相加,就得到 Y 取值 $y_i = f(x_i)$ 的概率. 另外,需将 Y 的所有可能取值适当排列,例如按升序排列,参见本节例 1 中 $Z = X^2 + 1$ 的分布律.

例 2 设离散型随机变量 X 的分布律 $P\{X = n\} = \dfrac{1}{2^n}, n = 1, 2, \cdots,$ 求 $Y = \cos\left(\dfrac{\pi}{2}X\right)$ 的分布律.

解 因为

$$\cos\left(\frac{\pi}{2}n\right) = \begin{cases} -1, & n = 2, 6, \cdots, 4k-2, \cdots, \\ 0, & n = 1, 3, \cdots, 2k-1, \cdots, \\ 1, & n = 4, 8, \cdots, 4k, \cdots, \end{cases}$$

所以 $Y = \cos\left(\dfrac{\pi}{2}X\right)$ 的可能取值为 $-1, 0, 1$,相应的概率为

$$P\{Y = -1\} = \sum_{k=1}^{\infty} P\{X = 4k-2\} = \sum_{k=1}^{\infty} \frac{1}{2^{4k-2}} = \frac{4}{15},$$

$$P\{Y = 0\} = \sum_{k=1}^{\infty} P\{X = 2k-1\} = \sum_{k=1}^{\infty} \frac{1}{2^{2k-1}} = \frac{10}{15},$$

$$P\{Y = 1\} = \sum_{k=1}^{\infty} P\{X = 4k\} = \sum_{k=1}^{\infty} \frac{1}{2^{4k}} = \frac{1}{15},$$

因此,$Y = \cos\left(\dfrac{\pi}{2}X\right)$ 的分布律为

Y	-1	0	1
P	$\dfrac{4}{15}$	$\dfrac{10}{15}$	$\dfrac{1}{15}$

二、连续型随机变量的函数的分布

设连续型随机变量 X 的概率密度为 $f_X(x)$,$Y = g(X)$ 也是连续型随机变量,我们来讨论如何求 $Y = g(X)$ 的概率密度 $f_Y(y)$. 基本方法是:首先用定义求 $Y = g(X)$ 的分布函数 $F_Y(y)$,再利用导数求概率密度 $f_Y(y)$.

例 3 设随机变量 X 的概率密度

$$f_X(x) = \begin{cases} 2x, & 0 < x < 1, \\ 0, & \text{其他}, \end{cases}$$

求 $Y = 3X + 1$ 的概率密度 $f_Y(y)$.

解　X 和 Y 的分布函数分别记为 $F_X(x)$ 和 $F_Y(y)$. 注意到当 X 在 $(0,1)$ 内取值时,$Y = 3X + 1$ 在 $(1,4)$ 内取值.

当 $y < 1$ 时,$\dfrac{y-1}{3} < 0$,我们有

$$F_Y(y) = P\{Y \leqslant y\} = P\{3X + 1 \leqslant y\} = P\left\{X \leqslant \frac{y-1}{3}\right\} = 0.$$

当 $y > 4$ 时,$\dfrac{y-1}{3} > 1$,我们有

$$F_Y(y) = P\{Y \leqslant y\} = P\{3X + 1 \leqslant y\} = P\left\{X \leqslant \frac{y-1}{3}\right\}$$

$$= \int_0^1 2x \mathrm{d}x = 1.$$

当 $1 < y < 4$ 时,$0 < \dfrac{y-1}{3} < 1$,我们有

$$F_Y(y) = P\{Y \leqslant y\} = P\{3X + 1 \leqslant y\} = P\left\{X \leqslant \frac{y-1}{3}\right\}$$

$$= F_X\left(\frac{y-1}{3}\right).$$

$F_Y(y)$ 对 y 求导数可得 $Y = 3X + 1$ 的概率密度

$$f_Y(y) = \frac{\mathrm{d}}{\mathrm{d}y}F_Y(y)$$

$$= \begin{cases} 2 \times \dfrac{y-1}{3} \times \dfrac{1}{3}, & 0 < \dfrac{y-1}{3} < 1, \\ 0, & \text{其他} \end{cases}$$

$$= \begin{cases} \dfrac{2(y-1)}{9}, & 1 < y < 4, \\ 0, & \text{其他}. \end{cases}$$

例 4　设 $X \sim U(0,1)$,试求:

(1) $Y = \mathrm{e}^X$ 的概率密度.

(2) $Z = -2\ln X$ 的概率密度.

解　X 的分布函数记为 $F_X(x)$,X 的概率密度

$$f_X(x) = \begin{cases} 1, & 0 < x < 1, \\ 0, & \text{其他}. \end{cases}$$

(1) Y 的分布函数记为 $F_Y(y)$. 注意到当 X 在 $(0,1)$ 内取值时,$Y = \mathrm{e}^X$ 在 $(1, \mathrm{e})$ 内取值.

当 $y < 1$ 时,我们有
$$F_Y(y) = P\{Y \leqslant y\} = 0.$$

当 $y > e$ 时,我们有
$$F_Y(y) = P\{Y \leqslant y\} = 1.$$

当 $1 < y < e$ 时,$0 < \ln y < 1$,我们有
$$F_Y(y) = P\{Y \leqslant y\} = P\{e^X \leqslant y\} = P\{X \leqslant \ln y\} = F_X(\ln y).$$

对 y 求导数可得 $Y = e^X$ 的概率密度

$$f_Y(y) = \frac{d}{dy}F_Y(y)$$

$$= \begin{cases} 1 \times \dfrac{1}{y}, & 0 < \ln y < 1, \\ 0, & \text{其他} \end{cases}$$

$$= \begin{cases} \dfrac{1}{y}, & 1 < y < e, \\ 0, & \text{其他}. \end{cases}$$

(2)Z 的分布函数记为 $F_Z(z)$. 当 X 在 $(0,1)$ 内取值时,$Z = -2\ln X$ 在 $(0, +\infty)$ 内取值.

当 $z < 0$ 时,我们有
$$F_Z(z) = P\{Z \leqslant z\} = 0.$$

当 $z > 0$ 时,$0 < e^{-\frac{z}{2}} < 1$,我们有
$$F_Z(z) = P\{Z \leqslant z\} = P\{-2\ln X \leqslant z\} = P\{X \geqslant e^{-\frac{z}{2}}\}$$
$$= 1 - P\{X < e^{-\frac{z}{2}}\} = 1 - F_X(e^{-\frac{z}{2}}).$$

对 z 求导数可得 $Z = -2\ln X$ 的概率密度

$$f_Z(z) = \frac{d}{dz}F_Z(z)$$

$$= \begin{cases} 0 - 1 \cdot e^{-\frac{z}{2}} \cdot \left(-\dfrac{1}{2}\right), & 0 < e^{-\frac{z}{2}} < 1, \\ 0, & z \leqslant 0 \end{cases}$$

$$= \begin{cases} \dfrac{1}{2}e^{-\frac{z}{2}}, & z > 0, \\ 0, & z \leqslant 0. \end{cases}$$

例 5 设某电路的电压 $V \sim N(0, \sigma^2)$,电阻 $R > 0$,试求功率 $W = \dfrac{V^2}{R}$ 的概率密度.

解　V 和 W 的分布函数分别记为 $F_V(x)$ 和 $F_W(y)$，V 的概率密度

$$f_V(x) = \frac{1}{\sqrt{2\pi}\sigma}e^{-\frac{x^2}{2\sigma^2}}, \quad -\infty < x < +\infty,$$

功率 W 的分布函数

$$F_W(y) = P\{W \leqslant y\} = P\left(\frac{V^2}{R} \leqslant y\right)$$

$$= \begin{cases} P(-\sqrt{Ry} \leqslant V \leqslant \sqrt{Ry}), & y > 0, \\ 0, & y < 0 \end{cases}$$

$$= \begin{cases} F_V(\sqrt{Ry}) - F_V(-\sqrt{Ry}), & y > 0, \\ 0, & y < 0, \end{cases}$$

功率 W 的概率密度

$$f_W(y) = \frac{\mathrm{d}}{\mathrm{d}y}F_W(y)$$

$$= \begin{cases} f_V(\sqrt{Ry}) \cdot \frac{\sqrt{R}}{2\sqrt{y}} + f_V(-\sqrt{RY})\frac{\sqrt{R}}{2\sqrt{y}}, & y > 0, \\ 0, & y \leqslant 0 \end{cases}$$

$$= \begin{cases} \frac{\sqrt{R}}{\sqrt{2\pi y}\sigma}e^{-\frac{Ry}{2\sigma^2}}, & y > 0, \\ 0, & y \leqslant 0. \end{cases}$$

在计算连续型随机变量的函数的概率密度时，还可以考虑利用下述定理.

定理 1　设连续型随机变量 X 的概率密度

$$f_X(x) = \begin{cases} f(x), & a < x < b, \\ 0, & 其他, \end{cases}$$

当 $x \in (a,b)$ 时，$f(x)$ 是大于 0 的连续函数，$g(x)$ 可导且恒有 $g'(x) > 0$（或恒有 $g'(x) < 0$），且 $g(x) \in (\alpha, \beta)$，则 $Y = g(X)$ 是连续型随机变量，其概率密度

$$f_Y(y) = \begin{cases} f(h(y))|h'(y)|, & \alpha < y < \beta, \\ 0, & 其他, \end{cases}$$

其中 $x = h(y)$ 是 $y = g(x)$ 的反函数.

证　$Y = g(X)$ 的分布函数记为 $F_Y(y)$. 注意到 $x \in (a,b)$ 时，$y = g(x) \in (\alpha, \beta)$，我们有

当 $y < \alpha$ 时，

$$F_Y(y) = P\{Y \leqslant y\} = 0.$$

当 $y > \beta$ 时,

$$F_Y(y) = P\{Y \leqslant y\} = 1.$$

当 $\alpha < y < \beta$ 时,不妨设 $g'(x) > 0$,则 $y = g(x)$ 是单调增加函数,其反函数 $x = h(y)$ 的导数存在,且 $x' = h'(y) > 0$,从而 $h'(y) = |h'(y)|$,我们有

$$F_Y(y) = P\{Y \leqslant y\} = P\{g(X) \leqslant y\} = P\{X \leqslant h(y)\} = F_X(h(y)).$$

对 y 求导数可得 $Y = g(X)$ 的概率密度

$$f_Y(y) = \begin{cases} f(h(y))|h'(y)|, & \alpha < y < \beta, \\ 0, & \text{其他}. \end{cases}$$

当 $g'(x) < 0$ 时类似可证.

定理 1 中的两个区间 (a,b) 和 (α,β),其左端点 a 和 α 可以是 $-\infty$,右端点 b 和 β 可以是 $+\infty$.

在利用定理 1 时,一定要验证是否满足条件"当 $x \in (a,b)$ 时,$f(x)$ 是大于 0 的连续函数,$y = g(x)$ 可导且恒有 $g'(x) > 0$(或恒有 $g'(x) < 0$)".

例 6 利用定理 1 求解例 4.

解 由定理 1 可得:

(1) 因为当 $x \in (0,1)$ 时,$f(x) = 1$ 是大于 0 的连续函数,$y' = (e^x)' = e^x > 0$,且 $y = e^x \in (1,e)$,$y = e^x$ 的反函数为 $x = \ln y$,所以 $Y = e^X$ 的概率密度

$$f_Y(y) = \begin{cases} 1 \cdot |(\ln y)'|, & 1 < y < e, \\ 0, & \text{其他} \end{cases}$$

$$= \begin{cases} \dfrac{1}{y}, & 1 < y < e, \\ 0, & \text{其他}. \end{cases}$$

(2) 因为当 $x \in (0,1)$ 时,$f(x) = 1$ 是大于 0 的连续函数,$z' = (-2\ln x)' = \dfrac{-2}{x} < 0$,且 $z = -2\ln x \in (0,+\infty)$,$z = -2\ln x$ 的反函数为 $x = e^{-\frac{z}{2}}$,所以 $Z = -2\ln X$ 的概率密度.

$$f_Z(z) = \begin{cases} 1 \cdot \left| \dfrac{\mathrm{d}}{\mathrm{d}z} e^{-\frac{z}{2}} \right|, & 0 < z < +\infty, \\ 0, & z \leqslant 0 \end{cases}$$

$$= \begin{cases} \dfrac{1}{2} e^{-\frac{z}{2}}, & z > 0, \\ 0, & z \leqslant 0. \end{cases}$$

下面我们利用定理 1 证明正态随机变量的一个重要性质.

定理 2   如果随机变量 $X \sim N(\mu, \sigma^2)$，常数 $a \neq 0$，则
$$Y = aX + b \sim N(a\mu + b, (a\sigma)^2).$$

证 X 的概率密度为
$$f_X(x) = \frac{1}{\sqrt{2\pi}\,\sigma}\mathrm{e}^{-\frac{(x-\mu)^2}{2\sigma^2}}, \quad -\infty < x < +\infty,$$

显然，当 $x \in (-\infty, +\infty)$ 时，$f_X(x)$ 是大于 0 的连续函数，$y = ax + b$ 的导数 $y' = a > 0$（或 $y' = a < 0$），且 $y = ax + b \in (-\infty, +\infty)$，$y = ax + b$ 的反函数为 $x = \dfrac{y-b}{a}$，反函数的导数 $x' = \dfrac{1}{a}$，由定理 1 可知，$Y = aX + b$ 的概率密度

$$f_Y(y) = \frac{1}{\sqrt{2\pi}\,\sigma}\mathrm{e}^{-\frac{\left(\frac{y-b}{a}-\mu\right)^2}{2\sigma^2}} \cdot \left|\frac{1}{a}\right| = \frac{1}{\sqrt{2\pi}\,|a|\,\sigma}\mathrm{e}^{-\frac{(y-(a\mu+b))^2}{2(a\sigma)^2}}, \quad -\infty < y < +\infty,$$

故 $Y = aX + b \sim N(a\mu + b, (a\sigma)^2)$.

定理 2 告诉我们，如果 $X \sim N(\mu, \sigma^2)$，则 X 的线性函数 $Y = aX + b (a \neq 0)$ 也服从正态分布，例如，如果 $X \sim N(1, 10^2)$，则 $Y = 2X + 3 \sim N(5, 20^2)$. 特别地，令 $a = \dfrac{1}{\sigma}, b = -\dfrac{\mu}{\sigma}$，可得下述推论：

推论   如果 $X \sim N(\mu, \sigma^2)$，则 $\dfrac{X - \mu}{\sigma} \sim N(0, 1)$.

利用推论可以将服从参数为 μ, σ^2 的正态随机变量转化为标准正态随机变量，称为正态分布的标准化.

例 7   已知 $X \sim N(500, 60^2)$，求 $P\{|X - 500| \leqslant 120\}$.

解 $P\{|X - 500| \leqslant 120\} = P\left\{\left|\dfrac{X-500}{60}\right| \leqslant \dfrac{120}{60}\right\}$

$$= P\left\{-2 \leqslant \frac{X-500}{60} \leqslant 2\right\}$$

$$= \Phi(2) - \Phi(-2) = 2\Phi(2) - 1$$

$$= 2 \times 0.9772 - 1 = 0.9544.$$

第五节   随机变量的数字特征

如果知道了随机变量的分布函数，就能够完整地描述随机变量的概率特性，但在一些实际应用中，很难求出随机变量的分布函数，或者不需要求出分

布函数,只需要知道随机变量的某些数字特征即可. 例如,检查某企业生产的手机质量时,我们很难知道也不必知道每一部手机的寿命服从什么分布,我们关心的是这些手机的平均寿命和各部手机的寿命与平均寿命的偏离程度,只要平均寿命长并且偏离程度小,就可以说这些手机的质量良好. 本节介绍随机变量的数字特征,其中最重要的是数学期望和方差.

一、随机变量的数学期望

我们先看一个例子.

引例 1 某班有 30 名学生,某课程的考试成绩如下表所示:

分数	0	1	2	3	4	5
人数	1	1	2	9	12	5

试求该班学生的平均成绩.

解 将该班学生的平均成绩记为 E,则

$$E = \frac{0 \times 1 + 1 \times 1 + 2 \times 2 + 3 \times 9 + 4 \times 12 + 5 \times 5}{30}$$

$$= 0 \times \frac{1}{30} + 1 \times \frac{1}{30} + 2 \times \frac{2}{30} + 3 \times \frac{9}{30} + 4 \times \frac{12}{30} + 5 \times \frac{5}{30}$$

$$= 3.5.$$

如果从该班任取一名学生,用随机变量 X 表示其考试成绩,则样本空间为

$$\{x_1, x_2, x_3, x_4, x_5, x_6\} = \{0, 1, 2, 3, 4, 5\},$$

分布律为

X	0	1	2	3	4	5
P	$\frac{1}{30}$	$\frac{1}{30}$	$\frac{2}{30}$	$\frac{9}{30}$	$\frac{12}{30}$	$\frac{5}{30}$

显然,平均成绩

$$E = \sum_{i=1}^{6} x_i P\{X = x_i\} = \sum_{i=1}^{6} x_i p_i$$

$$= 0 \times \frac{1}{30} + 1 \times \frac{1}{30} + 2 \times \frac{2}{30} + 3 \times \frac{9}{30} + 4 \times \frac{12}{30} + 5 \times \frac{5}{30}$$

$$= 3.5,$$

其中 $p_i = P\{X = x_i\}, i = 1, 2, 3, 4, 5, 6.$

将引例 1 推广到一般情形,就得到了离散型随机变量的数学期望的定义.

定义 1　设离散型随机变量 X 的分布律为 $P\{X = x_i\} = p_i$,$i = 1,2,\cdots$, 且级数 $\sum_{i=1}^{\infty} |x_i p_i|$ 收敛,则称 $E(X) = \sum_{i=1}^{\infty} x_i p_i$ 为 X 的数学期望. 如果 $\sum_{i=1}^{\infty} |x_i p_i|$ 发散,则称 X 的数学期望不存在.

我们知道,离散型随机变量 X 的可能取值有多个,且以相应的概率取各个值,由引例 1 和定义 1 可以看出,X 的平均值就是数学期望 $E(X)$.

连续型随机变量的数学期望的定义可以类似给出:

定义 2　设连续型随机变量 X 的概率密度为 $f(x)$,且广义积分 $\int_{-\infty}^{+\infty} |xf(x)| \mathrm{d}x$ 收敛,则称 $E(X) = \int_{-\infty}^{+\infty} xf(x)\mathrm{d}x$ 为 X 的数学期望. 如果 $\int_{-\infty}^{+\infty} |xf(x)| \mathrm{d}x$ 发散,则称 X 的数学期望不存在.

X 的数学期望简称为**期望**或**均值**. 由定义可知,X 的数学期望仅与 X 的分布有关,分布相同的随机变量有相同的数学期望,因此,我们也把随机变量的数学期望称为分布的数学期望.

例 1　求参数为 p 的 $(0-1)$ 分布的数学期望.

解　设 X 服从参数为 p 的 $(0-1)$ 分布,则其分布律为

X	0	1
P	$1-p$	p

故参数为 p 的 $(0-1)$ 分布的数学期望

$$E(X) = 0 \times (1-p) + 1 \times p = p.$$

例 2　设甲和乙两位射手的射击得分分别为 X 和 Y,其分布律如下表所示:

X	1	2	3
P	0.4	0.1	0.5

Y	1	2	3
P	0.1	0.6	0.3

试判断哪位射手的射击技术较好.

解　X 和 Y 的数学期望分别为

$$E(X) = 1 \times 0.4 + 2 \times 0.1 + 3 \times 0.5 = 2.1,$$
$$E(Y) = 1 \times 0.1 + 2 \times 0.6 + 3 \times 0.3 = 2.2,$$

即乙射手平均得分大于甲射手,故判定乙射手的射击技术较好.

例3　某车站每天 $8:00 \sim 9:00$ 和 $9:00 \sim 10:00$ 各有一辆客车甲和乙到站,但到站时刻是随机的,且两车到站时刻相互独立,其规律如下表所示:

甲到站时刻	8:10	8:30	8:50
乙到站时刻	9:10	9:30	9:50
概率	$\frac{1}{6}$	$\frac{3}{6}$	$\frac{2}{6}$

假定客车到站后,每一位候车的乘客都可以乘车离开.

(1) 一乘客 $8:00$ 到车站,求他等车的平均时间.

(2) 一乘客 $8:20$ 到车站,求他等车的平均时间.

解　设乘客的等车时间为 X(以分钟计), A_1, A_2, A_3 分别表示客车甲在 $8:10, 8:30, 8:50$ 到站, B_1, B_2, B_3 分别表示客车乙在 $9:10, 9:30, 9:50$ 到站.

(1) 乘客 $8:00$ 到车站,由题意, X 的可能取值为 $10, 30, 50$, X 的分布律为

$$P\{X = 10\} = P(A_1) = \frac{1}{6},$$

$$P\{X = 30\} = P(A_2) = \frac{3}{6},$$

$$P\{X = 50\} = P(A_3) = \frac{2}{6},$$

X 的分布律可用表格表示为

X	10	30	50
P	$\frac{1}{6}$	$\frac{3}{6}$	$\frac{2}{6}$

乘客等车的平均时间为

$$E(X) = 10 \times \frac{1}{6} + 30 \times \frac{3}{6} + 50 \times \frac{2}{6} \approx 33.3333(\text{分}).$$

(2) 乘客 $8:20$ 到车站,由题意, X 的可能取值为 $10, 30, 50, 70, 90$, X 的分布律为

$$P\{X = 10\} = P(A_2) = \frac{3}{6},$$

$$P\{X = 30\} = P(A_3) = \frac{2}{6},$$

$$P\{X = 50\} = P(A_1 B_1) = P(A_1)P(B_1) = \frac{1}{6} \times \frac{1}{6} = \frac{1}{36},$$

$$P\{X = 70\} = P(A_1 B_2) = P(A_1)P(B_2) = \frac{1}{6} \times \frac{3}{6} = \frac{3}{36},$$

$$P\{X = 90\} = P(A_1 B_3) = P(A_1)P(B_3) = \frac{1}{6} \times \frac{2}{6} = \frac{2}{36},$$

X 的分布律可用表格表示为

X	10	30	50	70	90
P	$\frac{18}{36}$	$\frac{12}{36}$	$\frac{1}{36}$	$\frac{3}{36}$	$\frac{2}{36}$

乘客等车的平均时间为

$$E(X) = 10 \times \frac{18}{36} + 30 \times \frac{12}{36} + 50 \times \frac{1}{36} + 70 \times \frac{3}{36} + 90 \times \frac{2}{36}$$

$$\approx 27.2222(\text{分}).$$

例 4　求参数为 n, p 的二项分布的数学期望.

解　设随机变量 $X \sim B(n,p)$,其分布律

$$P\{X = k\} = C_n^k p^k (1-p)^{n-k}, \quad k = 0,1,2,\cdots,n,$$

参数为 n, p 的二项分布的数学期望

$$E(X) = \sum_{k=0}^{n} k \cdot C_n^k p^k (1-p)^{n-k} = \sum_{k=1}^{n} k \cdot C_n^k p^k (1-p)^{n-k}$$

$$= \sum_{k=1}^{n} \frac{n!}{(k-1)!(n-k)!} p^k (1-p)^{n-k}$$

$$= np \sum_{k=1}^{n} \frac{(n-1)!}{(k-1)![(n-1)-(k-1)]!} p^{k-1} (1-p)^{(n-1)-(k-1)}$$

$$= np \sum_{k=0}^{n-1} \frac{(n-1)!}{k![(n-1)-k]!} p^k (1-p)^{(n-1)-k}$$

$$= np[p + (1-p)]^{n-1} = np.$$

上式用到了公式:

$$(a+b)^{n-1} = \sum_{k=0}^{n-1} C_{n-1}^k a^k b^{(n-1)-k} = \sum_{k=0}^{n-1} \frac{(n-1)!}{k![(n-1)-k]!} a^k b^{(n-1)-k}.$$

例 5　求参数为 λ 的泊松分布的数学期望.

解　设随机变量 $X \sim P(\lambda)$,其分布律

$$P\{X = k\} = \frac{\lambda^k e^{-\lambda}}{k!}, \quad k = 0,1,2,\cdots,$$

参数为 λ 的泊松分布的数学期望

$$E(X) = \sum_{k=0}^{\infty} k \cdot \frac{\lambda^k e^{-\lambda}}{k!} = \sum_{k=1}^{\infty} k \cdot \frac{\lambda^k e^{-\lambda}}{k!} = \lambda e^{-\lambda} \sum_{k=1}^{\infty} \frac{\lambda^{k-1}}{(k-1)!}$$

$$= \lambda e^{-\lambda} \sum_{k=0}^{\infty} \frac{\lambda^k}{k!} = \lambda e^{-\lambda} \cdot e^{\lambda} = \lambda.$$

上式利用了幂级数求和公式：$\sum_{k=0}^{\infty} \dfrac{x^k}{k!} = e^x, x \in (-\infty, +\infty)$.

例 6 求区间 (a,b) 的均匀分布的数学期望.

解 设 $X \sim U(a,b)$，则 X 的概率密度

$$f(x) = \begin{cases} \dfrac{1}{b-a}, & a < x < b, \\ 0, & 其他, \end{cases}$$

区间 (a,b) 的均匀分布的数学期望

$$E(X) = \int_{-\infty}^{+\infty} x f(x) \mathrm{d}x = \int_a^b \frac{x}{b-a} \mathrm{d}x = \frac{a+b}{2}.$$

例 7 求参数为 λ 的指数分布的数学期望.

解 设 $X \sim E(\lambda)$，则 X 的概率密度

$$f(x) = \begin{cases} \lambda e^{-\lambda x}, & x > 0, \\ 0, & x \leqslant 0, \end{cases}$$

参数为 λ 的指数分布的数学期望

$$E(X) = \int_{-\infty}^{+\infty} x f(x) \mathrm{d}x = \int_0^{+\infty} \lambda x e^{-\lambda x} \mathrm{d}x = -\int_0^{+\infty} x \mathrm{d}e^{-\lambda x}$$

$$= -x e^{-\lambda x} \Big|_0^{+\infty} + \int_0^{+\infty} e^{-\lambda x} \mathrm{d}x = 0 - \frac{1}{\lambda} e^{-\lambda x} \Big|_0^{+\infty} = \frac{1}{\lambda}.$$

例 8 求标准正态分布的数学期望.

解 设 $X \sim N(0,1)$，则 X 的概率密度

$$\varphi(x) = \frac{1}{\sqrt{2\pi}} e^{-\frac{x^2}{2}}, \quad -\infty < x < +\infty,$$

标准正态分布的数学期望

$$E(X) = \int_{-\infty}^{+\infty} x \varphi(x) \mathrm{d}x = \int_{-\infty}^{+\infty} \frac{x}{\sqrt{2\pi}} e^{-\frac{x^2}{2}} \mathrm{d}x = -\frac{1}{\sqrt{2\pi}} e^{-\frac{x^2}{2}} \Big|_{-\infty}^{+\infty} = 0.$$

例 9 在某段时间内，某设备被使用的时间 X（以分钟记）是一个随机变量，其概率密度为

$$f(x) = \begin{cases} \dfrac{x}{1500^2}, & 0 < x \leqslant 1500, \\[3mm] \dfrac{3000 - x}{1500^2}, & 1500 < x < 3000, \\[3mm] 0, & \text{其他}, \end{cases}$$

求该设备被使用的平均时间.

解　该设备被使用的平均时间也就是 X 的数学期望:

$$E(X) = \int_{-\infty}^{+\infty} x f(x) \mathrm{d}x = \int_0^{1500} x \cdot \frac{x}{1500^2} \mathrm{d}x + \int_{1500}^{3000} x \cdot \frac{3000 - x}{1500^2} \mathrm{d}x$$

$$= \frac{1}{1500^2} \left(\frac{1}{3} x^3 \Big|_0^{1500} + 1500 x^2 \Big|_{1500}^{3000} - \frac{1}{3} x^3 \Big|_{1500}^{3000} \right) = 1500,$$

即该设备被使用的平均时间为 1500 分钟.

在实际中常常遇到这样的问题:求随机变量的函数的数学期望,例如,某机械零件的横截面是圆,其直径 X 是随机变量,我们需要求出零件横截面面积 $\frac{1}{4}\pi X^2$ 的数学期望. 如何计算随机变量的函数的数学期望呢?我们可以利用前面学过的方法首先求出随机变量的函数的分布,然后再求出其数学期望. 这种方法虽然可行,但是往往比较麻烦. 下面介绍求解这类问题的简便方法.

定理 1　设离散型随机变量 X 的分布律为 $P\{X = x_i\} = p_i, i = 1, 2, \cdots,$ $y = g(x)$ 是连续函数,级数 $\sum\limits_{i=1}^{\infty} |g(x_i) p_i|$ 收敛,则随机变量 X 的函数 $Y = g(X)$ 的数学期望

$$E(Y) = E[g(X)] = \sum_{i=1}^{\infty} g(x_i) p_i.$$

根据定理 1,不需计算离散型随机变量函数的分布律,就可以计算其数学期望. 类似地,不需求连续型随机变量函数的概率密度,也可以求其数学期望:

定理 2　设连续型随机变量 X 的概率密度为 $f(x)$,$y = g(x)$ 是连续函数,广义积分 $\int_{-\infty}^{+\infty} |g(x) f(x)| \mathrm{d}x$ 收敛,则随机变量 X 的函数 $Y = g(X)$ 的数学期望

$$E(Y) = E[g(X)] = \int_{-\infty}^{+\infty} g(x) f(x) \mathrm{d}x.$$

证明略去.

例 10　设离散型随机变量的分布律为

X	-2	-1	0	1	2
P	0.2	0.3	0.1	0.1	0.3

求 $Y = X^2$ 的数学期望.

解　根据定理 1,$Y = X^2$ 的数学期望

$$E(Y) = E(X^2) = \sum_{i=1}^{\infty} x_i^2 p_i$$
$$= (-2)^2 \times 0.2 + (-1)^2 \times 0.3 + 0^2 \times 0.1 + 1^2 \times 0.1 + 2^2 \times 0.3$$
$$= 2.4.$$

例 11　设 $X \sim U(0, \pi)$,求 $Y = \sin X$ 的数学期望.

解　因为 $X \sim U(0, \pi)$,所以其概率密度

$$f(x) = \begin{cases} \dfrac{1}{\pi}, & 0 < x < \pi, \\ 0, & 其他, \end{cases}$$

根据定理 2,$Y = \sin X$ 的数学期望

$$E(Y) = E(\sin X) = \int_{-\infty}^{+\infty} \sin x \cdot f(x) \mathrm{d}x = \int_0^{\pi} \sin x \cdot \frac{1}{\pi} \mathrm{d}x = \frac{2}{\pi}.$$

例 12　某商品一周内的市场需求量 $X \sim N(500, 148^2)$,如果商品过剩,每单位过剩商品损失 80 元,如果供不应求,每单位少供商品损失(少获利)50元,求最佳库存量使平均总损失最小.

解　设库存量为 y,总损失为 Y,X 的概率密度和分布函数分别记为 $f(x)$ 和 $F(x)$. 由题意,当 $X < y$(商品过剩)时,单位过剩商品损失 80 元,总损失为 $80(y - X)$;当 $X > y$(供不应求)时,单位少供商品损失 50 元,总损失为 $50(X - y)$. 因此,总损失

$$Y = g(X) = \begin{cases} 80(y - X), & X < y, \\ 50(X - y), & X \geqslant y. \end{cases}$$

求最佳库存量使平均总损失最小,也就是求 $y = y_0$ 使 $E(Y)$ 取得最小值:

$$E(Y) = \int_{-\infty}^{+\infty} g(x) f(x) \mathrm{d}x = \int_{-\infty}^{y} 80(y - x) f(x) \mathrm{d}x + \int_{y}^{+\infty} 50(x - y) f(x) \mathrm{d}x,$$

对 y 求导数并令其等于 0:

$$\frac{\mathrm{d}}{\mathrm{d}y} E(Y) = 80 \cdot \frac{\mathrm{d}}{\mathrm{d}y} \left[y \int_{-\infty}^{y} f(x) \mathrm{d}x - \int_{-\infty}^{y} x f(x) \mathrm{d}x \right] +$$

$$50 \cdot \frac{\mathrm{d}}{\mathrm{d}y} \left[\int_{y}^{+\infty} x f(x) \mathrm{d}x - y \int_{y}^{+\infty} f(x) \mathrm{d}x \right]$$

$$= 80 \int_{-\infty}^{y} f(x)\mathrm{d}x - 50 \int_{y}^{+\infty} f(x)\mathrm{d}x$$

$$= 80F(y) - 50[1 - F(y)]$$

$$= 130F(y) - 50 = 0,$$

即

$$F(y) = \Phi\left(\frac{y-500}{148}\right) = \frac{50}{130} \approx 0.384615,$$

或

$$\Phi\left(-\frac{y-500}{148}\right) \approx 1 - 0.384615 = 0.615385,$$

查标准正态分布函数表可得

$$-\frac{y-500}{148} \approx 0.29,$$

解得 $y \approx 457.08$，故最佳库存量为 457.08 单位．

下述定理给出了数学期望的一个重要性质：

定理 3   设随机变量 X 的数学期望 $E(X)$ 存在，a, b 是常数，则 $aX+b$ 的数学期望

$$E(aX+b) = aE(X) + b.$$

我们仅就 X 是连续型随机变量的情形给出证明：设 X 的概率密度为 $f(x)$，根据定理 2，

$$E(aX+b) = \int_{-\infty}^{+\infty}(ax+b)f(x)\mathrm{d}x = a\int_{-\infty}^{+\infty}xf(x)\mathrm{d}x + b\int_{-\infty}^{+\infty}f(x)\mathrm{d}x$$

$$= aE(X) + b.$$

例 13   设 $X \sim N(\mu, \sigma^2)$，求其数学期望 $E(X)$．

解   如果 $Y \sim N(0,1)$，由例 8 可知其数学期望 $E(Y) = 0$，又根据本章第四节定理 2，$\sigma Y + \mu \sim N(\mu, \sigma^2)$，由定理 3 可得所求数学期望

$$E(X) = E(\sigma Y + \mu) = \sigma E(Y) + \mu = \mu.$$

例 13 说明，如果 $X \sim N(\mu, \sigma^2)$，则参数 μ 就是 X 的数学期望 $E(X)$．

下面给出一个数学期望不存在的例子：

例 14   如果随机变量 X 的概率密度为

$$f(x) = \frac{1}{\pi(1+x^2)}, \quad -\infty < x < +\infty,$$

则称 X 服从**柯西分布**．

（1）验证函数 $f(x)$ 是概率密度．

（2）证明柯西分布的数学期望不存在.

证 （1）因为函数 $f(x)$ 满足：

①$f(x) = \dfrac{1}{\pi(1+x^2)} \geqslant 0, \quad -\infty < x < +\infty,$

②$\displaystyle\int_{-\infty}^{+\infty} f(x)\mathrm{d}x = \int_{-\infty}^{+\infty} \dfrac{\mathrm{d}x}{\pi(1+x^2)} = \dfrac{1}{\pi}\arctan x \Big|_{-\infty}^{+\infty} = 1,$

所以函数 $f(x)$ 是概率密度.

（2）因为

$$\int_{-\infty}^{+\infty} |xf(x)|\,\mathrm{d}x = \int_{-\infty}^{+\infty} \dfrac{|x|\,\mathrm{d}x}{\pi(1+x^2)} = \int_{-\infty}^{0} \dfrac{|x|\,\mathrm{d}x}{\pi(1+x^2)} + \int_{0}^{+\infty} \dfrac{|x|\,\mathrm{d}x}{\pi(1+x^2)},$$

而

$$\int_{0}^{+\infty} \dfrac{|x|\,\mathrm{d}x}{\pi(1+x^2)} = \int_{0}^{+\infty} \dfrac{x\,\mathrm{d}x}{\pi(1+x^2)} = \dfrac{1}{2\pi}\ln(1+x^2)\Big|_{0}^{+\infty} = +\infty,$$

所以

$$\int_{-\infty}^{+\infty} |xf(x)|\,\mathrm{d}x = \int_{-\infty}^{+\infty} \dfrac{|x|\,\mathrm{d}x}{\pi(1+x^2)}$$

发散，即柯西分布的数学期望不存在.

二、随机变量的方差

我们先看一个例子.

引例 2 A,B 两运动员的射击成绩分别用 X 和 Y 表示，分布律如下表所示：

X	8	9	10
P	0.2	0.6	0.2

Y	8	9	10
P	0.4	0.2	0.4

试比较两运动员的射击技术.

解 容易求出 $E(X) = E(Y) = 9$，因此，如果仅以平均成绩进行比较，两运动员的射击技术相同. 但是，由上述分布律可以看出，A 运动员的射击成绩与其均值 9 的偏离程度较小，这说明 A 运动员的射击技术更稳定. 综合判断：A 运动员的射击技术优于 B 运动员.

引例 2 说明，随机变量的取值与其数学期望的偏离程度也是随机变量的一个重要数字特征. 在概率论中，我们用方差来描述这个特征，下面给出方差的定义：

定义 3　设 X 是随机变量，如果 $E\{[X-E(X)]^2\}$ 存在，则称其为 X 的方差，记为 $D(X)$ 或 $\mathrm{Var}(X)$，即

$$D(X) = \mathrm{Var}(X) = E\{[X-E(X)]^2\}.$$

由定义 3 可见，方差 $D(X)$ 描述了随机变量 X 的取值与其数学期望的平均偏离程度，方差越大，X 的取值越分散；方差越小，X 的取值越集中在其数学期望附近.

为了简化计算，经常用到下列公式：

$$D(X) = E(X^2) - [E(X)]^2.$$

我们仅就 X 是离散型随机变量的情形给出上式的证明：设 X 的分布律为

$$P\{X = x_i\} = p_i, \quad i = 1,2,\cdots,$$

我们有

$$
\begin{aligned}
D(X) = E\{[X-E(X)]^2\} &= \sum_{i=1}^{\infty} [x_i - E(X)]^2 p_i \\
&= \sum_{i=1}^{\infty} \{x_i^2 p_i - 2E(X)x_i p_i + [E(X)]^2 p_i\} \\
&= \sum_{i=1}^{\infty} x_i^2 p_i - 2E(X)\sum_{i=1}^{\infty} x_i p_i + [E(X)]^2 \sum_{i=1}^{\infty} p_i \\
&= E(X^2) - 2E(X)E(X) + [E(X)]^2 \\
&= E(X^2) - [E(X)]^2.
\end{aligned}
$$

当 X 是连续型随机变量时类似可证，请读者给出证明.

随机变量 X 的方差 $D(X)$ 的算术平方根 $\sqrt{D(X)}$ 称为 X 的**标准差**或**均方差**. 方差与标准差都是用来描述随机变量取值与其均值的偏离程度的数字特征. 方差（或标准差）越大，随机变量的取值越分散；方差（或标准差）越小，随机变量的取值越集中在其均值附近. 因为标准差 $\sqrt{D(X)}$ 与随机变量 X、数学期望 $E(X)$ 有相同的量纲，所以在实际应用中经常使用标准差.

如果随机变量 X 的数学期望 $E(X)$ 和方差 $D(X)$ 均存在，且 $E(X) \neq 0$，我们称 $\dfrac{\sqrt{D(X)}}{E(X)}$ 为 X 的**变异系数**，记为 $(CV)_X$，即

$$(CV)_X = \frac{\sqrt{D(X)}}{E(X)}.$$

变异系数是单位均值上的标准差，有时用它描述 X 取值的分散程度更合理. 限于篇幅，本书对变异系数不做深入讨论.

例 15　求参数为 p 的 $(0-1)$ 分布的方差和均方差.

解　设 X 服从参数为 p 的 $(0-1)$ 分布,则其分布律为

X	0	1
P	$1-p$	p

首先求

$$E(X^2) = 0^2 \times (1-p) + 1^2 \times p = p,$$

由例 1 知 $E(X) = p$,故参数为 p 的 $(0-1)$ 分布的方差和均方差分别为

$$D(X) = E(X^2) - [E(X)]^2 = p - p^2 = p(1-p),$$
$$\sqrt{D(X)} = \sqrt{p(1-p)}.$$

例 16　求参数为 λ 的泊松分布的方差.

解　设随机变量 $X \sim P(\lambda)$,其分布律

$$P\{X = k\} = \frac{\lambda^k e^{-\lambda}}{k!}, \quad k = 0,1,2,\cdots,$$

由例 5 知 $E(X) = \lambda$,注意到

$$E(X^2) = E[X(X-1) + X] = \sum_{k=0}^{\infty} [k(k-1) + k] \cdot \frac{\lambda^k e^{-\lambda}}{k!}$$

$$= \sum_{k=0}^{\infty} k(k-1) \cdot \frac{\lambda^k e^{-\lambda}}{k!} + \sum_{k=0}^{\infty} k \cdot \frac{\lambda^k e^{-\lambda}}{k!}$$

$$= \sum_{k=2}^{\infty} k(k-1) \cdot \frac{\lambda^k e^{-\lambda}}{k!} + E(X) = \lambda^2 e^{-\lambda} \sum_{k=2}^{\infty} \frac{\lambda^{k-2}}{(k-2)!} + E(X)$$

$$= \lambda^2 e^{-\lambda} \sum_{k=0}^{\infty} \frac{\lambda^k}{k!} + E(X) = \lambda^2 e^{-\lambda} e^{\lambda} + \lambda = \lambda^2 + \lambda,$$

参数为 λ 的泊松分布的方差

$$D(X) = E(X^2) - [E(X)]^2 = \lambda^2 + \lambda - \lambda^2 = \lambda.$$

例 17　求区间 (a,b) 的均匀分布的方差.

解　设 $X \sim U(a,b)$,则 X 的概率密度

$$f(x) = \begin{cases} \dfrac{1}{b-a}, & a < x < b, \\ 0, & \text{其他,} \end{cases}$$

由例 6 知 $E(X) = \dfrac{a+b}{2}$,而

$$E(X^2) = \int_{-\infty}^{+\infty} x^2 f(x) \, dx = \int_a^b \frac{x^2}{b-a} \, dx = \frac{a^2 + ab + b^2}{3},$$

区间 (a,b) 的均匀分布的方差

$$D(X) = E(X^2) - [E(X)]^2 = \frac{a^2 + ab + b^2}{3} - \left(\frac{a+b}{2}\right)^2 = \frac{(b-a)^2}{12}.$$

例 18   求参数为 λ 的指数分布的方差.

解   设 $X \sim E(\lambda)$,则 X 的概率密度

$$f(x) = \begin{cases} \lambda e^{-\lambda x}, & x > 0, \\ 0, & x \leqslant 0, \end{cases}$$

由例 7 知 $E(X) = \dfrac{1}{\lambda}$,利用分部积分法可得

$$E(X^2) = \int_{-\infty}^{+\infty} x^2 f(x) \mathrm{d}x = \int_0^{+\infty} \lambda x^2 e^{-\lambda x} \mathrm{d}x = \frac{2}{\lambda^2},$$

参数为 λ 的指数分布的方差

$$D(X) = E(X^2) - [E(X)]^2 = \frac{2}{\lambda^2} - \left(\frac{1}{\lambda}\right)^2 = \frac{1}{\lambda^2}.$$

例 19   求标准正态分布的方差.

解   设 $X \sim N(0,1)$,则 X 的概率密度

$$\varphi(x) = \frac{1}{\sqrt{2\pi}} e^{-\frac{x^2}{2}}, \quad -\infty < x < +\infty,$$

由例 8 知 $E(X) = 0$,而

$$E(X^2) = \int_{-\infty}^{+\infty} x^2 \varphi(x) \mathrm{d}x = \int_{-\infty}^{+\infty} \frac{x^2}{\sqrt{2\pi}} e^{-\frac{x^2}{2}} \mathrm{d}x = -\int_{-\infty}^{+\infty} \frac{x}{\sqrt{2\pi}} \mathrm{d}e^{-\frac{x^2}{2}}$$

$$= -\frac{x}{\sqrt{2\pi}} e^{-\frac{x^2}{2}} \Big|_{-\infty}^{+\infty} + \int_{-\infty}^{+\infty} \frac{1}{\sqrt{2\pi}} e^{-\frac{x^2}{2}} \mathrm{d}x = 0 + 1 = 1,$$

标准正态分布的方差

$$D(X) = E(X^2) - [E(X)]^2 = 1 - 0^2 = 1.$$

例 8 和例 19 说明,如果 $X \sim N(0,1)$,则参数 0 和 1 分别是 X 的数学期望和方差.

下述定理给出了方差的一个重要性质:

定理 4   设随机变量 X 的方差 $D(X)$ 存在,a,b 是常数,则 $aX+b$ 的方差

$$D(aX+b) = a^2 D(X).$$

我们仅就 X 是连续型随机变量的情形给出证明:设 X 的概率密度为 $f(x)$,我们有

$$D(aX+b) = \int_{-\infty}^{+\infty} (ax+b)^2 f(x) \mathrm{d}x - [E(aX+b)]^2$$

$$= \int_{-\infty}^{+\infty} (a^2x^2 + 2abx + b^2)f(x)\mathrm{d}x - [aE(X) + b]^2$$

$$= a^2E(X^2) + 2abE(X) + b^2 - a^2[E(X)]^2 - 2abE(X) - b^2$$

$$= a^2\{E(X^2) - [E(X)]^2\}$$

$$= a^2D(X).$$

例 20 设 $X \sim N(\mu, \sigma^2)$，求其方差 $D(X)$.

解 如果 $Y \sim N(0,1)$，则 $E(Y) = 0$，$D(Y) = 1$，又因为 $\sigma Y + \mu \sim N(\mu, \sigma^2)$，由定理 4 可得所求方差

$$D(X) = D(\sigma Y + \mu) = \sigma^2 D(Y) = \sigma^2.$$

由例 13 和例 20 可知，如果 $X \sim N(\mu, \sigma^2)$，则参数 μ 和 σ^2 分别是 X 的数学期望和方差. 利用标准正态分布函数表可得：

$$P\{\mu - \sigma < X < \mu + \sigma\} = \Phi(1) - \Phi(-1) = 2\Phi(1) - 1 = 0.6826,$$

$$P\{\mu - 2\sigma < X < \mu + 2\sigma\} = 2\Phi(2) - 1 = 0.9544,$$

$$P\{\mu - 3\sigma < X < \mu + 3\sigma\} = 2\Phi(3) - 1 = 0.9974,$$

上述结果如图 2-7 所示，其中 $f(x)$ 是 X 的概率密度.

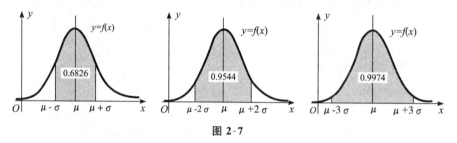

图 2-7

这说明 X 落在区间 $(\mu - 3\sigma, \mu + 3\sigma)$ 的概率高达 99.74%，X 几乎不可能落在这一区间之外，人们称这一现象为"3σ 规则".

表 2-1 给出了几个重要随机变量的数学期望和方差.

表 2-1

分布	记号	分布律或概率密度	数学期望	方差
二项分布	$B(n,p)$	$P\{X = k\} = C_n^k p^k (1-p)^{n-k}$ $k = 0,1,2,\cdots,n$	np	$np(1-p)$
泊松分布	$P(\lambda)$	$P\{X = k\} = \dfrac{\lambda^k \mathrm{e}^{-\lambda}}{k!}$ $k = 0,1,2,\cdots$	λ	λ

续表

分布	记号	分布律或概率密度	数学期望	方差
均匀分布	$U(a,b)$	$f(x) = \begin{cases} \dfrac{1}{b-a}, & a < x < b \\ 0, & \text{其他} \end{cases}$	$\dfrac{a+b}{2}$	$\dfrac{(b-a)^2}{12}$
指数分布	$E(\lambda)$	$f(x) = \begin{cases} \lambda e^{-\lambda x}, & x > 0 \\ 0, & x \leqslant 0 \end{cases}$	$\dfrac{1}{\lambda}$	$\dfrac{1}{\lambda^2}$
正态分布	$N(\mu,\sigma^2)$	$f(x) = \dfrac{1}{\sqrt{2\pi}\sigma} e^{-\frac{(x-\mu)^2}{2\sigma^2}}$	μ	σ^2

说明 二项分布的方差的计算参见第三章第四节例 7.

三、随机变量的原点矩和中心矩

数学期望和方差是随机变量最重要的数字特征, 矩也是随机变量的重要数字特征之一.

定义 4 设 X 是随机变量, k 是正整数, 如果 $E(X^k)$ 存在, 则称它为 X 的 k 阶原点矩; 如果 $E\{[X - E(X)]^k\}$ 存在, 则称它为 X 的 k 阶中心矩.

k 阶原点矩简称为 k 阶矩, 常记为 μ_k, k 阶中心矩常记为 ν_k, 即

$$\mu_k = E(X^k), \quad \nu_k = E\{[X - E(X)]^k\},$$

显然, X 的 1 阶原点矩 μ_1 就是数学期望 $E(X)$, X 的 2 阶中心矩 ν_2 就是方差 $D(X)$, 因此, 原点矩是数学期望的推广, 中心矩是方差的推广. 概率论与数理统计中常用到 μ_1, μ_2, ν_2, 它们有下列关系:

$$\nu_2 = \mu_2 - \mu_1^2.$$

例 21 设 $X \sim N(\mu,\sigma^2)$, 求其二阶矩 μ_2.

解 因为 $X \sim N(\mu,\sigma^2)$, 所以 $E(X) = \mu$, $D(X) = \sigma^2$, 二阶矩

$$\mu_2 = \mu_1^2 + \nu_2 = [E(X)]^2 + D(X) = \mu^2 + \sigma^2.$$

第六节　Mathematica 在随机变量中的应用

下面介绍 Mathematica 在随机变量中的简单应用.

表 2-2 给出了 Mathematica 中的一些常用分布及其说明.

表 2-2

Mathematica 中的分布	说明
BinomialDistribution[n,p]	二项分布 $B(n,p)$
PoissonDistribution[λ]	泊松分布 $P(\lambda)$
GeometricDistribution[p]	几何分布 $G(p)$
HypergeometricDistribution[n,M,N]	超几何分布 $H(n,M,N)$
NormalDistribution[μ,σ]	正态分布 $N(\mu,\sigma^2)$
ExponentialDistribution[λ]	指数分布 $E(\lambda)$
UniformDistribution[a,b]	均匀分布 $U(a,b)$

表 2-3 给出了 Mathematica 中的一些常用命令及其说明.

表 2-3

Mathematica 中的命令	说明
Mean[dist]	求分布 dist 的均值
Variance[dist]	求分布 dist 的方差
PDF[dist,x]	求分布 dist 的概率密度(或分布律)在点 x 的值
CDF[dist,x]	求分布 dist 的分布函数在点 x 的值

在利用 Mathematica 进行概率论与数理统计的相关计算时,要注意调入相应的统计软件包. 表 2-4 给出了 Mathematica 中的一些常用统计软件包及其说明.

表 2-4

统计软件包	说明
<< Statistics`DiscreteDistributions`	离散型分布软件包
<< Statistics`ContinuousDistributions`	连续型分布软件包
<< Statistics`NormalDistribution`	正态分布软件包

例 1 设 $X \sim B(8,0.3)$,求 X 的分布律、数学期望、方差和概率 $P\{X \leqslant 2\}$, $P\{X \geqslant 6\}$.

解 需要调入离散型分布软件包 "<<Statistics`DiscreteDistributions`".

输入和输出语句如下：

In[1]：= <<Statistics`DiscreteDistributions`

        bdist = BinomialDistribution[8,0.3]

        t1 = Table[PDF[bdist,i],{i,0,8}]

        t2 = Mean[bdist]

        t3 = Variance[bdist]

        t4 = CDF[bdist,2]

        t5 = 1 − CDF[bdist,5]

Out[2] = BinomialDistribution[8,0.3]

Out[3] = {0.057648,0.19765,0.296475,0.254122,0.136137,

        0.0466754,0.0100019,0.00122472,0.00006561}

Out[4] = 2.4

Out[5] = 1.68

Out[6] = 0.551774

Out[7] = 0.0112922

由此可知：X 的分布律（Table[PDF[bdist,i],{i,0,8}]）为

$P\{X=0\}=0.057648, P\{X=1\}=0.19765, P\{X=2\}=0.296475,$

$P\{X=3\}=0.254122, P\{X=4\}=0.136137, P\{X=5\}=0.0466754,$

$P\{X=6\}=0.0100019, P\{X=7\}=0.00122472, P\{X=8\}=0.00006561;$

X 的数学期望 $E(X)=2.4$ （Mean[bdist]）;

X 的方差 $D(X)=1.68$ （Variance[bdist]）;

$P\{X\leqslant 2\}=0.551744$ （CDF[bdist,2]）;

$P\{X\geqslant 6\}=1-P\{X\leqslant 5\}=0.0112922$ （1−CDF[bdist,5]）.

例 2 设 $X \sim H(n,M,N)$,求 X 的数学期望和方差.

解   需要调入离散型分布软件包"<<Statistics`DiscreteDistributions`". 输入
和输出语句如下：

In[1]：= <<Statistics`DiscreteDistributions`

        hdist = HypergeometricDistribution[n,dm,dn]

        Mean[hdist]

        Variance[hdist]

Out[2] = HypergeometricDistribution[n,dm,dn]

Out[3] = $\dfrac{\text{dm n}}{\text{dn}}$

$$\text{Out}[4] = \frac{\text{dm}\left(1 - \dfrac{\text{dm}}{\text{dn}}\right)(\text{dn} - n)\,n}{(-1 + \text{dn})\,\text{dn}}$$

由此可知,当 $X \sim H(n, M, N)$ 时,数学期望和方差分别为

$$E(X) = \frac{nM}{N}, \quad D(X) = \frac{nM(N-n)\left(1 - \dfrac{M}{N}\right)}{N(N-1)}.$$

例 3　已知某电子元件寿命 $X \sim E(0.015)$,试求 X 的概率密度 $f(x)$、数学期望 $E(X)$、方差 $D(X)$ 和该电子元件的寿命大于 100 的概率.

解　需要调入连续型分布软件包"<<Statistics`ContinuousDistributions`". 输入和输出语句如下:

In[1]: = <<Statistics`ContinuousDistributions`

edist = ExponentialDistribution[0.015]

t1 = PDF[edist, x]

t2 = Mean[edist]

t3 = Variance[edist]

t4 = 1 − CDF[edist, 100]

Out[2] = ExponentialDistribution[0.015]

Out[3] = 0.015e$^{-0.015x}$

Out[4] = 66.6667

Out[5] = 4444.44

Out[6] = 0.22313

由此可知,随机变量 X 的概率密度

$$f(x) = \begin{cases} 0.015e^{-0.015x}, & x > 0, \\ 0, & x \leqslant 0, \end{cases}$$

所求数学期望和方差分别为

$$E(X) = 66.6667, \quad D(X) = 4444.44,$$

所求概率

$$P\{X > 100\} = 1 - P\{X \leqslant 100\} = 0.22313.$$

例 4　设 $X \sim N(1, 2^2)$,试求:

(1) 概率 $P\{X > 2.3\}$ 和 $P\{0 < X < 1.6\}$.

(2) 数学期望 $E(X)$ 和方差 $D(X)$.

(3) X 的概率密度及其图形.

(4) X 的分布函数的图形.

解   需要调入正态分布软件包"<<Statistics`NormalDistribution`". 输入和输出语句如下：

In[1]：= <<Statistics`NormalDistribution`

ndist = NormalDistribution[1,2]

{1 − CDF[ndist,2.3],CDF[ndist,1.6] − CDF[ndist,0]}

{Mean[ndist],Variance[ndist]}

npdf = PDF[ndist,x]

ncdf = CDF[ndist,x];

Plot[npdf,{x, − 5,7}]

Plot[ncdf,{x, − 5,7}]

Out[2] = NormalDistribution[1,2]   （注意:参数是 μ,σ）

Out[3] = {0.257846,0.309374}   （$P\{X>2.3\}$ 和 $P\{0<X<1.6\}$）

Out[4] = {1,4}   （$E(X)$ 和 $D(X)$）

Out[5] = $\dfrac{e^{-\frac{1}{8}}(-1+x)^2}{2\sqrt{2\pi}}$ （概率密度）

（概率密度图形）

Out[7] = -Graphics-

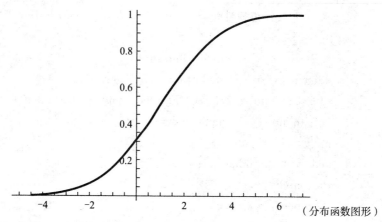

（分布函数图形）

Out[8] = -Graphics-

例 5　设连续型随机变量 X 的概率密度为

$$f(x) = \begin{cases} \dfrac{A}{(1+x)^2}, & x > 0, \\ 0, & x \leqslant 0. \end{cases}$$

(1) 求常数 A.

(2) 求概率 $P\{-1 < X < 1\}$.

(3) 求 X 的分布函数 $F(x)$.

(4) 判断 X 的数学期望和方差是否存在.

解　(1) 求常数 A. 输入和输出语句如下：

In[1]: = Solve[Integrate[a/(1+x)^2,{x,0,+∞}] == 1,a]

Out[1] = {{a → 1}}

即常数 $A = 1$.

(2) 求概率 $P\{-1 < X < 1\}$. 输入和输出语句如下：

In[2]: = Integrate[1/(1+x)^2,{x,0,1}]

Out[2] = $\dfrac{1}{2}$

即 $P\{-1 < X < 1\} = \displaystyle\int_0^1 \dfrac{1}{(1+x)^2} \mathrm{d}x = \dfrac{1}{2}$.

(3) 求 X 的分布函数 $F(x)$. 输入和输出语句如下：

In[3]: = Integrate[1/(1+t)^2,{t,0,x},Assumptions → x > 0]

Out[3] = $\dfrac{x}{1+x}$

即 X 的分布函数 $F(x) = \begin{cases} \dfrac{x}{1+x}, & x > 0, \\ 0, & x \leqslant 0. \end{cases}$

(4) 判断 X 的数学期望和方差是否存在. 输入和输出语句如下:

In[4] := Integrate[x/(1+x)^2,{x,0,+∞}]

　　　　　Integrate::idiv:

　　　　　Integral of $\dfrac{\text{x}}{(<< 1 >> << 1 >>)^2}$ does not converge on $\{0,\infty\}$.

Out[4] = $\displaystyle\int_0^\infty \dfrac{\text{x}}{(1+\text{x})^2}\text{dx}$

即 X 的数学期望不存在, 从而方差也不存在.

注意 在 Mathematica 中, 几何分布的分布律为

$$P\{X = k\} = p(1-p)^k, \quad k = 0,1,2,\cdots,$$

即事件 $\{X = k\}(k = 0,1,2,\cdots)$ 表示"在多重伯努利实验中, 事件 A 在第 $k+1$ 次实验首次发生", 与本教材(和国内绝大多数教材)中几何分布的定义形式不同, 在利用 Mathematica 计算相应概率时需要特别注意.

例 6 某人投篮命中率为 0.4, 用 X 表示他首次投中时已投篮的次数, 试利用 Mathematica 计算: $(1) X$ 的分布律、数学期望和方差. (2) 首次投中前的投篮次数小于 5 的概率 p.

解 X 服从参数为 0.4 的几何分布, 即 $X \sim G(0.4)$, $P\{X = k\} = 0.4 \times 0.6^{k-1}, k = 1,2,\cdots$, Mathematica 的输入和输出语句为:

In[1] := << Statistics`DiscreteDistributions`
　　　　　gdist = GeometricDistribution[0.4];
　　　　　fbl = PDF[gdist,k-1];
　　　　　ex = N[Sum[(i+1)PDF[gdist,i],{i,0,∞}]];
　　　　　dx = N[Sum[(i+1-ex)^2 PDF[gdist,i],{i,0,∞}]];
　　　　　p = N[Sum[PDF[gdist,i],{i,0,4}]];
　　　　　{fbl,ex,dx,p}

Out[7] = $\{0.4\ 0.6^{-1+k}, 2.5, 3.75, 0.92224\}$

习 题 二

1. 将一枚骰子连掷两次, 以 X 表示两次出现的点数之和, 试写出 X 的分布律.

2. 设在 15 件同类产品中有 2 件次品, 不放回取 3 次, 以 X 表示取出的次品数. 试求: (1) X 的分布律. (2) X 的分布函数及其图形. (3) $P\left\{X \leqslant \dfrac{1}{2}\right\}$, $P\left\{1 < X \leqslant \dfrac{3}{2}\right\}$, $P\left\{1 \leqslant X \leqslant \dfrac{3}{2}\right\}$.

3. 某人独立地投篮 3 次, 每次投中的概率为 0.8, 求 3 次投篮投中次数的分布律, 并求至少投中 2 次的概率.

4. 某人射击直到命中为止, 设每次的命中率为 $p(0 < p < 1)$, 求所需子弹数 X 的分布律.

5. 在某周期内, 从一个放射源放射出的粒子数 X 服从泊松分布, 如果没有放射出粒子的概率为 $\dfrac{1}{3}$, 试求: (1) X 的分布律. (2) 放射出一个以上 (不含一个) 粒子的概率.

6. 有一繁忙的汽车站, 每天有大量汽车通过, 设每辆汽车在某段时间内出事故的概率为 0.0001, 如果在该段时间内有 1000 辆汽车通过, 试利用泊松定理计算, 出事故的次数不小于 2 的概率.

7. 设 $X \sim P(\lambda)$, 当 k 取何值时, 概率 $P\{X = k\}$ 最大?

8. 如果随机变量 X 的分布函数为 $F(x) = A + B\arctan x, -\infty < x < +\infty$, 则称 X 服从柯西分布. 试求: (1) 常数 A 和 B. (2) X 落在区间 $(-1, 1)$ 的概率. (3) X 的概率密度.

9. 设随机变量 X 的分布函数为 $F(x)$, 试用 $F(x)$ 表示下述概率: (1) $P\{X = a\}$. (2) $P\{X < a\}$. (3) $P\{X > a\}$. (4) $P\{X \geqslant a\}$.

10. 设随机变量 X 的概率密度为

$$f(x) = \begin{cases} \dfrac{1}{2}e^x, & x \leqslant 0, \\ \dfrac{1}{4}, & 0 < x \leqslant 2, \\ 0, & x > 2, \end{cases}$$

试求 X 的分布函数.

11. 从一批子弹中任意抽取 5 发试射, 如果没有一发子弹偏离靶心 2 米以外, 则整批子弹将被接受, 设弹着点与靶心的距离 X (以米计) 的概率密度为

$$f(x) = \begin{cases} Axe^{-x^2}, & 0 < x < 3, \\ 0, & 其他, \end{cases}$$

试求: (1) 常数 A. (2) 该批子弹被接受的概率.

12. 某电子信号在时间 $(0,T)$ 内随机均匀地出现,试求:

(1) 电子信号在时间 $(t_0,t_1)((t_0,t_1) \subset (0,T))$ 内出现的概率.

(2) 如果已知电子信号在时刻 t_0 前没有出现,它在 (t_0,t_1) 内出现的概率.

13. 设 $X \sim N(3,2^2)$.试求:

(1) 概率 $P\{2 < X \leqslant 5\}$, $P\{-4 < X \leqslant 10\}$, $P\{X > 3\}$.

(2) 常数 C,使等式 $P\{X < C\} = P\{X \geqslant C\}$ 成立.

14. 设随机变量 $X \sim N(108,9)$.

(1) 求常数 a,使概率 $P\{X < a\} = 0.9$.

(2) 求常数 a,使概率 $P\{|X - a| > a\} = 0.01$.

15. 某种电子管的寿命 $X \sim N(160,\sigma^2)$(以小时计),若要求 $P\{120 < X \leqslant 200\} \geqslant 0.8$,试求 σ 的取值范围.

16. 设随机变量 X 的分布律为

X	-2	-1	0	1	3
P	$\dfrac{6}{30}$	$\dfrac{5}{30}$	$\dfrac{6}{30}$	$\dfrac{2}{30}$	$\dfrac{11}{30}$

试求下列随机变量的函数的分布律:(1)$Y = 2X + 5$.   (2)$Z = X^2$.

17. 已知离散型随机变量 X 的分布律为

X	0	$\dfrac{\pi}{2}$	π
P	$\dfrac{1}{4}$	$\dfrac{2}{4}$	$\dfrac{1}{4}$

求 $Y = \dfrac{2}{3}X + 2$ 和 $Z = \cos X$ 的分布律.

18. 设 $X \sim U(0,1)$,试求 Y 的概率密度:(1)$Y = e^X$.   (2)$Y = -2\ln X$.

19. 设 $X \sim N(0,1)$,试求 Y 的概率密度:(1)$Y = e^X$.   (2)$Y = 2X^2 + 1$.
(3)$Y = |X|$.

20. 设随机变量 X 的概率密度为

$$f(x) = \begin{cases} \dfrac{2x}{\pi^2}, & 0 < x < \pi, \\ 0, & \text{其他}, \end{cases}$$

试求 $Y = \sin X$ 的概率密度.

21. 已知随机变量 X 的概率密度为
$$f(x) = \begin{cases} 1+x, & -1 \leqslant x < 0, \\ 1-x, & 0 \leqslant x < 1, \\ 0, & 其他, \end{cases}$$

求 $Y = X^2 + 1$ 的分布函数.

22. 一条绳子长为 $2l$,将它随机地分成两段,以 X 表示短的一段的长度,写出 X 的概率密度.

23. 一批零件有 4 件正品和 2 件次品,今不放回逐件取出,X 表示取到正品之前已取出的次品数,试求数学期望 $E(X)$.

24. 试求第 4 题中随机变量的数学期望 $E(X)$.

25. 设随机变量 X 服从拉普拉斯(Laplace)分布,其概率密度为
$$f(x) = \frac{1}{2}\mathrm{e}^{-|x|}, \quad -\infty < x < +\infty,$$

求数学期望 $E(X)$.

26. 设随机变量 X 的概率密度为
$$f(x) = \begin{cases} x, & 0 \leqslant x \leqslant 1, \\ 2-x, & 1 < x \leqslant 2, \\ 0, & 其他, \end{cases}$$

求数学期望 $E(X)$.

27. 设随机变量 X 服从瑞利分布,其概率密度为
$$f(x) = \begin{cases} \dfrac{x}{\sigma^2}\mathrm{e}^{-\frac{x^2}{2\sigma^2}}, & x > 0, \\ 0, & x \leqslant 0, \end{cases}$$

其中常数 $\sigma > 0$,求数学期望 $E(X)$.

28. 试求第 $23 \sim 27$ 题中随机变量的方差 $D(X)$.

第三章　　多维随机变量

上一章我们介绍了随机变量及其应用,但是,在实际问题中,我们常常需要同时用几个随机变量才能描述某一随机试验的结果,例如,体检时需要同时测量身高、体重、血压等,考察空气质量时,需要同时考察 PM2.5 细颗粒物、PM10 可吸入颗粒物、二氧化硫、二氧化氮等污染物的含量.要研究这些随机变量以及彼此之间的关系,逐个地研究这些随机变量是不够的,需要将它们作为一个整体来考虑,为此必须引入多维随机变量的概念.本章主要研究二维随机变量及其分布,所得结论可推广到多维随机变量的情形.

第一节　　多维随机变量及其联合分布函数

定义 1　设 S 是随机试验 E 的样本空间,X 和 Y 是定义在 S 上的随机变量,则称向量 (X,Y) 为二维随机变量或二维随机向量.

类似地,可以定义 S 上的 n 个随机变量 $X_1,X_2,\cdots,X_n$ 组成的向量 $(X_1,X_2,\cdots,X_n)$ 为 n 维随机变量或 n 维随机向量.随机变量也称为**一维随机变量**.当 $n \geqslant 2$ 时,n 维随机变量统称为**多维随机变量或多维随机向量**.

类似于用分布函数描述一维随机变量,我们用联合分布函数来描述多维随机变量.

定义 2　设 (X,Y) 是二维随机变量,称二元函数

$$F(x,y) = P\{X \leqslant x, Y \leqslant y\}, \quad -\infty < x < +\infty, -\infty < y < +\infty$$

为二维随机变量 (X,Y) 的联合分布函数.

定义 2 中的事件 $\{X \leqslant x, Y \leqslant y\}$ 是事件 $\{X \leqslant x\}$ 和 $\{Y \leqslant y\}$ 的积事件,即

$$\{X \leqslant x, Y \leqslant y\} = \{X \leqslant x\} \bigcap \{Y \leqslant y\}.$$

二维随机变量 (X,Y) 可以看成平面上随机点的坐标,其联合分布函数的函数值就是随机点 (X,Y) 落在无穷矩形区域内的概率,如图 3-1 所示.

利用联合分布函数 $F(x,y)$,很容易求出随机点 (X,Y) 落在平面矩形区域

$$\{(x,y)\,|\,x_1 < x \leqslant x_2, y_1 < y \leqslant y_2\}$$

的概率为(如图 3-2 所示)

$$P\{x_1 < X \leqslant x_2, y_1 < Y \leqslant y_2\} = F(x_2,y_2) - F(x_1,y_2) - F(x_2,y_1)$$
$$+ F(x_1,y_1).$$

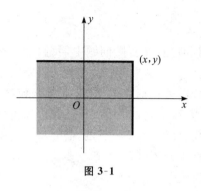

图 3-1

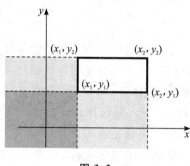

图 3-2

二维随机变量(X,Y)的联合分布函数 $F(x,y)$ 有下列性质：

(1)$F(x,y)$ 分别关于 x 和 y 单调不减,即对于任意给定的 y,当 $x_1 < x_2$ 时,$F(x_1,y) \leqslant F(x_2,y)$;对于任意给定的 x,当 $y_1 < y_2$ 时,$F(x,y_1) \leqslant F(x,y_2)$.

(2) 对于任意给定的 x 和 y,$0 \leqslant F(x,y) \leqslant 1$,且

$$F(x,-\infty) = \lim_{y \to -\infty} F(x,y) = 0,$$

$$F(-\infty,y) = \lim_{x \to -\infty} F(x,y) = 0,$$

$$F(+\infty,+\infty) = \lim_{\substack{x \to +\infty \\ y \to +\infty}} F(x,y) = 1.$$

(3)$F(x,y)$ 分别关于 x 和 y 右连续,即

$$\lim_{u \to x^+} F(u,y) = F(x,y), \qquad \lim_{v \to y^+} F(x,v) = F(x,y).$$

(4) 对于任意点(x_1,y_1),(x_2,y_2),当 $x_1 < x_2, y_1 < y_2$ 时,

$$F(x_2,y_2) - F(x_1,y_2) - F(x_2,y_1) + F(x_1,y_1) \geqslant 0.$$

如果二元函数 $F(x,y)$ 具有上述性质,则该函数可视为某个二维随机变量的联合分布函数;反之,只要 $F(x,y)$ 不具有上述性质中的任何一条,则该函数一定不是联合分布函数.

例1 判断二元函数

$$F(x,y) = \begin{cases} 1, & x+y \geqslant 0, \\ 0, & x+y < 0 \end{cases}$$

可否作为某个二维随机变量的联合分布函数?

解 取点$(x_1,y_1)=(-1,-1),(x_2,y_2)=(1,1)$,我们有

$$F(x_2,y_2)-F(x_1,y_2)-F(x_2,y_1)+F(x_1,y_1)$$
$$=F(1,1)-F(-1,1)-F(1,-1)+F(-1,-1)$$
$$=1-1-1+0=-1<0,$$

故$F(x,y)$不满足性质(4),不能作为二维随机变量的联合分布函数.

二维随机变量的联合分布函数的概念可以推广到多维随机变量.设$(X_1,X_2,\cdots,X_n)$为n维随机变量,我们称n元函数

$$F(x_1,x_2,\cdots,x_n)=P\{X_1\leqslant x_1,X_2\leqslant x_2,\cdots,X_n\leqslant x_n\},\quad(x_1,x_2,\cdots,x_n)\in\mathbf{R}^n$$

为n维随机变量$(X_1,X_2,\cdots,X_n)$的联合分布函数,它具有二维随机变量的联合分布函数类似的性质,限于篇幅,不再赘述.

与一维随机变量的分类类似,多维随机变量主要有两类:离散型多维随机变量和连续型多维随机变量,下面讨论二维离散型随机变量.

第二节　二维离散型随机变量

一、二维离散型随机变量的联合分布律和边缘分布律

定义1 如果二维随机变量(X,Y)的所有可能取值是有限对或可列对,则称(X,Y)为二维离散型随机变量.设(X,Y)的所有可能取值为(x_i,y_j),$i,j=1,2,\cdots$,则称

$$p_{ij}=P\{X=x_i,Y=y_j\},\quad i,j=1,2,\cdots$$

为(X,Y)的联合分布律.

(X,Y)的联合分布律可以列表表示,如表3-1所示..

表 3-1

Y＼X	y_1	y_2	$\cdots$	y_j	$\cdots$
x_1	p_{11}	p_{12}	$\cdots$	p_{1j}	$\cdots$
x_2	p_{21}	p_{22}	$\cdots$	p_{2j}	$\cdots$
$\vdots$	$\vdots$	$\vdots$	$\vdots$	$\vdots$	$\vdots$
x_i	p_{i1}	p_{i2}	$\cdots$	p_{ij}	$\cdots$
$\vdots$	$\vdots$	$\vdots$	$\vdots$	$\vdots$	$\vdots$

容易验证,上述联合分布律具有下列性质:

1. $p_{ij} \geqslant 0, i, j = 1, 2, \cdots$.

2. $\sum\limits_{i=1}^{\infty} \sum\limits_{j=1}^{\infty} p_{ij} = 1$.

如果已知(X, Y)的联合分布律,则其联合分布函数为

$$F(x, y) = P\{X \leqslant x, Y \leqslant y\} = \sum_{x_i \leqslant x} \sum_{y_j \leqslant y} P\{X = x_i, Y = y_j\}$$

$$= \sum_{x_i \leqslant x} \sum_{y_j \leqslant y} p_{ij},$$

随机变量X的分布律为

$$P\{X = x_i\} = P\{X = x_i\} \bigcap \left(\bigcup_{j=1}^{\infty} \{Y = y_j\} \right)$$

$$= P\left(\bigcup_{j=1}^{\infty} \{X = x_i, Y = y_j\} \right)$$

$$= \sum_{j=1}^{\infty} P\{X = x_i, Y = y_j\} = \sum_{j=1}^{\infty} p_{ij}, \quad i = 1, 2, \cdots,$$

同理,随机变量Y的分布律为

$$P\{Y = y_j\} = \sum_{i=1}^{\infty} P\{X = x_i, Y = y_j\} = \sum_{i=1}^{\infty} p_{ij}, \quad j = 1, 2, \cdots.$$

二维离散型随机变量(X, Y)的联合分布律、X和Y的分布律可以统一列表表示,如表 3-2 所示.

表 3-2

X \ Y	y_1	y_2	$\cdots$	y_j	$\cdots$	$P\{X = x_i\}$
x_1	p_{11}	p_{12}	$\cdots$	p_{1j}	$\cdots$	$\sum\limits_{j=1}^{\infty} p_{1j}$
x_2	p_{21}	p_{22}	$\cdots$	p_{2j}	$\cdots$	$\sum\limits_{j=1}^{\infty} p_{2j}$
$\vdots$	$\vdots$	$\vdots$	$\vdots$	$\vdots$	$\vdots$	$\vdots$
x_i	p_{i1}	p_{i2}	$\cdots$	p_{ij}	$\cdots$	$\sum\limits_{j=1}^{\infty} p_{ij}$
$\vdots$	$\vdots$	$\vdots$	$\vdots$	$\vdots$	$\vdots$	$\vdots$
$P\{Y = y_j\}$	$\sum\limits_{i=1}^{\infty} p_{i1}$	$\sum\limits_{i=1}^{\infty} p_{i2}$	$\cdots$	$\sum\limits_{i=1}^{\infty} p_{ij}$	$\cdots$	1

由表3-2可见,随机变量 X 和 Y 的分布律位于表格的边缘,我们分别称它们为 (X,Y) 关于 X 和 Y 的**边缘分布律**.

例1 箱内装有某产品 100 件,其中一、二、三等品分别为 80 件、10 件、10 件,现从中随机取一件,记

$$X = \begin{cases} 1, & \text{取到一等品,} \\ 0, & \text{其他,} \end{cases} \qquad Y = \begin{cases} 1, & \text{取到二等品,} \\ 0, & \text{其他,} \end{cases}$$

试求 (X,Y) 的联合分布律和边缘分布律.

解 由古典概型可得联合分布律,例如

$$P\{X=0,Y=0\} = \frac{C_{10}^1}{C_{100}^1} = \frac{1}{10}, \qquad P\{X=1,Y=0\} = \frac{C_{80}^1}{C_{100}^1} = \frac{8}{10},$$

进一步可得边缘分布律,如表 3-3 所示.

表 3-3

X \ Y	0	1	$P\{X=x_i\}$
0	$\frac{1}{10}$	$\frac{1}{10}$	$\frac{2}{10}$
1	$\frac{8}{10}$	0	$\frac{8}{10}$
$P\{Y=y_j\}$	$\frac{9}{10}$	$\frac{1}{10}$	1

由表 3-3 可知,(X,Y) 的联合分布律为

X \ Y	0	1
0	$\frac{1}{10}$	$\frac{1}{10}$
1	$\frac{8}{10}$	0

(X,Y) 关于 X 的边缘分布律为

X	0	1
P	$\frac{1}{5}$	$\frac{4}{5}$

(X,Y) 关于 Y 的边缘分布律为

Y	0	1
P	$\frac{9}{10}$	$\frac{1}{10}$

二、二维离散型随机变量的条件分布律

设 (X, Y) 的联合分布律为

$$p_{ij} = P\{X = x_i, Y = y_j\}, \quad i, j = 1, 2, \cdots,$$

$P\{Y = y_j\} > 0$,则在已知事件 $\{Y = y_j\}$ 发生的条件下 $\{X = x_i\}$ 的条件概率为

$$P\{X = x_i \mid Y = y_j\} = \frac{P\{X = x_i, Y = y_j\}}{P\{Y = y_j\}} = \frac{p_{ij}}{\sum\limits_{i=1}^{\infty} p_{ij}}, i = 1, 2, \cdots,$$

上述条件概率具有下列性质:

(1) $P\{X = x_i \mid Y = y_j\} \geqslant 0, i = 1, 2, \cdots$.

(2) $\sum\limits_{i=1}^{\infty} P\{X = x_i \mid Y = y_j\} = 1$.

我们称

$$P\{X = x_i \mid Y = y_j\}, \quad i = 1, 2, \cdots$$

为在 $Y = y_j$ **条件下随机变量 X 的条件分布律**. 类似地,如果 $P\{X = x_i\} > 0$,我们称

$$P\{Y = y_j \mid X = x_i\} = \frac{P\{X = x_i, Y = y_j\}}{P\{X = x_i\}} = \frac{p_{ij}}{\sum\limits_{j=1}^{\infty} p_{ij}}, \quad j = 1, 2, \cdots,$$

为在 $X = x_i$ **条件下随机变量 Y 的条件分布律**.

例 2 将 3 个球随机地放入 3 个盒子中,分别用 X 和 Y 表示第一和第二个盒子中的球数.

(1) 求 (X, Y) 的联合分布律.

(2) 求 (X, Y) 的边缘分布律.

(3) 求在 $Y = 1$ 条件下 X 的条件分布律和在 $X = 0$ 条件下 Y 的条件分布律.

解 利用古典概型可以求得 (X, Y) 的联合分布律,例如

$$P\{X = 0, Y = 0\} = \frac{C_3^3}{3^3} = \frac{1}{27}, \quad P\{X = 0, Y = 1\} = \frac{C_3^1 C_2^2}{3^3} = \frac{3}{27},$$

进一步可以求出关于 X, Y 的边缘分布律,如表 3-4 所示.

表 3-4

X \ Y	0	1	2	3	$P\{X = x_i\}$
0	$\frac{1}{27}$	$\frac{3}{27}$	$\frac{3}{27}$	$\frac{1}{27}$	$\frac{8}{27}$
1	$\frac{3}{27}$	$\frac{6}{27}$	$\frac{3}{27}$	0	$\frac{12}{27}$
2	$\frac{3}{27}$	$\frac{3}{27}$	0	0	$\frac{6}{27}$
3	$\frac{1}{27}$	0	0	0	$\frac{1}{27}$
$P\{Y = y_j\}$	$\frac{8}{27}$	$\frac{12}{27}$	$\frac{6}{27}$	$\frac{1}{27}$	1

在 $Y = 1$ 条件下 X 的条件分布律为

$$P\{X = 0 \mid Y = 1\} = \frac{p_{01}}{P\{Y = 1\}} = \frac{\frac{3}{27}}{\frac{12}{27}} = \frac{1}{4},$$

$$P\{X = 1 \mid Y = 1\} = \frac{p_{11}}{P\{Y = 1\}} = \frac{\frac{6}{27}}{\frac{12}{27}} = \frac{2}{4},$$

$$P\{X = 2 \mid Y = 1\} = \frac{p_{21}}{P\{Y = 1\}} = \frac{\frac{3}{27}}{\frac{12}{27}} = \frac{1}{4},$$

$$P\{X = 3 \mid Y = 1\} = \frac{p_{31}}{P\{Y = 1\}} = \frac{0}{\frac{12}{27}} = 0,$$

该条件分布律可列表表示为

X	0	1	2
$P\{X = x_i \mid Y = 1\}$	$\frac{1}{4}$	$\frac{2}{4}$	$\frac{1}{4}$

类似可得在 $X = 0$ 条件下 Y 的条件分布律为

Y	0	1	2	3
$P\{Y = y_j \mid X = 0\}$	$\frac{1}{8}$	$\frac{3}{8}$	$\frac{3}{8}$	$\frac{1}{8}$

三、随机变量的独立性

我们已经学习了事件的独立性,事件 A 和 B 相互独立是指概率 $P(AB) = P(A)P(B)$,下面我们讨论随机变量的独立性.

定义 2　设 X,Y 为 2 个随机变量,若对于任意的 x,y,
$$P\{X \leqslant x, Y \leqslant y\} = P\{X \leqslant x\}P\{Y \leqslant y\}$$
均成立,则称 X 和 Y 相互独立.

根据定义 2,如果 X,Y 的联合分布函数为 $F(x,y)$,X,Y 的边缘分布函数分别为 $F_X(x)$ 和 $F_Y(y)$,则 X 和 Y 相互独立的充分必要条件是对于任意的 x,y,
$$F(x,y) = F_X(x)F_Y(y).$$

随机变量的独立性可以推广到 n 个随机变量的情形:

定义 3　设 $X_1, X_2, \cdots, X_n$ 为 n 个随机变量,若对于任意的 $x_1, x_2, \cdots, x_n$,
$$P\{X_1 \leqslant x_1, X_2 \leqslant x_2, \cdots, X_n \leqslant x_n\} = P\{X_1 \leqslant x_1\}P\{X_2 \leqslant x_2\}\cdots$$
$$P\{X_n \leqslant x_n\}$$
均成立,则称 $X_1, X_2, \cdots, X_n$ 相互独立.

如果 $(X_1, X_2, \cdots, X_n)$ 的联合分布函数为 $F(x_1, x_2, \cdots, x_n)$,$X_i(i = 1, 2, \cdots, n)$ 的分布函数为 $F_i(x)$,则由定义 2 可知:$X_1, X_2, \cdots, X_n$ 相互独立的充分必要条件是对于任意的 $x_1, x_2, \cdots, x_n$,
$$F(x_1, x_2, \cdots, x_n) = F_1(x_1)F_2(x_2)\cdots F_n(x_n).$$

随机变量的独立性还可以推广到可列个随机变量的情形:如果对于任意正整数 n,随机变量 $X_1, X_2, \cdots, X_n$ 相互独立,则称随机变量序列 $\{X_n\} = X_1, X_2, \cdots$ 相互独立.

可以证明,如果 $X_1, X_2, \cdots$ 相互独立,$f_1(x), f_2(x), \cdots$ 都是连续函数,则随机变量序列 $f_1(X_1), f_2(X_2), \cdots$ 相互独立.如果 $X_1, X_2, \cdots, X_m, Y_1, Y_2, \cdots, Y_n$ 相互独立,f 和 g 分别是 m 元和 n 元连续函数,则 $f(X_1, X_2, \cdots, X_m)$ 和 $g(Y_1, Y_2, \cdots, Y_n)$ 相互独立.

对于二维离散型随机变量的独立性,容易得到下述定理:

定理 1　设离散型随机变量 (X,Y) 的联合分布律和边缘分布律分别为
$$P\{X = x_i, Y = y_j\}, \quad P\{X = x_i\}, \quad P\{Y = y_j\}, \quad i,j = 1,2,\cdots$$
则随机变量 X 和 Y 相互独立的充分必要条件为
$$P\{X = x_i, Y = y_j\} = P\{X = x_i\}P\{Y = y_j\}, \quad i,j = 1,2,\cdots.$$

例 3　本节例 2 中的随机变量 X 和 Y 是否相互独立?

解　因为

$$P\{X=1,Y=3\}=0, \quad P\{X=1\}=\frac{12}{27}, \quad P\{Y=3\}=\frac{1}{27},$$

所以

$$P\{X=1,Y=3\} \neq P\{X=1\}P\{Y=3\}$$

故随机变量 X 和 Y 不相互独立.

例 4 已知(X,Y) 的联合分布律如下表所示,试判断 X 和 Y 是否相互独立.

X \ Y	0	1
1	$\frac{1}{6}$	$\frac{2}{6}$
2	$\frac{1}{6}$	$\frac{2}{6}$

解 由(X,Y) 的联合分布律易得

$$P\{X=1\}=\frac{1}{2}, \quad P\{X=2\}=\frac{1}{2}, \quad P\{Y=0\}=\frac{1}{3}, \quad P\{Y=1\}=\frac{2}{3},$$

由此可得

$$P\{X=1,Y=0\}=\frac{1}{6}=P\{X=1\}P\{Y=0\},$$

$$P\{X=1,Y=1\}=\frac{1}{3}=P\{X=1\}P\{Y=1\},$$

$$P\{X=2,Y=0\}=\frac{1}{6}=P\{X=2\}P\{Y=0\},$$

$$P\{X=2,Y=1\}=\frac{1}{3}=P\{X=2\}P\{Y=1\},$$

故 X 和 Y 相互独立.

四、二维离散型随机变量的函数的分布

设(X,Y) 是二维离散型随机变量,$g(x,y)$ 是二元连续函数,我们称 $Z=g(X,Y)$ 为二维离散型随机变量的函数,它是一维离散型随机变量.设 Z,X,Y 的所有可能取值为 $z_i, x_j, y_k (i,j,k=1,2,\cdots)$,令

$$C_i=\{(x_j,y_k) \mid g(x_j,y_k)=z_i\}, \quad i=1,2,\cdots,$$

则

$$P\{Z=z_i\}=P\{g(X,Y)=z_i\}=\sum_{(x_j,y_k)\in C_i} P\{X=x_j,Y=y_k\}, \quad i=1,2,\cdots.$$

例5 设 (X,Y) 的分布律为

X＼Y	-1	1	2
-1	$\dfrac{5}{20}$	$\dfrac{2}{20}$	$\dfrac{6}{20}$
2	$\dfrac{3}{20}$	$\dfrac{3}{20}$	$\dfrac{1}{20}$

（1）求 $X+Y$ 的分布律.

（2）求 $X-Y$ 的分布律.

解 由 (X,Y) 的分布律可得表 3-5.

表 3-5

P	$\dfrac{5}{20}$	$\dfrac{2}{20}$	$\dfrac{6}{20}$	$\dfrac{3}{20}$	$\dfrac{3}{20}$	$\dfrac{1}{20}$
(X,Y)	$(-1,-1)$	$(-1,1)$	$(-1,2)$	$(2,-1)$	$(2,1)$	$(2,2)$
$X+Y$	-2	0	1	1	3	4
$X-Y$	0	-2	-3	3	1	0

由表 3-5 易得所求分布律：

（1）$X+Y$ 的分布律

$X+Y$	-2	0	1	3	4
P	$\dfrac{5}{20}$	$\dfrac{2}{20}$	$\dfrac{9}{20}$	$\dfrac{3}{20}$	$\dfrac{1}{20}$

（2）$X-Y$ 的分布律

$X-Y$	-3	-2	0	1	3
P	$\dfrac{6}{20}$	$\dfrac{2}{20}$	$\dfrac{6}{20}$	$\dfrac{3}{20}$	$\dfrac{3}{20}$

例6 设随机变量 X 和 Y 相互独立，且 $X \sim P(\lambda_1)$，$Y \sim P(\lambda_2)$，求 $X+Y$ 的分布律.

解 $X+Y$ 的所有可能取值为 $0,1,2,\cdots$，$X+Y$ 的分布律

$$P\{X+Y=i\} = \sum_{k=0}^{i} P\{X=k,Y=i-k\} = \sum_{k=0}^{i} P\{X=k\}P\{Y=i-k\}$$

$$= \sum_{k=0}^{i} \frac{\lambda_1^k e^{-\lambda_1}}{k!} \cdot \frac{\lambda_2^{i-k} e^{-\lambda_2}}{(i-k)!} = \frac{e^{-(\lambda_1+\lambda_2)}}{i!} \sum_{k=0}^{i} \frac{i!}{k!(i-k)!} \lambda_1^k \lambda_2^{i-k}$$

$$= \frac{(\lambda_1+\lambda_2)^i e^{-(\lambda_1+\lambda_2)}}{i!}, \quad i = 0,1,2,\cdots,$$

即 $X+Y \sim P(\lambda_1+\lambda_2)$.

例 6 的结论可以进一步推广:

定理 2 设 $X_1, X_2, \cdots, X_n$ 相互独立,$X_i \sim P(\lambda_i)$, $i = 1,2,\cdots,n$,则
$$X_1 + X_2 + \cdots + X_n \sim P(\lambda_1 + \lambda_2 + \cdots + \lambda_n).$$

第三节　二维连续型随机变量

一、二维连续型随机变量的概念

定义 1 设二维随机变量 (X,Y) 的联合分布函数为 $F(x,y)$,如果存在非负可积函数 $f(x,y)$,使得对于任意实数 x,y,有
$$F(x,y) = \int_{-\infty}^{x} \int_{-\infty}^{y} f(u,v) \mathrm{d}u\mathrm{d}v,$$
则称 (X,Y) 为二维连续型随机变量,称 $f(x,y)$ 为 (X,Y) 的联合概率密度.

(X,Y) 的联合概率密度 $f(x,y)$ 具有下列性质:

(1) 对于 xoy 平面上的任一点 (x,y),$f(x,y) \geqslant 0$.

(2) $\int_{-\infty}^{+\infty} \int_{-\infty}^{+\infty} f(x,y) \mathrm{d}x\mathrm{d}y = 1$.

(3) 对于 xoy 平面上的任一区域 G,(X,Y) 落在 G 内的概率为
$$P\{(X,Y) \in G\} = \iint_G f(x,y) \mathrm{d}x\mathrm{d}y.$$

(4) 如果 $f(x,y)$ 在点 (x,y) 连续,则 (X,Y) 的联合分布函数 $F(x,y)$ 的二阶混合偏导数
$$\frac{\partial^2 F(x,y)}{\partial x \partial y} = f(x,y).$$

例 1 设二维随机变量 (X,Y) 的联合概率密度
$$f(x,y) = \begin{cases} A\sin(x+y), & 0 < x < \frac{\pi}{2}, 0 < y < \frac{\pi}{2}, \\ 0, & \text{其他}, \end{cases}$$
求常数 A.

解 由联合概率密度的性质(2),我们有

$$\int_{-\infty}^{+\infty}\int_{-\infty}^{+\infty} f(x,y)\mathrm{d}x\mathrm{d}y = \int_0^{\frac{\pi}{2}}\mathrm{d}x\int_0^{\frac{\pi}{2}}A\sin(x+y)\mathrm{d}y$$

$$= \int_0^{\frac{\pi}{2}}A\Big[\cos x - \cos\Big(x+\frac{\pi}{2}\Big)\Big]\mathrm{d}x$$

$$= 2A = 1,$$

解得 $A = \dfrac{1}{2}$.

例 2 设 G 是平面上的有界区域,其面积为 A,如果二维随机变量(X,Y)的联合概率密度

$$f(x,y) = \begin{cases} \dfrac{1}{A}, & (x,y)\in G, \\ 0, & \text{其他}, \end{cases}$$

则称(X,Y)服从区域 G 的二维均匀分布.设 G 为曲线 $y = x^2$,$y = \sqrt{x}$ 所围成的平面区域,(X,Y) 服从区域 G 的二维均匀分布,试求:

(1)(X,Y) 的联合概率密度.

(2)概率 $P\{X > Y\}$.

解 (1)曲线 $y = x^2$,$y = \sqrt{x}$ 所围成的平面区域 G 如图 3-3 所示.

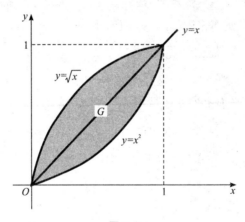

图 3-3

因为区域 G 的面积

$$A = \iint_G \mathrm{d}x\mathrm{d}y = \int_0^1\mathrm{d}x\int_{x^2}^{\sqrt{x}}\mathrm{d}y = \int_0^1(\sqrt{x} - x^2)\mathrm{d}x = \frac{1}{3},$$

所以(X,Y)的联合概率密度为

$$f(x,y) = \begin{cases} 3, & (x,y) \in G, \\ 0, & \text{其他,} \end{cases}$$

(2) 令区域 $D = \{(x,y) \mid x > y\}$,则所求概率

$$P\{X > Y\} = \iint_D f(x,y)\mathrm{d}x\mathrm{d}y = \iint_{D \cap G} 3\mathrm{d}x\mathrm{d}y$$

$$= \int_0^1 \mathrm{d}x \int_{x^2}^x 3\mathrm{d}y = 3\int_0^1 (x - x^2)\mathrm{d}x = \frac{1}{2}.$$

例3　设二维连续型随机变量 (X,Y) 的联合概率密度为

$$f(x,y) = \begin{cases} k\mathrm{e}^{-(3x+4y)}, & x > 0, y > 0, \\ 0, & \text{其他.} \end{cases}$$

试求:(1) 常数 k.(2) (X,Y) 的联合分布函数 $F(x,y)$.(3) $P\{0 < X < 1, 0 < Y < 2\}$.

　　解　(1) 由联合概率密度的性质(2),我们有

$$\int_{-\infty}^{+\infty} \int_{-\infty}^{+\infty} f(x,y)\mathrm{d}x\mathrm{d}y = \int_0^{+\infty} \mathrm{d}x \int_0^{+\infty} k\mathrm{e}^{-(3x+4y)}\,\mathrm{d}y$$

$$= k\int_0^{+\infty} \frac{\mathrm{e}^{-3x}}{4}\mathrm{d}x = \frac{k}{12} = 1,$$

解得 $k = 12$.

　　(2) (X,Y) 的联合概率密度 $f(x,y)$ 是分区域定义的函数.因为当 $x \leqslant 0$ 或 $y \leqslant 0$ 时,$f(x,y) = 0$,所以 (X,Y) 的联合分布函数 $F(x,y) = 0$.当 $x > 0$, $y > 0$ 时,我们有

$$F(x,y) = \int_{-\infty}^x \int_{-\infty}^y f(u,v)\mathrm{d}u\mathrm{d}v = \int_0^x \int_0^y 12\mathrm{e}^{-(3u+4v)}\,\mathrm{d}u\mathrm{d}v$$

$$= 12\int_0^x \mathrm{d}u \int_0^y \mathrm{e}^{-(3u+4v)}\,\mathrm{d}v = 3\int_0^x \mathrm{e}^{-3u}(1 - \mathrm{e}^{-4y})\mathrm{d}u$$

$$= (1 - \mathrm{e}^{-3x})(1 - \mathrm{e}^{-4y}).$$

故 (X,Y) 的联合分布函数

$$F(x,y) = \begin{cases} (1 - \mathrm{e}^{-3x})(1 - \mathrm{e}^{-4y}), & x > 0, y > 0 \\ 0, & \text{其他.} \end{cases}$$

　　(3) 所求概率 $P\{0 < X < 1, 0 < Y < 2\}$ 可以利用联合分布函数 $F(x,y)$ 求出,也可以利用联合概率密度 $f(x,y)$ 求出:

$$P\{0 < X < 1, 0 < Y < 2\} = F(1,2) - F(0,2) - F(1,0) + F(0,0)$$

$$= (1 - \mathrm{e}^{-3})(1 - \mathrm{e}^{-8}) \approx 0.949894.$$

或者

$$P\{0 < X < 1, 0 < Y < 2\} = \int_0^1 \int_0^2 f(x,y)\mathrm{d}x\mathrm{d}y = \int_0^1 \int_0^2 12\mathrm{e}^{-(3x+4y)}\mathrm{d}x\mathrm{d}y$$

$$= 12\int_0^1 \mathrm{d}x \int_0^2 \mathrm{e}^{-(3x+4y)}\mathrm{d}y = 3\int_0^1 \mathrm{e}^{-3x}(1-\mathrm{e}^{-8})\mathrm{d}x$$

$$= (1-\mathrm{e}^{-3})(1-\mathrm{e}^{-8}) \approx 0.949894.$$

二、二维连续型随机变量的边缘分布

设二维连续型随机变量 (X,Y) 的联合概率密度为 $f(x,y)$，则随机变量 X 的分布函数为

$$F_X(x) = P\{X \leqslant x\} = \int_{-\infty}^x \left[\int_{-\infty}^{+\infty} f(u,v)\mathrm{d}v\right]\mathrm{d}u,$$

X 的概率密度为

$$f_X(x) = \frac{\mathrm{d}}{\mathrm{d}x}\int_{-\infty}^x \left[\int_{-\infty}^{+\infty} f(u,v)\mathrm{d}v\right]\mathrm{d}u = \int_{-\infty}^{+\infty} f(x,v)\mathrm{d}v = \int_{-\infty}^{+\infty} f(x,y)\mathrm{d}y,$$

同理，Y 的概率密度为

$$f_Y(y) = \int_{-\infty}^{+\infty} f(x,y)\mathrm{d}x.$$

我们分别称

$$f_X(x) = \int_{-\infty}^{+\infty} f(x,y)\mathrm{d}y, \quad f_Y(y) = \int_{-\infty}^{+\infty} f(x,y)\mathrm{d}x$$

为 (X,Y) 关于 X 和 Y 的**边缘概率密度**.

例 4　设二维连续型随机变量 (X,Y) 的联合概率密度为

$$f(x,y) = \begin{cases} 12\mathrm{e}^{-(3x+4y)}, & x > 0, y > 0, \\ 0, & \text{其他}, \end{cases}$$

试求 (X,Y) 关于 X 和 Y 的边缘概率密度.

解　因为 (X,Y) 的联合概率密度是分区域定义的函数，所以边缘概率密度也需要分段计算. 如图 3-4 所示，当 $x \leqslant 0$ 时，由 $f(x,y)=0$，可知 (X,Y) 关于 X 的边缘概率密度

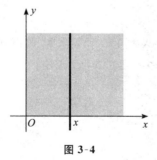

图 3-4

$$f_X(x) = \int_{-\infty}^{+\infty} f(x,y)\mathrm{d}y = 0.$$

当 $x > 0$ 时,

$$f_X(x) = \int_{-\infty}^{+\infty} f(x,y)\mathrm{d}y = \int_0^{+\infty} 12\mathrm{e}^{-(3x+4y)}\mathrm{d}y = 3\mathrm{e}^{-3x}.$$

故 (X,Y) 关于 X 的边缘概率密度

$$f_X(x) = \begin{cases} 3\mathrm{e}^{-3x}, & x > 0, \\ 0, & x \leqslant 0. \end{cases}$$

如图 3-5 所示,当 $y \leqslant 0$ 时,由 $f(x,y) = 0$,可知 (X,Y) 关于 Y 的边缘概率密度

$$f_Y(y) = \int_{-\infty}^{+\infty} f(x,y)\mathrm{d}x = 0.$$

当 $y > 0$ 时,

$$f_Y(y) = \int_{-\infty}^{+\infty} f(x,y)\mathrm{d}x = \int_0^{+\infty} 12\mathrm{e}^{-(3x+4y)}\mathrm{d}x = 4\mathrm{e}^{-4y}.$$

故 (X,Y) 关于 Y 的边缘概率密度

$$f_Y(y) = \begin{cases} 4\mathrm{e}^{-4y}, & y > 0, \\ 0, & y \leqslant 0. \end{cases}$$

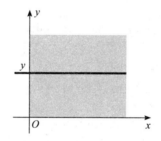

图 3-5

例 5 设二维连续型随机变量 (X,Y) 的联合概率密度为

$$f(x,y) = \begin{cases} x, & 0 \leqslant x \leqslant 1, -x \leqslant y \leqslant 2x \\ 0, & \text{其他}, \end{cases}$$

求 (X,Y) 关于 X 和 Y 的边缘概率密度.

解 因为 (X,Y) 的联合概率密度是分区域定义的函数(如图 3-6 所示),(X,Y) 关于 X 的边缘概率密度 $f_X(x)$ 需分段计算.当 $0 \leqslant x \leqslant 1$ 时,

$$f_X(x) = \int_{-\infty}^{+\infty} f(x,y)\mathrm{d}y = \int_{-x}^{2x} x\mathrm{d}y$$

$$= x \cdot [2x - (-x)] = 3x^2.$$

当 $x \notin [0,1]$ 时,

$$f_X(x) = \int_{-\infty}^{+\infty} f(x,y)\mathrm{d}y = 0.$$

故 (X,Y) 关于 X 的边缘概率密度

$$f_X(x) = \begin{cases} 3x^2, & 0 \leqslant x \leqslant 1, \\ 0, & \text{其他.} \end{cases}$$

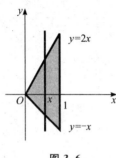

图 3-6

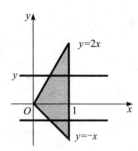

图 3-7

(X,Y) 关于 Y 的边缘概率密度 $f_Y(y)$ 也需分段计算(如图 3-7 所示). 当 $-1 \leqslant y \leqslant 0$ 时,

$$f_Y(y) = \int_{-\infty}^{+\infty} f(x,y)\mathrm{d}x = \int_{-y}^{1} x\mathrm{d}x = \frac{1}{2}(1 - y^2).$$

当 $0 < y \leqslant 2$ 时,

$$f_Y(y) = \int_{-\infty}^{+\infty} f(x,y)\mathrm{d}x = \int_{\frac{y}{2}}^{1} x\mathrm{d}x = \frac{1}{8}(4 - y^2).$$

当 $y < 0$ 或 $y > 2$ 时,

$$f_Y(y) = \int_{-\infty}^{+\infty} f(x,y)\mathrm{d}x = 0.$$

故 (X,Y) 关于 Y 的边缘概率密度

$$f_Y(y) = \begin{cases} \dfrac{1}{2}(1 - y^2), & -1 \leqslant y \leqslant 0, \\ \dfrac{1}{8}(4 - y^2), & 0 < y \leqslant 2, \\ 0, & \text{其他.} \end{cases}$$

三、二维连续型随机变量的条件分布

设二维连续型随机变量 (X,Y) 的联合概率密度为 $f(x,y)$,(X,Y) 关于 Y

的边缘概率密度为 $f_Y(y)$. 如果对于给定的 y, $f_Y(y) > 0$, 则称 $\dfrac{f(x,y)}{f_Y(y)}$ 为在 Y

$= y$ 条件下 X 的**条件概率密度**, 记为 $f_{X|Y}(x|y)$, 并称 $\displaystyle\int_{-\infty}^{x} \dfrac{f(u,y)}{f_Y(y)} \mathrm{d}u$ 为在 $Y =$

y 条件下 X 的**条件分布函数**, 记为 $F_{X|Y}(x|y)$, 即

$$f_{X|Y}(x|y) = \frac{f(x,y)}{f_Y(y)}, \quad F_{X|Y}(x|y) = \int_{-\infty}^{x} \frac{f(u,y)}{f_Y(y)} \mathrm{d}u.$$

类似地, 如果对于给定的 x, $f_X(x) > 0$, 则分别称

$$f_{Y|X}(y|x) = \frac{f(x,y)}{f_X(x)} \quad \text{和} \quad F_{Y|X}(y|x) = \int_{-\infty}^{y} \frac{f(x,v)}{f_X(x)} \mathrm{d}v.$$

为在 $X = x$ 条件下 Y 的条件概率密度和在 $X = x$ 条件下 Y 的条件分布函数.

例 6　设二维连续型随机变量 (X, Y) 的联合概率密度

$$f(x,y) = \begin{cases} \mathrm{e}^{-y}, & 0 < x < y, \\ 0, & \text{其他}, \end{cases}$$

(1) 求 (X, Y) 的边缘概率密度.

(2) 求 (X, Y) 的条件概率密度.

(3) 求 $P\{X > 2 | Y < 4\}$.

(4) 求 $P\{X > 2 | Y = 4\}$.

解　(X, Y) 的联合概率密度是分区域定义的函数, 如图 3-8 所示.

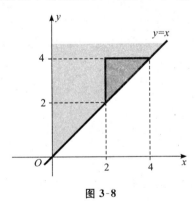

图 3-8

(1) (X, Y) 关于 X 和 Y 的边缘概率密度分别为

$$f_X(x) = \int_{-\infty}^{+\infty} f(x,y) \mathrm{d}y = \begin{cases} \displaystyle\int_{x}^{+\infty} \mathrm{e}^{-y} \mathrm{d}y, & x > 0, \\ 0, & x \leqslant 0 \end{cases}$$

$$= \begin{cases} \mathrm{e}^{-x}, & x > 0, \\ 0, & x \leqslant 0. \end{cases}$$

$$f_Y(y) = \int_{-\infty}^{+\infty} f(x,y)\mathrm{d}x = \begin{cases} \int_0^y \mathrm{e}^{-y}\mathrm{d}x, & y > 0, \\ 0, & y \leqslant 0 \end{cases}$$

$$= \begin{cases} y\mathrm{e}^{-y}, & y > 0, \\ 0, & y \leqslant 0. \end{cases}$$

（2）当 $y > 0$ 时，在 $Y = y$ 条件下 X 的条件概率密度

$$f_{X|Y}(x \mid y) = \frac{f(x,y)}{f_Y(y)} = \begin{cases} \dfrac{1}{y}, & 0 < x < y, \\ 0, & 其他. \end{cases}$$

当 $x > 0$ 时，在 $X = x$ 条件下 Y 的条件概率密度

$$f_{Y|X}(y \mid x) = \frac{f(x,y)}{f_X(x)} = \begin{cases} \mathrm{e}^{x-y}, & y > x, \\ 0, & 其他. \end{cases}$$

（3）所求概率

$$P\{X > 2 \mid Y < 4\} = \frac{P\{X > 2, Y < 4\}}{P\{Y < 4\}}.$$

如图 3-8 所示，

$$P\{X > 2, Y < 4\} = \iint_G \mathrm{e}^{-y}\mathrm{d}x\mathrm{d}y = \int_2^4 \mathrm{d}y \int_2^y \mathrm{e}^{-y}\mathrm{d}x$$

$$= \int_2^4 (y-2)\mathrm{e}^{-y}\mathrm{d}y = \mathrm{e}^{-2} - 3\mathrm{e}^{-4},$$

$$P\{Y < 4\} = \int_{-\infty}^4 f_Y(y)\mathrm{d}y = \int_0^4 y\mathrm{e}^{-y}\mathrm{d}y = 1 - 5\mathrm{e}^{-4},$$

故

$$P\{X > 2 \mid Y < 4\} = \frac{P\{X > 2, Y < 4\}}{P\{Y < 4\}} = \frac{\mathrm{e}^{-2} - 3\mathrm{e}^{-4}}{1 - 5\mathrm{e}^{-4}}.$$

（4）在求 $P\{X > 2 \mid Y = 4\}$ 时，因为 $P\{Y = 4\} = 0$，所以不能使用计算 $P\{X > 2 \mid Y < 4\}$ 所用方法，只能利用条件概率密度来计算：因为当 $y > 0$ 时，在 $Y = y$ 条件下 X 的条件概率密度

$$f_{X|Y}(x \mid y) = \begin{cases} \dfrac{1}{y}, & 0 < x < y, \\ 0, & 其他, \end{cases}$$

所以在 $Y = 4$ 条件下 X 的条件概率密度

$$f_{X\,|\,Y}(x\,|\,4) = \begin{cases} \dfrac{1}{4}, & 0 < x < 4, \\ 0, & \text{其他}, \end{cases}$$

所求概率

$$P\{X > 2\,|\,Y = 4\} = \int_2^{+\infty} f_{X\,|\,Y}(x\,|\,4)\,\mathrm{d}x = \int_2^4 \frac{1}{4}\,\mathrm{d}x = \frac{1}{2}.$$

四、连续型随机变量的独立性

根据 2 个随机变量相互独立的定义,可以证明下述定理:

定理 2　设二维连续型随机变量 (X,Y) 的联合概率密度和边缘概率密度分别为 $f(x,y)$,$f_X(x)$,$f_Y(y)$,则随机变量 X 和 Y 相互独立的充分必要条件为

$$f(x,y) = f_X(x)f_Y(y)$$

在 xoy 平面上几乎处处成立.

"等式在 xoy 平面上几乎处处成立"是指"使等式不成立的点集的面积为 0".

例 7　讨论本节例 4 中 2 个随机变量 X 和 Y 的独立性.

解　因为 (X,Y) 的联合概率密度为

$$f(x,y) = \begin{cases} 12\mathrm{e}^{-(3x+4y)}, & x > 0, y > 0, \\ 0, & \text{其他}, \end{cases}$$

(X,Y) 关于 X 和 Y 的边缘概率密度分别为

$$f_X(x) = \begin{cases} 3\mathrm{e}^{-3x}, & x > 0, \\ 0, & x \leqslant 0, \end{cases} \quad \text{和} \quad f_Y(y) = \begin{cases} 4\mathrm{e}^{-4y}, & y > 0, \\ 0, & y \leqslant 0, \end{cases}$$

显然,在 xoy 平面上处处成立 $f(x,y) = f_X(x)f_Y(y)$,所以 X 和 Y 相互独立.

例 8　设二维连续型随机变量 (X,Y) 的联合概率密度为

$$f(x,y) = \begin{cases} 8xy, & 0 < x < 1, 0 < y < x, \\ 0, & \text{其他}, \end{cases}$$

试判断 X 和 Y 的独立性.

解　首先计算 (X,Y) 关于 X 和 Y 的边缘概率密度(参见图 3-9):

$$f_X(x) = \int_{-\infty}^{+\infty} f(x,y)\,\mathrm{d}y = \begin{cases} \displaystyle\int_0^x 8xy\,\mathrm{d}y, & 0 < x < 1, \\ 0, & \text{其他} \end{cases}$$

$$= \begin{cases} 4x^3, & 0 < x < 1, \\ 0, & \text{其他}. \end{cases}$$

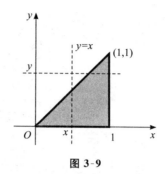

图 3-9

$$f_Y(y) = \int_{-\infty}^{+\infty} f(x,y)\mathrm{d}x = \begin{cases} \displaystyle\iint_y^1 8xy\,\mathrm{d}x, & 0 < y < 1, \\ 0, & \text{其他} \end{cases}$$

$$= \begin{cases} 4y(1-y^2), & 0 < y < 1, \\ 0, & \text{其他}. \end{cases}$$

显然,在点集 $\{(x,y)\,|\,0 < x < 1, 0 < y < 1\}$(该点集的面积为 1,不为 0)内,

$$f(x,y) \neq f_X(x)f_Y(y),$$

故 X 和 Y 不相互独立.

例 9　有两个相同的电子元件,其寿命(以千小时计)$X_i(i = 1,2)$ 服从均值为 3 的指数分布.两元件独立工作,组成冷储备系统,即开始时一个元件工作,另一个元件备用;当工作元件故障时,备用元件马上投入工作.求该冷储备系统的寿命不超过 1000 小时的概率.

解　由题意,$X_i(i = 1,2)$ 的概率密度为

$$f_{X_i}(x) = \begin{cases} \dfrac{1}{3}\mathrm{e}^{-\frac{x}{3}}, & x > 0, \\ 0, & x \leqslant 0, \end{cases}$$

因为两元件独立工作,所以 (X_1, X_2) 的联合概率密度为

$$f(x,y) = f_{X_1}(x)f_{X_2}(y) = \begin{cases} \dfrac{1}{9}\mathrm{e}^{-\frac{1}{3}(x+y)}, & x > 0, y > 0, \\ 0, & \text{其他}, \end{cases}$$

所求概率(参见图 3-10)

$$P\{X_1 + X_2 \leqslant 1\} = \iint_{x+y\leqslant 1} f(x,y)\mathrm{d}x\mathrm{d}y = \iint_D \frac{1}{9}\mathrm{e}^{-\frac{1}{3}(x+y)}\mathrm{d}x\mathrm{d}y$$

$$= \int_0^1 \mathrm{d}x \int_0^{1-x} \frac{1}{9}\mathrm{e}^{-\frac{1}{3}(x+y)}\mathrm{d}y = \frac{1}{3}\int_0^1 \left(\mathrm{e}^{-\frac{x}{3}} - \mathrm{e}^{-\frac{1}{3}}\right)\mathrm{d}x$$

$$= 1 - \frac{4}{3}e^{-\frac{1}{3}} \approx 0.0446249.$$

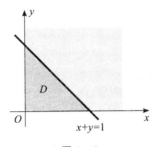

图 3-10

五、二维连续型随机变量的函数的分布

设 (X,Y) 是二维连续型随机变量，$g(x,y)$ 是二元连续函数，我们称 $Z = g(X,Y)$ 为二维连续型随机变量的函数，它是一维连续型随机变量. 如果 (X, Y) 的联合概率密度为 $f(x,y)$，则 $Z = g(X,Y)$ 的分布函数为

$$F_Z(z) = P\{g(X,Y) \leqslant z\} = \iint\limits_{\{(x,y) \mid g(x,y) \leqslant z\}} f(x,y)\mathrm{d}x\mathrm{d}y,$$

其中点集 $\{(x,y) \mid g(x,y) \leqslant z\}$ 可以简记为 $g(x,y) \leqslant z$. $Z = g(X,Y)$ 的概率密度为

$$f_Z(z) = \frac{\mathrm{d}}{\mathrm{d}z}F_Z(z).$$

我们称上述计算 $Z = g(X,Y)$ 的概率密度的方法为**分布函数法**. 下面看几个例子.

例 10　设 $X \sim N(0,1), Y \sim N(0,1)$，且 X 和 Y 相互独立，求 $Z = \sqrt{X^2 + Y^2}$ 的概率密度.

解　由题意，X 和 Y 的概率密度分别为

$$f_X(x) = \frac{1}{\sqrt{2\pi}}e^{-\frac{x^2}{2}}, \quad -\infty < x < +\infty,$$

$$f_Y(y) = \frac{1}{\sqrt{2\pi}}e^{-\frac{y^2}{2}}, \quad -\infty < y < +\infty,$$

注意到 X 和 Y 相互独立，(X,Y) 的联合概率密度为

$$f(x,y) = f_X(x)f_Y(y) = \frac{1}{2\pi}e^{-\frac{x^2+y^2}{2}}, \quad -\infty < x < +\infty, -\infty < y < +\infty.$$

当 $z \leqslant 0$ 时，$Z = \sqrt{X^2 + Y^2}$ 的分布函数

$$F_Z(z) = P\{\sqrt{X^2 + Y^2} \leqslant z\} = 0.$$

当 $z > 0$ 时,

$$F_Z(z) = P\{\sqrt{X^2 + Y^2} \leqslant z\} = \iint\limits_{\sqrt{x^2+y^2} \leqslant z} \frac{1}{2\pi} e^{-\frac{x^2+y^2}{2}} dxdy$$

$$= \frac{1}{2\pi} \int_0^{2\pi} d\theta \int_0^z re^{-\frac{r^2}{2}} dr = \int_0^z re^{-\frac{r^2}{2}} dr.$$

故 $Z = \sqrt{X^2 + Y^2}$ 的概率密度

$$f_Z(z) = \frac{d}{dz} F_Z(z) = \begin{cases} ze^{-\frac{z^2}{2}}, & z > 0, \\ 0, & z \leqslant 0. \end{cases}$$

例 11 设两个随机变量 X 和 Y 相互独立且服从同一分布,X 的概率密度为

$$f(x) = \begin{cases} e^{-x}, & x > 0, \\ 0, & x \leqslant 0. \end{cases}$$

试求 $Z = X - Y$ 的概率密度.

解 因为 X 和 Y 相互独立,所以 (X, Y) 的联合概率密度为

$$f(x, y) = f(x)f(y) = \begin{cases} e^{-(x+y)}, & x > 0, y > 0, \\ 0, & 其他. \end{cases}$$

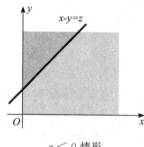
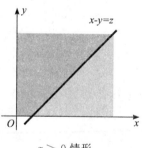

$z \leqslant 0$ 情形 $z > 0$ 情形

图 3-11

如图 3-11 所示,$Z = X - Y$ 的分布函数

$$F_Z(z) = P\{X - Y \leqslant Z\} = \iint\limits_{x-y \leqslant z} f(x, y) dxdy$$

$$= \begin{cases} \int_{-z}^{+\infty} dy \int_0^{y+z} e^{-(x+y)} dx, & z \leqslant 0, \\ \int_0^{+\infty} dy \int_0^{y+z} e^{-(x+y)} dx, & z > 0 \end{cases}$$

$$= \begin{cases} \int_{-z}^{+\infty} \left[e^{-y} - e^{-(2y+z)} \right] dy, & z \leqslant 0, \\ \int_{0}^{+\infty} \left[e^{-y} - e^{-(2y+z)} \right] dy, & z > 0 \end{cases}$$

$$= \begin{cases} \dfrac{1}{2} e^z, & z \leqslant 0, \\ 1 - \dfrac{1}{2} e^{-z}, & z > 0, \end{cases}$$

故 $Z = X - Y$ 的概率密度

$$f_Z(z) = \frac{\mathrm{d}}{\mathrm{d}z} F_Z(z) = \begin{cases} \dfrac{1}{2} e^z, & z \leqslant 0, \\ \dfrac{1}{2} e^{-z}, & z > 0. \end{cases}$$

例 12　设 (X, Y) 服从区域 $G = \{(x, y) \mid x^2 + y^2 \leqslant R^2\}$ 的均匀分布,求 $Z = \dfrac{X}{Y}$ 的概率密度.

解　由题意,(X, Y) 的联合概率密度

$$f(x, y) = \begin{cases} \dfrac{1}{\pi R^2}, & x^2 + y^2 \leqslant R^2, \\ 0, & \text{其他.} \end{cases}$$

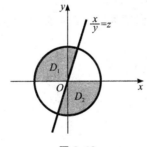

图 3-12

如图 3-12 所示,区域 D_1 和 D_2 的面积相同,将其记为 A,$Z = \dfrac{X}{Y}$ 的分布函数

$$F_Z(z) = P\left\{ \frac{X}{Y} \leqslant z \right\} = \iint_{\frac{x}{y} \leqslant z} f(x, y) \mathrm{d}x \mathrm{d}y$$

$$= \iint_{D_1 \cup D_2} \frac{1}{\pi R^2} \mathrm{d}x \mathrm{d}y = \frac{2A}{\pi R^2}$$

$$= \begin{cases} \dfrac{-R^2\arctan\dfrac{1}{z}}{\pi R^2}, & z < 0, \\[4mm] \dfrac{\dfrac{1}{2}\pi R^2}{\pi R^2}, & z = 0, \\[4mm] \dfrac{\pi R^2 - R^2\arctan\dfrac{1}{z}}{\pi R^2}, & z > 0 \end{cases}$$

$$= \begin{cases} -\dfrac{1}{\pi}\arctan\dfrac{1}{z}, & z < 0, \\[3mm] \dfrac{1}{2}, & z = 0, \\[3mm] 1 - \dfrac{1}{\pi}\arctan\dfrac{1}{z}, & z > 0, \end{cases}$$

故 $Z = \dfrac{X}{Y}$ 的概率密度

$$f_Z(z) = \frac{\mathrm{d}}{\mathrm{d}z}F_Z(z) = \frac{1}{\pi(1+z^2)}, \quad -\infty < z < +\infty.$$

下面讨论 2 种常见分布.

1. $Z = X + Y$ 的分布

设 (X, Y) 的联合概率密度为 $f(x, y)$,则 $Z = X + Y$ 的分布函数为(参见图 3-13)

$$F_Z(z) = P\{X + Y \leqslant z\} = \iint_{x+y\leqslant z} f(x, y)\mathrm{d}x\mathrm{d}y$$
$$= \int_{-\infty}^{+\infty} \mathrm{d}y \int_{-\infty}^{z-y} f(x, y)\mathrm{d}x,$$

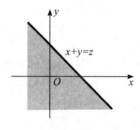

图 3-13

作变量替换 $x = u - y$,再交换积分次序可得

$$F_Z(z) = \int_{-\infty}^{+\infty} \mathrm{d}y \int_{-\infty}^{z-y} f(x,y)\mathrm{d}x = \int_{-\infty}^{+\infty} \mathrm{d}y \int_{-\infty}^{z} f(u-y,y)\mathrm{d}u$$

$$= \int_{-\infty}^{z} \mathrm{d}u \int_{-\infty}^{+\infty} f(u-y,y)\mathrm{d}y = \int_{-\infty}^{z} \left[\int_{-\infty}^{+\infty} f(u-y,y)\mathrm{d}y \right] \mathrm{d}u,$$

$Z = X + Y$ 的概率密度为

$$f_Z(z) = \frac{\mathrm{d}}{\mathrm{d}z} F_Z(z) = \int_{-\infty}^{+\infty} f(z-y,y)\mathrm{d}y,$$

类似可得

$$f_Z(z) = \int_{-\infty}^{+\infty} f(x, z-x)\mathrm{d}x.$$

当 X 和 Y 相互独立时，$f(x,y) = f_X(x)f_Y(y)$，我们有

$$f_Z(z) = \int_{-\infty}^{+\infty} f_X(z-y)f_Y(y)\mathrm{d}y \quad \text{或} \quad f_Z(z) = \int_{-\infty}^{+\infty} f_X(x)f_Y(z-x)\mathrm{d}x,$$

这两个公式称为**卷积公式**.

例 13 设 $X \sim N(0,1)$，$Y \sim N(0,1)$，且 X 和 Y 相互独立，求 $Z = X + Y$ 的概率密度.

解 X 和 Y 的概率密度分别为

$$f_X(x) = \frac{1}{\sqrt{2\pi}} \mathrm{e}^{-\frac{x^2}{2}}, \quad -\infty < x < +\infty,$$

$$f_Y(y) = \frac{1}{\sqrt{2\pi}} \mathrm{e}^{-\frac{y^2}{2}}, \quad -\infty < y < +\infty,$$

注意到 X 和 Y 相互独立，我们可以利用卷积公式：

$$f_Z(z) = \int_{-\infty}^{+\infty} f_X(x) f_Y(z-x)\mathrm{d}x$$

$$= \int_{-\infty}^{+\infty} \frac{1}{\sqrt{2\pi}} \mathrm{e}^{-\frac{x^2}{2}} \frac{1}{\sqrt{2\pi}} \mathrm{e}^{-\frac{(z-x)^2}{2}} \mathrm{d}x$$

$$= \frac{1}{2\pi} \mathrm{e}^{-\frac{z^2}{4}} \int_{-\infty}^{+\infty} \mathrm{e}^{-\left(x-\frac{z}{2}\right)^2} \mathrm{d}x,$$

作变量替换 $t = x - \frac{z}{2}$，则

$$f_Z(z) = \frac{1}{2\pi} \mathrm{e}^{-\frac{z^2}{4}} \int_{-\infty}^{+\infty} \mathrm{e}^{-t^2} \mathrm{d}t = \frac{1}{\sqrt{2\pi}\,\sqrt{2}} \mathrm{e}^{-\frac{z^2}{4}},$$

即 $Z \sim N(0,2)$.

用上述方法可以证明下述定理：

定理 3 如果 $X \sim N(\mu_1, \sigma_1^2)$，$Y \sim N(\mu_2, \sigma_2^2)$，且 X 和 Y 相互独立，则

$$Z = X + Y \sim N(\mu_1 + \mu_2, \sigma_1^2 + \sigma_2^2).$$

定理 3 可以推广到一般情形:

定理 4 如果 $X_1, X_2, \cdots, X_n$ 相互独立,且 $X_i \sim N(\mu_i, \sigma_i^2)$, $i = 1, 2, \cdots, n$, $c_1, c_2, \cdots, c_n$ 是一组不全为 0 的常数,则

$$c_1 X_1 + c_2 X_2 + \cdots + c_n X_n \sim N(c_1 \mu_1 + c_2 \mu_2 + \cdots + c_n \mu_n, c_1^2 \sigma_1^2 + c_2^2 \sigma_2^2 + \cdots + c_n^2 \sigma_n^2).$$

例 14 设 X 和 Y 相互独立,其概率密度分别为

$$f_X(x) = \begin{cases} 1, & 0 < x < 1, \\ 0, & \text{其他}, \end{cases} \qquad f_Y(y) = \begin{cases} e^{-y}, & y > 0, \\ 0, & \text{其他}, \end{cases}$$

求 $Z = X + Y$ 的概率密度.

解 我们用卷积公式 $f_Z(z) = \displaystyle\int_{-\infty}^{+\infty} f_X(x) f_Y(z-x) \mathrm{d}x$ 求 $Z = X + Y$ 的概率密度,其中

$$f_X(x) f_Y(z-x) = \begin{cases} e^{-(z-x)}, & 0 < x < 1, z - x > 0, \\ 0, & \text{其他}, \end{cases}$$

如图 3-14 所示.

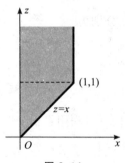

图 3-14

$$f_Z(z) = \int_{-\infty}^{+\infty} f_X(x) f_Y(z-x) \mathrm{d}x$$

$$= \begin{cases} \displaystyle\int_0^z e^{-(z-x)} \mathrm{d}x, & 0 < z \leqslant 1, \\ \displaystyle\int_0^1 e^{-(z-x)} \mathrm{d}x, & z > 1, \\ 0, & z \leqslant 0 \end{cases}$$

$$= \begin{cases} 1 - e^{-z}, & 0 < z \leqslant 1, \\ e^{1-z} - e^{-z}, & z > 1, \\ 0, & z \leqslant 0. \end{cases}$$

2. $M = \max(X, Y)$ 和 $N = \min(X, Y)$ 的分布

设随机变量 X 和 Y 相互独立,分布函数分别为 $F_X(x)$ 和 $F_Y(y)$,则 $M = \max(X, Y)$ 的分布函数

$$
\begin{aligned}
F_{\max}(z) &= P\{M \leqslant z\} = P\{\max(X, Y) \leqslant z\} \\
&= P\{X \leqslant z, Y \leqslant z\} = P\{X \leqslant z\} P\{Y \leqslant z\} \\
&= F_X(z) F_Y(z).
\end{aligned}
$$

同理,$N = \min(X, Y)$ 的分布函数

$$
\begin{aligned}
F_{\min}(z) &= P\{N \leqslant z\} = 1 - P\{N > z\} = 1 - P\{\min(X, Y) > z\} \\
&= 1 - P\{X > z, Y > z\} = 1 - P\{X > z\} P\{Y > z\} \\
&= 1 - [1 - F_X(z)][1 - F_Y(z)].
\end{aligned}
$$

上述结果不难推广到多个相互独立的随机变量的情形:设 $X_1, X_2, \cdots, X_n$ 是 n 个相互独立的随机变量,其分布函数分别为 $F_{X_1}(x_1), F_{X_2}(x_2), \cdots,$ $F_{X_n}(x_n)$,则 $M = \max(X_1, X_2, \cdots, X_n)$ 的分布函数为

$$
F_{\max}(z) = F_{X_1}(z) F_{X_2}(z) \cdots F_{X_n}(z),
$$

$N = \min(X_1, X_2, \cdots, X_n)$ 的分布函数为

$$
F_{\min}(z) = 1 - [1 - F_{X_1}(z)][1 - F_{X_2}(z)] \cdots [1 - F_{X_n}(z)].
$$

特别地,如果 $X_1, X_2, \cdots, X_n$ 相互独立且有相同的分布函数 $F(x)$,则

$$
F_{\max}(z) = [F(z)]^n, \quad F_{\min}(z) = 1 - [1 - F(z)]^n.
$$

例 15 设系统由两个相互独立的部件 1 和部件 2 组成,组成的系统分别为:

(1) 两部件串联系统.初始时刻两部件开始工作,当有一个部件故障时系统故障.

(2) 两部件并联系统.初始时刻两部件开始工作,当两个部件都故障时系统故障.

(3) 两部件冷储备系统.初始时刻只有部件 1 开始工作,部件 1 故障时部件 2 马上开始工作,部件 2 故障时系统故障.

设部件 1 的寿命 $L_1 \sim E(\alpha)$,部件 2 的寿命 $L_2 \sim E(\beta)$,试求出上述 3 种系统寿命的概率密度.

解 由题意,两个部件的寿命的分布函数分别为

$$
F_1(t) = \begin{cases} 1 - \mathrm{e}^{-\alpha t}, & t > 0, \\ 0, & t \leqslant 0, \end{cases} \qquad F_2(t) = \begin{cases} 1 - \mathrm{e}^{-\beta t}, & t > 0, \\ 0, & t \leqslant 0. \end{cases}
$$

(1) 两部件串联系统.

系统的寿命 $L = \min(L_1, L_2)$,其分布函数为

$$F_{\min}(t) = 1 - [1 - F_1(t)][1 - F_2(t)]$$

$$= \begin{cases} 1 - \mathrm{e}^{-at}\,\mathrm{e}^{-\beta t}, & t > 0, \\ 0, & t \leqslant 0 \end{cases}$$

$$= \begin{cases} 1 - \mathrm{e}^{-(\alpha+\beta)t}, & t > 0, \\ 0, & t \leqslant 0. \end{cases}$$

系统的寿命 $L = \min(L_1, L_2)$ 的概率密度为

$$f_{\min}(t) = \frac{\mathrm{d}}{\mathrm{d}z} F_{\min}(t) = \begin{cases} (\alpha+\beta)\mathrm{e}^{-(\alpha+\beta)t}, & t > 0, \\ 0, & t \leqslant 0. \end{cases}$$

（2）两部件并联系统.

系统的寿命 $L = \max(L_1, L_2)$，其分布函数为

$$F_{\max}(t) = F_1(t)F_2(t) = \begin{cases} (1 - \mathrm{e}^{-at})(1 - \mathrm{e}^{-\beta t}), & t > 0, \\ 0, & t \leqslant 0. \end{cases}$$

系统的寿命 $L = \max(L_1, L_2)$ 的概率密度为

$$f_{\max}(t) = \frac{\mathrm{d}}{\mathrm{d}z} F_{\max}(t) = \begin{cases} \alpha\mathrm{e}^{-at}(1 - \mathrm{e}^{-\beta t}) + \beta\mathrm{e}^{-\beta t}(1 - \mathrm{e}^{-at}), & t > 0, \\ 0, & t \leqslant 0. \end{cases}$$

（3）两部件冷储备系统.

两个部件的寿命的概率密度分别为

$$f_1(t) = \begin{cases} \alpha\mathrm{e}^{-at}, & t > 0, \\ 0, & t \leqslant 0, \end{cases} \qquad f_2(t) = \begin{cases} \beta\mathrm{e}^{-\beta t}, & t > 0, \\ 0, & t \leqslant 0, \end{cases}$$

系统的寿命 $L = L_1 + L_2$，其概率密度为 $f_L(t) = \int_{-\infty}^{+\infty} f_1(x)f_2(t-x)\mathrm{d}x$，

其中

$$f_1(x)f_2(t-x) = \begin{cases} \alpha\beta\mathrm{e}^{-[\alpha x+\beta(t-x)]}, & x > 0, t - x > 0, \\ 0, & \text{其他}, \end{cases}$$

如图 3-15 所示.

系统的寿命 $L = L_1 + L_2$ 的概率密度

$$f_L(t) = \int_{-\infty}^{+\infty} f_1(x)f_2(t-x)\mathrm{d}x$$

$$= \begin{cases} \displaystyle\int_0^t \alpha\beta\mathrm{e}^{-[\alpha x+\beta(t-x)]}\mathrm{d}x, & t > 0, \\ 0, & t \leqslant 0 \end{cases}$$

$$= \begin{cases} \dfrac{\alpha\beta}{\alpha-\beta}(\mathrm{e}^{-\beta t} - \mathrm{e}^{-at}), & t > 0, \\ 0, & t \leqslant 0. \end{cases}$$

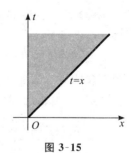

图 3-15

第四节 多维随机变量的数字特征

一、二维随机变量函数的数学期望和方差

1. 二维离散型随机变量函数的数学期望和方差

类似于一维离散型随机变量函数的数学期望和方差,对于二维离散型随机变量的函数,我们有

定理 1 设二维离散型随机变量 (X,Y) 的联合分布律为

$$p_{ij} = P\{X = x_i, Y = y_j\}, \quad i,j = 1,2,\cdots,$$

$g(x,y)$ 为二元连续函数,如果

$$\sum_{i=1}^{\infty} \sum_{j=1}^{\infty} |g(x_i, y_j)| p_{ij}$$

收敛,则随机变量 $Z = g(X,Y)$ 的数学期望

$$E(Z) = E[g(X,Y)] = \sum_{i=1}^{\infty} \sum_{j=1}^{\infty} g(x_i, y_j) p_{ij},$$

$Z = g(X,Y)$ 的方差

$$D(Z) = E(Z^2) - [E(Z)]^2.$$

例 1 设 (X,Y) 的分布律为

X \ Y	-1	1	2
-1	$\dfrac{5}{20}$	$\dfrac{2}{20}$	$\dfrac{6}{20}$
2	$\dfrac{3}{20}$	$\dfrac{3}{20}$	$\dfrac{1}{20}$

(1) 求 X 的数学期望和方差.

(2) 求 $X+Y$ 的数学期望和方差.

(3) 求 $X-Y$ 的数学期望和方差.

解 (1) 由定理 1 可知,X 的数学期望

$$E(X) = \sum_{i=1}^{2} \sum_{j=1}^{3} x_i p_{ij}$$

$$= (-1) \times \frac{5}{20} + (-1) \times \frac{2}{20} + (-1) \times \frac{6}{20} + 2 \times \frac{3}{20} + 2 \times \frac{3}{20} + 2 \times \frac{1}{20}$$

$$= 0.05.$$

因为

$$E(X^2) = \sum_{i=1}^{2} \sum_{j=1}^{3} x_i^2 p_{ij}$$

$$= (-1)^2 \times \frac{5}{20} + (-1)^2 \times \frac{2}{20} + (-1)^2 \times \frac{6}{20} + 2^2 \times \frac{3}{20} + 2^2 \times \frac{3}{20}$$

$$+ 2^2 \times \frac{1}{20}$$

$$= 2.05,$$

所以 X 的方差

$$D(X) = E[X^2] - [E(X)]^2 = 2.05 - 0.05^2 = 2.0475.$$

(2)$X + Y$ 的数学期望

$$E(X + Y) = \sum_{i=1}^{2} \sum_{j=1}^{3} (x_i + y_j) p_{ij}$$

$$= [-1 + (-1)] \times \frac{5}{20} + (-1 + 1) \times \frac{2}{20} + (-1 + 2) \times \frac{6}{20}$$

$$+ [2 + (-1)] \times \frac{3}{20} + (2 + 1) \times \frac{3}{20} + [2 + 2] \times \frac{1}{20}$$

$$= 0.6.$$

因为

$$E[(X + Y)^2] = \sum_{i=1}^{2} \sum_{j=1}^{3} (x_i + y_j)^2 p_{ij}$$

$$= [-1 + (-1)]^2 \times \frac{5}{20} + (-1 + 1)^2 \times \frac{2}{20} + (-1 + 2)^2 \times \frac{6}{20}$$

$$+ [2 + (-1)]^2 \times \frac{3}{20} + (2 + 1)^2 \times \frac{3}{20} + [2 + 2]^2 \times \frac{1}{20}$$

$$= 3.6,$$

所以 $X + Y$ 的方差

$$D(X + Y) = E[(X + Y)^2] - [E(X + Y)]^2 = 3.6 - 0.6^2 = 3.24.$$

(3)$X - Y$ 的数学期望

$$E(X - Y) = \sum_{i=1}^{2} \sum_{j=1}^{3} (x_i - y_j) p_{ij}$$

$$= [-1 - (-1)] \times \frac{5}{20} + (-1 - 1) \times \frac{2}{20} + (-1 - 2) \times \frac{6}{20}$$

$$+[2-(-1)]\times\frac{3}{20}+(2-1)\times\frac{3}{20}+[2-2]\times\frac{1}{20}$$

$$=-0.5.$$

因为

$$E[(X-Y)^2]=\sum_{i=1}^{2}\sum_{j=1}^{3}(x_i-y_j)^2p_{ij}$$

$$=[-1-(-1)]^2\times\frac{5}{20}+(-1-1)^2\times\frac{2}{20}+(-1-2)^2\times\frac{6}{20}$$

$$+[2-(-1)]^2\times\frac{3}{20}+(2-1)^2\times\frac{3}{20}+[2-2]^2\times\frac{1}{20}$$

$$=4.6,$$

所以 $X-Y$ 的方差

$$D(X-Y)=E[(X-Y)^2]-[E(X-Y)]^2=4.6-(-0.5)^2=4.35.$$

2. 二维连续型随机变量函数的数学期望和方差

类似于一维连续型随机变量函数的数学期望和方差,对于二维连续型随机变量的函数,我们有

定理 2 设二维连续型随机变量 (X,Y) 的联合概率密度为 $f(x,y)$,$g(x,y)$ 为二元连续函数,如果

$$\int_{-\infty}^{+\infty}\int_{-\infty}^{+\infty}|g(x,y)|f(x,y)\mathrm{d}x\mathrm{d}y$$

收敛,则随机变量 $Z=g(X,Y)$ 的数学期望

$$E(Z)=E[g(X,Y)]=\int_{-\infty}^{+\infty}\int_{-\infty}^{+\infty}g(x,y)f(x,y)\mathrm{d}x\mathrm{d}y,$$

$Z=g(X,Y)$ 的方差

$$D(Z)=E(Z^2)-[E(Z)]^2.$$

例 2 设二维随机变量 (X,Y) 的联合概率密度为

$$f(x,y)=\begin{cases}15xy^2, & 0<x<1,0<y<x,\\0, & 其他,\end{cases}$$

试求:(1)$E(X)$ 和 $D(X)$.(2)$E(X+Y)$.

解 如图 3-16 所示.

(1)由定理 2 可得

$$E(X)=\int_{-\infty}^{+\infty}\int_{-\infty}^{+\infty}xf(x,y)\mathrm{d}x\mathrm{d}y=15\int_{0}^{1}\mathrm{d}x\int_{0}^{x}x^2y^2\mathrm{d}y$$

$$=5\int_{0}^{1}x^2\cdot x^3\mathrm{d}x=\frac{5}{6}.$$

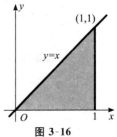

图 3-16

因为

$$E(X^2) = \int_{-\infty}^{+\infty}\int_{-\infty}^{+\infty} x^2 f(x,y)\mathrm{d}x\mathrm{d}y = 15\int_0^1 \mathrm{d}x\int_0^x x^3 y^2 \mathrm{d}y$$

$$= 5\int_0^1 x^3 \cdot x^3 \mathrm{d}x = \frac{5}{7},$$

所以

$$D(X) = E(X^2) - [E(X)]^2 = \frac{5}{7} - \left(\frac{5}{6}\right)^2 = \frac{5}{252}.$$

（2）由定理 2 可得

$$E(X+Y) = \int_{-\infty}^{+\infty}\int_{-\infty}^{+\infty}(x+y)f(x,y)\mathrm{d}x\mathrm{d}y = 15\int_0^1 \mathrm{d}x\int_0^x (x+y)xy^2 \mathrm{d}y$$

$$= 15\int_0^1 x \cdot \frac{7x^4}{12}\mathrm{d}x = \frac{35}{24}.$$

例 3 设随机变量 X 和 Y 相互独立且均服从标准正态分布，$Z = \sqrt{X^2 + Y^2}$，求 Z 的数学期望 $E(Z)$ 和方差 $D(Z)$．

解 由题意，(X,Y) 的联合概率密度为

$$f(x,y) = \frac{1}{2\pi}\mathrm{e}^{-\frac{x^2+y^2}{2}}, \quad -\infty < x < +\infty, -\infty < y < +\infty,$$

由定理 2 可得 $Z = \sqrt{X^2 + Y^2}$ 的数学期望

$$E(Z) = E(\sqrt{X^2+Y^2}) = \int_{-\infty}^{+\infty}\int_{-\infty}^{+\infty}\sqrt{x^2+y^2} \cdot \frac{1}{2\pi}\mathrm{e}^{-\frac{x^2+y^2}{2}}\mathrm{d}x\mathrm{d}y$$

$$= \frac{1}{2\pi}\int_0^{2\pi}\mathrm{d}\theta\int_0^{+\infty} r^2 \mathrm{e}^{-\frac{r^2}{2}}\mathrm{d}r = \sqrt{\frac{\pi}{2}}.$$

因为

$$E(Z^2) = E(X^2+Y^2) = \int_{-\infty}^{+\infty}\int_{-\infty}^{+\infty}(x^2+y^2) \cdot \frac{1}{2\pi}\mathrm{e}^{-\frac{x^2+y^2}{2}}\mathrm{d}x\mathrm{d}y$$

$$= \frac{1}{2\pi}\int_0^{2\pi}\mathrm{d}\theta\int_0^{+\infty} r^3 \mathrm{e}^{-\frac{r^2}{2}}\mathrm{d}r = 2,$$

所以 Z 的方差

$$D(Z) = E(Z^2) - [E(Z)]^2 = 2 - \left(\sqrt{\frac{\pi}{2}}\right)^2 = 2 - \frac{\pi}{2}.$$

3. 数学期望和方差的性质

（1）**数学期望的性质**

设 $E(X)$ 和 $E(Y)$ 都存在，则数学期望有下列性质：

①$E(c) = c$（c 是常数）．

②$E(cX) = cE(X)(c$ 是常数$)$.

③$E(X \pm Y) = E(X) \pm E(Y)$.

④ 如果 X 和 Y 相互独立,则 $E(XY) = E(X)E(Y)$.

由性质 ① ~ ③ 可知,如果 $E(X_i)(i = 1, 2, \cdots, n)$ 存在,$c_i(i = 1, 2, \cdots, n)$ 和 c 是常数,则

$$E(\sum_{i=1}^{n} c_i X_i + c) = \sum_{i=1}^{n} c_i E(X_i) + c.$$

性质 ④ 可以推广到多个随机变量的情形:如果随机变量 $X_1, X_2, \cdots, X_n$ 相互独立,$E(X_i)(i = 1, 2, \cdots, n)$ 存在,则

$$E(X_1 X_2 \cdots X_n) = E(X_1)E(X_2) \cdots E(X_n).$$

我们仅就连续型随机变量情形证明性质 ③ 和 ④.

证 设二维连续型随机变量(X, Y)联合概率密度为 $f(x, y)$,则

$$E(X \pm Y) = \int_{-\infty}^{+\infty} \int_{-\infty}^{+\infty} (x \pm y) f(x, y) \mathrm{d}x \mathrm{d}y$$

$$= \int_{-\infty}^{+\infty} \int_{-\infty}^{+\infty} x f(x, y) \mathrm{d}x \mathrm{d}y \pm \int_{-\infty}^{+\infty} \int_{-\infty}^{+\infty} y f(x, y) \mathrm{d}x \mathrm{d}y$$

$$= E(X) \pm E(Y).$$

再设(X, Y)的边缘概率密度为 $f_X(x)$ 和 $f_Y(y)$,且 X 和 Y 相互独立,则

$$f(x, y) = f_X(x) f_Y(y)$$

几乎处处成立,因此

$$E(XY) = \int_{-\infty}^{+\infty} \int_{-\infty}^{+\infty} xy f(x, y) \mathrm{d}x \mathrm{d}y = \int_{-\infty}^{+\infty} \int_{-\infty}^{+\infty} xy f_X(x) f_Y(y) \mathrm{d}x \mathrm{d}y$$

$$= \int_{-\infty}^{+\infty} x f_X(x) \mathrm{d}x \int_{-\infty}^{+\infty} y f_Y(y) \mathrm{d}y$$

$$= E(X)E(Y).$$

例 4 设随机变量 $X \sim P(5)$,$Y \sim B(100, 0.2)$,求数学期望 $E(3X - 4Y + 5)$.

解 根据数学期望的性质可得

$$E(3X - 4Y + 5) = 3E(X) - 4E(Y) + 5$$
$$= 3 \times 5 - 4 \times 20 + 5 = -60.$$

例 5 一民航送客车载有 20 位旅客,有 10 个车站可以下车,设每位旅客在各个车站下车是等可能的且相互独立. 如果到达一个车站没有旅客下车就不停车,用 X 表示停车的次数,求 X 的数学期望 $E(X)$.

解 引入随机变量

$$X_i = \begin{cases} 1, & \text{在第 } i \text{ 个车站有人下车}, \\ 0, & \text{在第 } i \text{ 个车站没人下车}, \end{cases} \quad i = 1,2,\cdots,10,$$

则 $X = X_1 + X_2 + \cdots + X_{10}$. 由题意,任一旅客不在第 $i(i=1,2,\cdots,10)$ 站下车的概率为 $\dfrac{9}{10}$,20 位旅客都不在第 i 站下车的概率为 $\left(\dfrac{9}{10}\right)^{20}$,因此,$X_i$ 的分布律为

X_i	0	1
P	$\left(\dfrac{9}{10}\right)^{20}$	$1-\left(\dfrac{9}{10}\right)^{20}$

由此易得

$$E(X_i) = 0 \times \left(\frac{9}{10}\right)^{20} + 1 \times \left[1 - \left(\frac{9}{10}\right)^{20}\right] = 1 - \left(\frac{9}{10}\right)^{20},$$

所求数学期望

$$E(X) = E(X_1 + X_2 + \cdots + X_{10}) = E(X_1) + E(X_2) + \cdots + E(X_{10})$$
$$= 10 \times \left[1 - \left(\frac{9}{10}\right)^{20}\right] \approx 8.78423.$$

(2) 方差的性质

设 $D(X)$ 和 $D(Y)$ 都存在,则方差有下列性质:

①$D(c) = 0(c$ 是常数).

②$D(cX) = c^2 D(X)(c$ 是常数).

③$D(cX + b) = c^2 D(X)(c,b$ 是常数).

④ 如果 X 和 Y 相互独立,则 $D(X \pm Y) = D(X) + D(Y)$.

性质 ② 和 ④ 可以推广到多个随机变量的情形:如果随机变量 $X_1, X_2, \cdots, X_n$ 相互独立,$D(X_i)(i=1,2,\cdots,n)$ 存在,$c_i(i=1,2,\cdots,n)$ 是常数,则

$$D(c_1 X_1 + c_2 X_2 + \cdots + c_n X_n) = c_1^2 D(X_1) + c_2^2 D(X_2) + \cdots + c_n^2 D(X_n).$$

证　我们仅证性质 ④. 因为 X 和 Y 相互独立,根据数学期望的性质,我们有

$$D(X \pm Y) = E\{[(X \pm Y) - E(X \pm Y)]^2\}$$
$$= E\{[(X - E(X)) \pm (Y - E(Y))]^2\}$$
$$= E\{[X - E(X)]^2\} + E\{[Y - E(Y)]^2\} \pm 2E\{[X - E(X)][Y - E(Y)]\}$$
$$= D(X) + D(Y) \pm 2E[XY - XE(Y) - E(X)Y + E(X)E(Y)]$$
$$= D(X) + D(Y) \pm 2[E(XY) - E(X)E(Y)]$$
$$= D(X) + D(Y) \pm 2[E(X)E(Y) - E(X)E(Y)]$$
$$= D(X) + D(Y).$$

例 6 设随机变量 $X \sim U(0,6)$，$Y \sim E(0.1)$，$Z \sim N(0,3^2)$，且 X,Y,Z 相互独立，求方差 $D(2X+3Y-Z+4)$.

解 根据方差的性质可得

$$D(2X+3Y-Z+4) = 2^2 D(X) + 3^2 D(Y) + D(Z)$$

$$= 2^2 \times \frac{6^2}{12} + 3^2 \times 10^2 + 3^2 = 921.$$

例 7 设 $X \sim B(n,p)$，求 $E(X)$ 和 $D(X)$.

解 因为 X 表示在 n 重伯努利试验中事件 A 发生的次数，在每次试验中事件 A 发生的概率为 p，所以我们引入随机变量

$$X_i = \begin{cases} 1, & \text{在第 } i \text{ 次试验中 } A \text{ 发生}, \\ 0, & \text{在第 } i \text{ 次试验中 } A \text{ 不发生}, \end{cases} \quad i = 1,2,\cdots,n,$$

则 $X_1,X_2,\cdots,X_n$ 相互独立，且 $X = X_1 + X_2 + \cdots + X_n$. X_i 的分布律为

X_i	0	1
P	$1-p$	p

易得

$$E(X_i) = p, \quad D(X_i) = p(1-p),$$

根据数学期望和方差的性质，我们有

$$E(X) = E\left(\sum_{i=1}^{n} X_i\right) = \sum_{i=1}^{n} E(X_i) = np,$$

$$D(X) = D\left(\sum_{i=1}^{n} X_i\right) = \sum_{i=1}^{n} D(X_i) = np(1-p).$$

二、协方差和相关系数

对于两个随机变量，我们除了考虑它们各自的数学期望和方差之外，还要考虑它们之间的相互关系. 协方差和相关系数就是描述两个随机变量之间相互关系的数字特征.

定义 1 设 (X,Y) 是二维随机变量，如果 $E\{[X-E(X)][Y-E(Y)]\}$ 存在，则称它为随机变量 X 和 Y 的协方差，记为 $\mathrm{Cov}(X,Y)$，即

$$\mathrm{Cov}(X,Y) = E\{[X-E(X)][Y-E(Y)]\}.$$

如果 X 和 Y 的方差都存在且不为 0，则称 $\dfrac{\mathrm{Cov}(X,Y)}{\sqrt{D(X)D(Y)}}$ 为 X 和 Y 的相关系数，

记为 ρ_{XY}，即

$$\rho_{XY} = \frac{\text{Cov}(X,Y)}{\sqrt{D(X)D(Y)}}.$$

容易验证,协方差有下列性质:

(1)$\text{Cov}(c,Y) = 0$,其中 c 是常数.

(2)$\text{Cov}(X,X) = D(X)$.

(3)$\text{Cov}(X,Y) = \text{Cov}(Y,X)$.

(4)$\text{Cov}(aX,bY) = ab\text{Cov}(Y,X)$,其中 a,b 是常数.

(5)$\text{Cov}(X \pm Y,Z) = \text{Cov}(X,Z) \pm \text{Cov}(Y,Z)$.

令 $Z = X \pm Y$,由协方差的性质(2)和(5)可以得到计算方差的一般公式:

$$D(X \pm Y) = D(X) + D(Y) \pm 2\text{Cov}(X,Y).$$

X 和 Y 的相关系数 ρ_{XY} 有下列性质:

定理 3   如果 X 和 Y 的相关系数 ρ_{XY} 存在,则 $|\rho_{XY}| \leqslant 1$.

证   因为对于任一实数 t,

$$D(Y - tX) = D(Y) + t^2 D(X) - 2t\text{Cov}(X,Y) \geqslant 0,$$

令 $t = \dfrac{\text{Cov}(X,Y)}{D(X)}$,则上式化为

$$D(Y - tX) = D(Y) - \frac{[\text{Cov}(X,Y)]^2}{D(X)} = D(Y)\left\{1 - \frac{[\text{Cov}(X,Y)]^2}{D(X)D(Y)}\right\}$$

$$= D(Y)(1 - \rho_{XY}^2) \geqslant 0,$$

所以 $|\rho_{XY}| \leqslant 1$.

定理 4   设 X 和 Y 的相关系数 ρ_{XY} 存在,则 $|\rho_{XY}| = 1$ 的充分必要条件是存在常数 a,b,使 $P\{Y = aX + b\} = 1$.

证明略去.

由定理 3 和定理 4 可知,X 和 Y 的相关系数 ρ_{XY} 取值于 -1 和 1 之间,当 $\rho_{XY} = 0$ 时,称 X 和 Y 不相关;当 $\rho_{XY} > 0$ 时,称 X 和 Y 正相关;当 $\rho_{XY} < 0$ 时,称 X 和 Y 负相关;特别地,当 $\rho_{XY} = 1$ 时,称 X 和 Y 完全正相关;当 $\rho_{XY} = -1$ 时,称 X 和 Y 完全负相关.需要说明的是:当 $\rho_{XY} \neq 0$ 时,说明 X 和 Y 之间存在某种程度的线性关系,$|\rho_{XY}|$ 越接近于 1,X 和 Y 之间的相关程度越大;当 $\rho_{XY} = 0$ 时,X 和 Y 不相关,说明 X 和 Y 之间不存在线性关系,但并不排除存在其他关系,X 和 Y 未必相互独立.

根据数学期望的性质,我们容易证明计算 X 和 Y 的协方差的常用公式:

$$\text{Cov}(X,Y) = E(XY) - E(X)E(Y).$$

证 根据数学期望的性质，

$$\begin{aligned}
\mathrm{Cov}(X,Y) &= E\{[X-E(X)][Y-E(Y)]\} \\
&= E[XY-E(Y)X-E(X)Y+E(X)E(Y)] \\
&= E(XY)-E(Y)E(X)-E(X)E(Y)+E(X)E(Y) \\
&= E(XY)-E(X)E(Y).
\end{aligned}$$

由上述公式和数学期望的性质可得：

定理 5 如果 X 和 Y 相互独立，则 X 和 Y 不相关.

定理 6 如果 X 和 Y 不相关，则

$$E(XY) = E(X)E(Y), \quad D(X \pm Y) = D(X) + D(Y).$$

如果二维随机变量 (X_1, X_2) 的协方差存在，记 $\sigma_{ij} = \mathrm{Cov}(X_i, X_j)(i,j = 1,2)$，我们称矩阵

$$\Sigma = \begin{bmatrix} \sigma_{11} & \sigma_{12} \\ \sigma_{21} & \sigma_{22} \end{bmatrix}$$

为 (X_1, X_2) 的协方差矩阵，显然，

$$\sigma_{11} = D(X_1), \quad \sigma_{22} = D(X_2), \quad \sigma_{12} = \sigma_{21} = \mathrm{Cov}(X_1, X_2).$$

协方差矩阵的概念可以推广到 n 维随机变量的情形：如果 n 维随机变量 $(X_1, X_2, \cdots, X_n)$ 中任意两个随机变量 X_i 和 $X_j(i,j = 1,2,\cdots,n)$ 的协方差存在，记 $\sigma_{ij} = \mathrm{Cov}(X_i, X_j)$，我们称矩阵

$$\Sigma = \begin{bmatrix} \sigma_{11} & \sigma_{12} & \cdots & \sigma_{1n} \\ \sigma_{21} & \sigma_{22} & \cdots & \sigma_{2n} \\ \cdots & \cdots & \cdots & \cdots \\ \sigma_{n1} & \sigma_{n2} & \cdots & \sigma_{nn} \end{bmatrix}$$

为 $(X_1, X_2, \cdots, X_n)$ 的协方差矩阵.

例 8 设 $X \sim N(1, 2^2), Y \sim N(2, 3^2), \rho_{XY} = \dfrac{1}{2}$，求 $D(3X - 2Y)$.

解 所求方差

$$\begin{aligned}
D(3X-2Y) &= D(3X)+D(2Y)-2\mathrm{Cov}(3X,2Y) \\
&= 3^2 D(X)+2^2 D(Y)-12\mathrm{Cov}(X,Y) \\
&= 9D(X)+4D(Y)-12\rho_{XY}\sqrt{D(X)D(Y)} \\
&= 9 \times 4 + 4 \times 9 - 12 \times \frac{1}{2} \times 2 \times 3 = 36.
\end{aligned}$$

例 9 设随机变量 $T \sim U(-\pi, \pi), X = \sin T, Y = \cos T$，求 X 和 Y 的协方差和相关系数.

解　由题意可知,随机变量 T 的概率密度为

$$f(x) = \begin{cases} \dfrac{1}{2\pi}, & -\pi < x < \pi, \\ 0, & \text{其他}, \end{cases}$$

因此,

$$E(X) = E(\sin T) = \int_{-\infty}^{+\infty} \sin x f(x) \mathrm{d}x = \int_{-\pi}^{\pi} \frac{\sin x}{2\pi} \mathrm{d}x = 0,$$

$$E(Y) = \int_{-\pi}^{\pi} \frac{\cos x}{2\pi} \mathrm{d}x = 0, \quad E(XY) = \int_{-\pi}^{\pi} \frac{\sin x \cos x}{2\pi} \mathrm{d}x = 0,$$

$$E(X^2) = \int_{-\pi}^{\pi} \frac{\sin^2 x}{2\pi} \mathrm{d}x = \frac{1}{2}, \quad E(Y^2) = \int_{-\pi}^{\pi} \frac{\cos^2 x}{2\pi} \mathrm{d}x = \frac{1}{2},$$

$$D(X) = E(X^2) - [E(X)]^2 = \frac{1}{2}, \quad D(Y) = E(Y^2) - [E(Y)]^2 = \frac{1}{2},$$

X 和 Y 的协方差

$$\mathrm{Cov}(X,Y) = E(XY) - E(X)E(Y) = 0,$$

X 和 Y 的相关系数

$$\rho_{XY} = \frac{\mathrm{Cov}(X,Y)}{\sqrt{D(X)D(Y)}} = 0.$$

例 9 中的随机变量 X 和 Y 不相关,但是,显然有 $X^2 + Y^2 = 1$,所以 X 和 Y 不相互独立.此例说明,当 X 和 Y 不相关时,X 和 Y 未必相互独立.

例 10　设区域 G 由 x 轴、y 轴和直线 $x+y-2=0$ 所围成,二维随机变量 (X,Y) 服从区域 G 的均匀分布,求 X 和 Y 的协方差 $\mathrm{Cov}(X,Y)$ 和相关系数 ρ_{XY}.

解　区域 G 如图 3-17 所示.

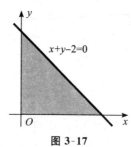

图 3-17

(X,Y) 的联合概率密度为

$$f(x,y) = \begin{cases} \dfrac{1}{2}, & 0 < x < 2, 0 < y < 2-x, \\ 0, & \text{其他}. \end{cases}$$

由此可得

$$E(X) = \int_{-\infty}^{+\infty} \int_{-\infty}^{+\infty} x f(x,y) \mathrm{d}x \mathrm{d}y = \int_0^2 \mathrm{d}x \int_0^{2-x} \frac{x}{2} \mathrm{d}y$$

$$= \int_0^2 \frac{x}{2}(2-x) \mathrm{d}x = \frac{2}{3},$$

$$E(X^2) = \int_{-\infty}^{+\infty} \int_{-\infty}^{+\infty} x^2 f(x,y) \mathrm{d}x \mathrm{d}y = \int_0^2 \mathrm{d}x \int_0^{2-x} \frac{x^2}{2} \mathrm{d}y$$

$$= \int_0^2 \frac{x^2}{2}(2-x) \mathrm{d}x = \frac{2}{3},$$

从而

$$D(X) = E(X^2) - [E(X)]^2 = \frac{2}{3} - \frac{4}{9} = \frac{2}{9}.$$

类似可得

$$E(Y) = \frac{2}{3}, \quad D(Y) = \frac{2}{9}.$$

注意到

$$E(XY) = \int_{-\infty}^{+\infty} \int_{-\infty}^{+\infty} xy f(x,y) \mathrm{d}x \mathrm{d}y = \int_0^2 \mathrm{d}x \int_0^{2-x} \frac{xy}{2} \mathrm{d}y$$

$$= \int_0^2 \frac{x}{2} \frac{(2-x)^2}{2} \mathrm{d}x = \frac{1}{3},$$

因此,X 和 Y 的协方差

$$\mathrm{Cov}(X,Y) = E(XY) - E(X)E(Y) = \frac{1}{3} - \frac{2}{3} \times \frac{2}{3} = -\frac{1}{9},$$

X 和 Y 的相关系数

$$\rho_{XY} = \frac{\mathrm{Cov}(X,Y)}{\sqrt{D(X)D(Y)}} = \frac{-\dfrac{1}{9}}{\sqrt{\dfrac{2}{9} \times \dfrac{2}{9}}} = -\frac{1}{2}.$$

第五节　二维正态分布

我们已经学习了正态分布. 正态分布也称为一维正态分布,是概率论与数理统计中最重要的分布,下面引入二维正态分布的概念.

定义 1　如果二维连续型随机变量 (X,Y) 的联合概率密度为

$$f(x,y) = \frac{1}{2\pi\sigma_1\sigma_2\sqrt{1-\rho^2}}\exp\left\{-\frac{1}{2(1-\rho^2)}\left[\left(\frac{x-\mu_1}{\sigma_1}\right)^2 - \right.\right.$$

$$\left.\left. 2\rho\left(\frac{x-\mu_1}{\sigma_1}\right)\left(\frac{y-\mu_2}{\sigma_2}\right) + \left(\frac{y-\mu_2}{\sigma_2}\right)^2\right]\right\},$$

其中 $\mu_1,\mu_2,\sigma_1,\sigma_2,\rho$ 都是常数,且 $\sigma_1>0,\sigma_2>0,|\rho|<1$,则称随机变量 (X,Y) 服从参数为 $\mu_1,\mu_2,\sigma_1,\sigma_2,\rho$ 的二维正态分布,记为 $(X,Y)\sim N(\mu_1,\mu_2,\sigma_1^2,\sigma_2^2,\rho)$.

二维正态分布是最重要的二维分布,其中参数 μ_1,μ_2 为位置参数,反映联合概率密度 $f(x,y)$ 的图形中心位置的信息;σ_1^2,σ_2^2 为形状参数,反映 $f(x,y)$ 的图形陡峻或平坦的信息;ρ 反映了随机变量 X,Y 之间相关关系的信息. $z=f(x,y)$ 的图形如图 3-18 所示.

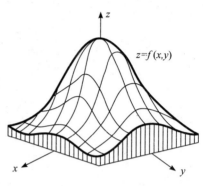

图 3-18

下面求二维正态分布的边缘分布. 注意到在 (X,Y) 的联合概率密度 $z=f(x,y)$ 中,

$$\exp\left\{-\frac{1}{2(1-\rho^2)}\left[\left(\frac{x-\mu_1}{\sigma_1}\right)^2 - 2\rho\left(\frac{x-\mu_1}{\sigma_1}\right)\left(\frac{y-\mu_2}{\sigma_2}\right) + \left(\frac{y-\mu_2}{\sigma_2}\right)^2\right]\right\}$$

$$= \exp\left\{-\frac{1}{2(1-\rho^2)}\left[\left(\frac{y-\mu_2}{\sigma_2} - \rho\frac{x-\mu_1}{\sigma_1}\right)^2 + (1-\rho^2)\left(\frac{x-\mu_1}{\sigma_1}\right)^2\right]\right\}$$

$$= \exp\left[-\frac{1}{2(1-\rho^2)}\left(\frac{y-\mu_2}{\sigma_2} - \rho\frac{x-\mu_1}{\sigma_1}\right)^2\right] \cdot \exp\left[-\frac{1}{2}\left(\frac{x-\mu_1}{\sigma_1}\right)^2\right],$$

(X,Y) 关于 X 的边缘概率密度

$$f_X(x) = \int_{-\infty}^{+\infty} f(x,y)\mathrm{d}y$$

$$= \frac{1}{2\pi\sigma_1\sigma_2\sqrt{1-\rho^2}}\exp\left[-\frac{1}{2}\left(\frac{x-\mu_1}{\sigma_1}\right)^2\right].$$

$$\int_{-\infty}^{+\infty}\exp\left[-\frac{1}{2(1-\rho^2)}\left(\frac{y-\mu_2}{\sigma_2} - \rho\frac{x-\mu_1}{\sigma_1}\right)^2\right]\mathrm{d}y,$$

令

$$\frac{1}{\sqrt{1-\rho^2}}\left(\frac{y-\mu_2}{\sigma_2} - \rho\frac{x-\mu_1}{\sigma_1}\right) = t, \quad \mathrm{d}y = \sigma_2\sqrt{1-\rho^2}\,\mathrm{d}t,$$

故

$$f_X(x) = \frac{1}{2\pi\sigma_1}\exp\left[-\frac{1}{2}\left(\frac{x-\mu_1}{\sigma_1}\right)^2\right]\int_{-\infty}^{+\infty}\exp\left(-\frac{1}{2}t^2\right)\mathrm{d}t$$

$$= \frac{1}{2\pi\sigma_1}\mathrm{e}^{-\frac{1}{2}\left(\frac{x-\mu_1}{\sigma_1}\right)^2}\sqrt{2\pi} = \frac{1}{\sqrt{2\pi}\sigma_1}\mathrm{e}^{-\frac{(x-\mu_1)^2}{2\sigma_1^2}},$$

即 $X \sim N(\mu_1,\sigma_1^2)$. 同理可得 $Y \sim N(\mu_2,\sigma_2^2)$. 由此可得:

定理 1 如果 $(X,Y) \sim N(\mu_1,\mu_2,\sigma_1^2,\sigma_2^2,\rho)$,则 $X \sim N(\mu_1,\sigma_1^2)$,$Y \sim N(\mu_2,\sigma_2^2)$.

利用类似方法可得:

定理 2 如果 $(X,Y) \sim N(\mu_1,\mu_2,\sigma_1^2,\sigma_2^2,\rho)$,则 X 和 Y 的相关系数 $\rho_{XY} = \rho$.

由定理1和定理2可知,如果 $(X,Y) \sim N(\mu_1,\mu_2,\sigma_1^2,\sigma_2^2,\rho)$,这5个参数分别为

$$\mu_1 = E(X), \quad \mu_2 = E(Y), \quad \sigma_1^2 = D(X), \quad \sigma_2^2 = D(Y), \quad \rho = \rho_{XY}.$$

定理 3 如果 $(X,Y) \sim N(\mu_1,\mu_2,\sigma_1^2,\sigma_2^2,\rho)$,则 X 和 Y 相互独立的充分必要条件为 X 和 Y 不相关.

证 充分性. 如果 X 和 Y 不相关,由定理2可知 X 和 Y 的相关系数 $\rho_{XY} = \rho = 0$,(X,Y) 的联合概率密度

$$f(x,y) = \frac{1}{2\pi\sigma_1\sigma_2}\exp\left\{-\frac{1}{2}\left[\left(\frac{x-\mu_1}{\sigma_1}\right)^2+\left(\frac{y-\mu_2}{\sigma_2}\right)^2\right]\right\}$$

$$= \frac{1}{\sqrt{2\pi}\sigma_1}\mathrm{e}^{-\frac{(x-\mu_1)^2}{2\sigma_1^2}} \cdot \frac{1}{\sqrt{2\pi}\sigma_2}\mathrm{e}^{-\frac{(y-\mu_2)^2}{2\sigma_2^2}}$$

$$= f_X(x)f_Y(y),$$

故 X 和 Y 相互独立.

必要性. 如果 X 和 Y 相互独立,由本章第四节定理5可知 X 和 Y 不相关.

例 1 设 $(X,Y) \sim N(\mu_1,\mu_2,\sigma_1^2,\sigma_2^2,\rho)$,$U = X+Y$,$V = X-Y$,求 $E(U)$,$E(V)$,$D(U)$,$D(V)$,ρ_{UV}.

解 由随机变量的数字特征的性质可知:

$$E(U) = E(X+Y) = E(X)+E(Y) = \mu_1+\mu_2;$$

$$E(V) = E(X-Y) = E(X)-E(Y) = \mu_1-\mu_2;$$

$$D(U) = D(X+V) = D(X)+D(Y)+2\mathrm{Cov}(X,Y)$$

$$= D(X)+D(Y)+2\rho_{XY}\sqrt{D(X)}\sqrt{D(Y)} = \sigma_1^2+\sigma_2^2+2\rho\sigma_1\sigma_2;$$

$$D(V) = D(X-V) = D(X)+D(Y)-2\mathrm{Cov}(X,Y)$$

$$= D(X)+D(Y)-2\rho_{XY}\sqrt{D(X)}\sqrt{D(Y)} = \sigma_1^2+\sigma_2^2-2\rho\sigma_1\sigma_2;$$

因为

$$\text{Cov}(U,V) = \text{Cov}(X+Y, X-Y) = \text{Cov}(X,X) - \text{Cov}(Y,Y)$$
$$= D(X) - D(Y) = \sigma_1^2 - \sigma_2^2,$$

$$\sqrt{D(U)} \ \sqrt{D(V)} = \sqrt{\sigma_1^2 + \sigma_2^2 + 2\rho\sigma_1\sigma_2} \ \sqrt{\sigma_1^2 + \sigma_2^2 - 2\rho\sigma_1\sigma_2}$$
$$= \sqrt{(\sigma_1^2 + \sigma_2^2)^2 - 4\rho^2 \sigma_1^2 \sigma_2^2},$$

所以

$$\rho_{UV} = \frac{\text{Cov}(U,V)}{\sqrt{D(U)} \ \sqrt{D(V)}} = \frac{\sigma_1^2 - \sigma_2^2}{\sqrt{(\sigma_1^2 + \sigma_2^2)^2 - 4\rho^2 \sigma_1^2 \sigma_2^2}}.$$

第六节　Mathematica 在多维随机变量中的应用

下面介绍 Mathematica 在多维随机变量中的简单应用. 在利用 Mathematica 进行多维正态分布的相关计算时, 要注意调入统计软件包 <<Statistics`MultinormalDistribution`. 另外, 如果二维随机变量 $(X,Y) \sim N(\mu_1, \mu_2, \sigma_1^2, \sigma_2^2, \rho)$, 需要输入它的协方差矩阵

$$\Sigma = \begin{pmatrix} \sigma_{11} & \sigma_{12} \\ \sigma_{21} & \sigma_{22} \end{pmatrix} = \begin{pmatrix} \sigma_1^2 & \rho\sigma_1\sigma_2 \\ \rho\sigma_1\sigma_2 & \sigma_2^2 \end{pmatrix}.$$

例 1　设 $(X,Y) \sim N(1, 2, 3^2, 4^2, 0.5)$, 试利用 Mathematica 求解下列各题:

(1) 求 (X,Y) 的联合概率密度 $f(x,y)$.

(2) 求 (X,Y) 的联合分布函数 $F(x,y)$ 在点 $(4,6)$ 的函数值 $F(4,6)$.

(3) 利用联合概率密度 $f(x,y)$ 求概率 $P\{-2 < X < 4, -2 < Y < 6\}$.

(4) 利用联合分布函数 $F(x,y)$ 求概率 $P\{-2 < X < 4, -2 < Y < 6\}$.

(5) 设平面区域 $D = \{(x,y) \mid -1 < x < 3, -1-x < y < 3+x^2\}$, 求随机点 (X,Y) 落入 D 的概率.

解　由题意, (X,Y) 的协方差矩阵

$$\Sigma = \begin{pmatrix} \sigma_{11} & \sigma_{12} \\ \sigma_{21} & \sigma_{22} \end{pmatrix} = \begin{pmatrix} 3^2 & 0.5 \times 3 \times 4 \\ 0.5 \times 3 \times 4 & 4^2 \end{pmatrix} = \begin{pmatrix} 3^2 & 6 \\ 6 & 4^2 \end{pmatrix}.$$

需要调入离散型分布软件包 "<<Statistics`MultinormalDistribution`". 输入和输出语句如下:

In[1]: = <<Statistics`MultinormalDistribution`

　　　　xgm = {{3^2,6},{6,4^2}};　　　（输入协方差矩阵 Σ）

ndist = MultinormalDistribution[{1,2},xgm];

p1 = PDF[ndist,{x,y}]

p2 = CDF[ndist,{4,6}]

p3 = N[Integrate[p1,{x,−2,4},{y,−2,6}]]

p4 = CDF[ndist,{4,6}]−CDF[ndist,{−2,6}]−

CDF[ndist,{4,−2}]+CDF[ndist,{−2,−2}]

p5 = N[Integrate[p1,{x,−1,3},{y,−1−x,3+x^2}]]

$$\mathrm{Out}[4] = \frac{e^{\frac{1}{2}}\left(-(-1+x)\left(\frac{4}{27}(-1+x)+\frac{2-y}{18}\right)-\left(\frac{1-x}{18}+\frac{1}{12}(-2+y)\right)(-2+y)\right)}{12\sqrt{3}\pi}$$

$\mathrm{Out}[5] = 0.745204$

$\mathrm{Out}[6] = 0.497972$

$\mathrm{Out}[7] = 0.497972$

$\mathrm{Out}[8] = 0.315802$

例 2　设二维连续型随机变量 (X,Y) 的联合概率密度为

$$f(x,y) = \begin{cases} k e^{-(3x+4y)}, & x>0,y>0, \\ 0, & \text{其他}, \end{cases}$$

试利用 Mathematica 求解下列各题：

(1) 求常数 k.

(2) 求 (X,Y) 的联合分布函数 $F(x,y)$.

(3) 求概率 $P\{0<X<1,0<Y<2\}$.

(4) 求 (X,Y) 关于 X 和 Y 的边缘概率密度.

(5) 求 $E(X),E(Y),D(X),D(Y),\mathrm{Cov}(X,Y)$.

解　(1) 求常数 k. 输入和输出语句如下：

In[1]: = f[x_,y_] = k E^−(3 x+4 y);

        Solve[Integrate[f[x,y],{x,0,+∞},{y,0,+∞}]1,k]

Out[2] = {{k → 12}}

即常数 $k = 12$.

(2) 求 (X,Y) 的联合分布函数 $F(x,y)$. 将 $k = 12$ 代入 $f(x,y)$. 输入和输出语句如下：

In[1]: = f[u_,v_] = 12 E^−(3 u+4 v);

        Integrate[f[u,v],{u,0,x},{v,0,y}]

Out[2] = $1-e^{-3x}+e^{-4y}(-1+e^{-3x})$

即 (X,Y) 的联合分布函数

$$F(x,y) = \begin{cases} 1 - e^{-3x} + e^{-4y}(-1 + e^{-3x}), & x > 0, y > 0, \\ 0, & \text{其他}. \end{cases}$$

(3) 所求概率 $P\{0 < X < 1, 0 < Y < 2\}$ 可以利用联合分布函数 $F(x,y)$ 求出,也可以利用联合概率密度 $f(x,y)$ 求出. 输入和输出语句如下:

In[1]:= f[x_,y_] = 12 E^−(3 x+4 y);

df[x_,Y_] = 1 − e^{−3 x} + e^{−4 y}(−1 + e^{−3 x});

N[df[1,2] − df[0,2] − df[1,0] + df[0,0]]

（用联合分布函数求概率）

N[Integrate[f[x,y],{x,0,1},{y,0,2}]]

（用联合概率密度求概率）

Out[3] = 0.949894

Out[4] = 0.949894

即所求概率 $P\{0 < X < 1, 0 < Y < 2\} = 0.949894$.

(4) 求 (X,Y) 关于 X 和 Y 的边缘概率密度. 输入和输出语句如下:

In[1]:= f[x_,y_] = 12 E^−(3 x+4 y);

Integrate[f[x,y],{y,0,+∞}]

Integrate[f[x,y],{x,0,+∞}]

Out[2] = 3 e^{−3 x}

Out[3] = 4 e^{−4 y}

即 (X,Y) 关于 X 和 Y 的边缘概率密度分别为

$$f_X(x) = \begin{cases} 3e^{-3x}, & x > 0, \\ 0, & x \leqslant 0. \end{cases} \qquad f_Y(y) = \begin{cases} 4e^{-4y}, & y > 0, \\ 0, & y \leqslant 0. \end{cases}$$

(5) 求 $E(X), E(Y), D(X), D(Y), \text{Cov}(X,Y)$. 输入和输出语句如下:

In[1]:= f[x_,y_] = 12 E^−(3 x+4 y);

ex = Integrate[x f[x,y],{x,0,+∞},{y,0,+∞}]

ey = Integrate[y f[x,y],{x,0,+∞},{y,0,+∞}]

dx = Integrate[x^2 f[x,y],{x,0,+∞},{y,0,+∞}] − ex^2

dy = Integrate[y^2 f[x,y],{x,0,+∞},{y,0,+∞}] − ey^2

covxy = Integrate[x y f[x,y],{x,0,+∞},{y,0,+∞}] − ex ey

Out[2] = $\dfrac{1}{3}$

Out[3] = $\dfrac{1}{4}$

$\text{Out}[4] = \dfrac{1}{9}$

$\text{Out}[5] = \dfrac{1}{16}$

$\text{Out}[6] = 0$

例 3　（第四节例 1）设 (X, Y) 的分布律为

X ＼ Y	-1	1	2
-1	$\dfrac{5}{20}$	$\dfrac{2}{20}$	$\dfrac{6}{20}$
2	$\dfrac{3}{20}$	$\dfrac{3}{20}$	$\dfrac{1}{20}$

(1) 求 X 的数学期望和方差.

(2) 求 $X + Y$ 的数学期望和方差.

(3) 求 $X - Y$ 的数学期望和方差.

解　输入和输出语句如下：

In[1]: = xi = {−1,2};

　　　　yj = {−1,1,2};

　　　　pij = {{5/20,2/20,6/20},{3/20,3/20,1/20}};

　　　　ex = N[Sum[xi[[i]]　pij[[i,j]],{i,1,2},{j,1,3}]]

　　　　ex2 = N[Sum[xi[[i]]^2　pij[[i,j]],{i,1,2},{j,1,3}]];

　　　　dx = ex2 − ex^2

　　　　exzy = N[Sum[(xi[[i]] + yj[[j]])　pij[[i,j]],{i,1,2},{j,1,3}]]

　　　　exzy2 = N[Sum[(xi[[i]] + yj[[j]])^2

　　　　　pij[[i,j]],{i,1,2},{j,1,3}]];

　　　　dxzy = exzy2 − exzy^2

　　　　exfy = N[Sum[(xi[[i]] − yj[[j]])　pij[[i,j]],{i,1,2},{j,1,3}]]

　　　　exfy2 = N[Sum[(xi[[i]] − yj[[j]])^2

　　　　　pij[[i,j]],{i,1,2},{j,1,3}]];

　　　　dxfy = exfy2 − exfy^2

Out[4] = 0.05

Out[6] = 2.0475

Out[7] = 0.6
Out[9] = 3.24
Out[10] = −0.5
Out[12] = 4.35

习 题 三

1. 设随机变量(X,Y)的联合分布函数为$F(x,y)$,试用$F(x,y)$表示下列概率:

(1)$P\{a \leqslant X \leqslant b, Y \leqslant y\}$.　　　(2)$P\{X = a, Y \leqslant y\}$.

(3)$P\{a < X \leqslant b\}$.　　　(4)$P\{c \leqslant X \leqslant d\}$.

2. 随机变量(X,Y)的联合分布律为

X \ Y	1	2
1	$\frac{1}{8}$	$\frac{4}{8}$
2	$\frac{1}{8}$	$\frac{2}{8}$

试计算:(1)$P\{X+Y > 2\}$.　(2)$P\left\{\dfrac{X}{Y} > 1\right\}$.　(3)$P\{XY \leqslant 3\}$.　(4)$P\{X = Y\}$.

3. 将一枚硬币抛掷三次,以 X 表示在三次中出现正面的次数,以 Y 表示在三次中出现正面次数与出现反面次数之差的绝对值,试写出(X,Y)的联合分布律.

4. 盒子里装有 3 只黑球、2 只红球和 2 只白球,在其中任取 4 只球,以 X 表示取到黑球的只数,以 Y 表示取到红球的只数,求 X 和 Y 的联合分布律.

5. 一整数 n 等可能地在 $1,2,\cdots,10$ 十个值中取一个值. 设 $d = d(n)$ 是能整除 n 的正整数的个数,$F = F(n)$ 是能整除 n 的素数的个数(注:1不是素数).试写出 d 和 F 的联合分布律.

6. 将某医药公司8月份和9月份收到的青霉素针剂的订货单数分别记为 X 和 Y.据以往积累的资料知 X 和 Y 的联合分布律为

X \ Y	51	52	53	54	55
51	0.06	0.05	0.05	0.01	0.01
52	0.07	0.05	0.01	0.01	0.01
53	0.05	0.10	0.10	0.05	0.05
54	0.05	0.02	0.01	0.01	0.03
55	0.05	0.06	0.05	0.01	0.03

（1）求关于 X 和 Y 的边缘分布律.

（2）求 9 月份的订单数为 51 时, 8 月份订单数的条件分布律.

7. 以 X 记某医院一天出生婴儿的个数, 以 Y 记其中男婴的个数, X 和 Y 的联合分布律为

$$P\{X = n, Y = m\} = \frac{\mathrm{e}^{-14}\, 7.14^m\, 6.86^{n-m}}{m!(n-m)!},$$

$$n = 0,1,2,\cdots, m = 0,1,\cdots,n,$$

（1）求关于 X 和 Y 的边缘分布律.

（2）求条件分布律.

（3）特别地, 写出当 $X = 20$ 时, Y 的条件分布律.

8. 设二维离散型随机变量 (X, Y) 的联合分布律为

X \ Y	1	2
0	0.2	0.3
1	0.4	0.1

X 和 Y 是否相互独立, 为什么?

9. 设二维离散型随机变量 (X, Y) 的联合分布律为

X \ Y	1	2	3
1	$\frac{3}{18}$	$\frac{2}{18}$	$\frac{1}{18}$
2	$\frac{6}{18}$	α	β

问 α 与 β 取何值时, X 和 Y 相互独立?

10. 设二维离散型随机变量 (X,Y) 的联合分布律为

Y\X	1	2
0	0.1	0.3
1	0.4	0.2

(1) 求 $U = XY$ 的分布律. (2) 求 $V = \dfrac{X}{Y}$ 的分布律.

11. 设 X 和 Y 是相互独立的随机变量,其分布律分别为

$$P\{X = k\} = p(k), \quad k = 0,1,2,\cdots,$$
$$P\{Y = r\} = q(r), \quad r = 0,1,2,\cdots,$$

试求 $Z = X + Y$ 的分布律.

12. 设二元函数 $f(x,y)$ 定义如下:

$$f(x,y) = \begin{cases} \sin x \cos y, & 0 \leqslant x \leqslant \pi, c \leqslant y \leqslant \dfrac{\pi}{2}, \\ 0, & \text{其他}, \end{cases}$$

问 c 取何值时,$f(x,y)$ 可视为某二维随机变量的联合概率密度?

13. 设二维随机变量 (X,Y) 的联合概率密度为

$$f(x,y) = \begin{cases} 4xy, & 0 < x < 1, 0 < y < 1, \\ 0, & \text{其他}, \end{cases}$$

试求:(1)$P\left\{0 < X < \dfrac{1}{2}, \dfrac{1}{4} < Y < 1\right\}$. (2)$P\{X = Y\}$. (3)$P\{X < Y\}$.

14. 设二维随机变量 (X,Y) 的联合概率密度为

$$f(x,y) = \frac{A}{\pi^2(16 + x^2)(25 + y^2)}, (x,y) \in R^2,$$

求常数 A 及 (X,Y) 的联合分布函数.

15. 设二维随机变量 (X,Y) 的联合概率密度为

$$f(x,y) = \frac{1}{2\pi} e^{-\frac{1}{2}(x^2+y^2)}, \quad (x,y) \in R^2,$$

试计算概率 $P\{-\sqrt{2} < X + Y < 2\sqrt{2}\}$.

16. 设二维随机变量 (X,Y) 的联合概率密度为

$$f(x,y) = \begin{cases} k(6 - x - y), & 0 < x < 2, 2 < y < 4, \\ 0, & \text{其他}. \end{cases}$$

(1) 确定常数 k. (2) 求 $P\{X < 1, Y < 3\}$. (3) 求 $P\{X < 1.5\}$.

(4) 求 $P\{X+Y\leqslant 4\}$.

17. 设二维随机变量 (X,Y) 的联合分布函数为

$$F(x,y) = A\left(B+\arctan\frac{x}{2}\right)\left(C+\arctan\frac{y}{3}\right),(x,y)\in R^2,$$

试求:(1) 常数 A,B,C.　　(2) 关于 X 和 Y 的边缘分布函数.

18. 一个电子部件由两个元件并联而成,即电子部件故障当且仅当两个元件都故障.两个元件的寿命分别为 X 和 Y,联合分布函数为

$$F(x,y) = \begin{cases} 1-e^{-0.01x}-e^{-0.01y}+e^{-0.01(x+y)}, & x\geqslant 0,y\geqslant 0, \\ 0, & \text{其他}, \end{cases}$$

试求:(1)关于 X 和 Y 的边缘分布函数.　　(2)该电子部件能工作120小时以上的概率.

19. 设二维随机变量 (X,Y) 的联合概率密度为

$$f(x,y) = \begin{cases} 1, & |y|<x, 0<x<1, \\ 0, & \text{其他}, \end{cases}$$

试求条件概率 $f_{Y|X}(y\mid x), f_{X|Y}(x\mid y)$.

20. 设 (X,Y) 的联合概率密度为

$$f(x,y) = \begin{cases} 1, & 0\leqslant x\leqslant 2, \max\{0,x-1\}\leqslant y\leqslant \min\{1,x\}, \\ 0, & \text{其他}, \end{cases}$$

试求 $f_{Y|X}(y\mid x)$,并计算 $P\{0<Y<0.5\mid X=0.5\}$ 和 $P\{0<Y<0.5\mid X=1.2\}$.

21. 设二维随机变量 (X,Y) 的联合概率密度为

$$f(x,y) = \begin{cases} \dfrac{1}{3}\sin x, & 0\leqslant x\leqslant \dfrac{\pi}{2}, 0\leqslant y\leqslant 3, \\ 0, & \text{其他}, \end{cases}$$

试求 $f_{Y|X}(y\mid x), f_{X|Y}(x\mid y)$.

22. 设二维随机变量 (X,Y) 服从以 $(0,1),(1,0),(-1,0),(0,-1)$ 为顶点的矩形 I 的均匀分布,问 X 和 Y 是否相互独立?

23. 设 X 和 Y 是相互独立的随机变量,其概率密度分别为

$$f_X(x) = \begin{cases} \lambda e^{-\lambda x}, & x>0, \\ 0, & x\leqslant 0, \end{cases} \qquad f_Y(y) = \begin{cases} \mu e^{-\mu y}, & y>0, \\ 0, & y\leqslant 0, \end{cases}$$

其中常数 $\lambda>0,\mu>0$,引入随机变量

$$Z = \begin{cases} 1, & \text{当 } X\leqslant Y \text{ 时}, \\ 0, & \text{当 } X>Y \text{ 时}, \end{cases}$$

试求：$(1) f_{X|Y}(x \mid y)$. $(2) Z$ 的分布律.

24. 设甲船在 24 小时内随机到达码头，并停留 2 小时，乙船也在 24 小时内随机到达码头，并停留 1 小时，而且甲乙两船到达码头的时间相互独立，试求：(1) 甲船在乙船之前到达的概率 p_1. (2) 两船相遇的概率.

25. 甲乙两人约定在下午 1 时到 2 时之间的任何时刻到某车站乘公共汽车，并且独立到达车站，这段时间内有四班公共汽车，它们开车时刻分别为 1:15,1:30,1:45,2:00,如果他们分别约定：(1) 见车就乘. (2) 最多等一辆车. 试求两种情况下甲乙两人同乘一辆车的概率.

26. 二维随机变量 (X,Y) 的联合概率密度为

$$f(x,y) = \begin{cases} 2(x+y), & 0 \leqslant x \leqslant y \leqslant 1, \\ 0, & \text{其他}, \end{cases}$$

试求 $Z = X + Y$ 的概率密度.

27. 设随机变量 X 和 Y 相互独立，概率密度分别为

$$f_X(x) = \begin{cases} \lambda e^{-\lambda x}, & x > 0, \\ 0, & x \leqslant 0, \end{cases} \qquad f_Y(y) = \begin{cases} \lambda^2 y e^{-\lambda y}, & y > 0, \\ 0, & y \leqslant 0, \end{cases}$$

其中常数 $\lambda > 0$,求 $Z = X + Y$ 的概率密度.

28. 设随机变量 X 和 Y 相互独立，$X \sim N(0,1)$,$Y \sim N(0,1)$,求 $Z = \dfrac{X}{Y}$ 的概率密度.

29. 设 (X,Y) 的联合分布律为

X \ Y	1	2	3
−1	0.2	0.1	0
0	0.1	0	0.3
1	0.1	0.1	0.1

(1) 求 $E(X)$,$E(Y)$. (2) 设 $Z = \dfrac{Y}{X}$,求 $E(Z)$.

(3) 设 $Z = (X - Y)^2$,求 $E(Z)$.

30. 设 (X,Y) 的联合概率密度为

$$f(x,y) = \begin{cases} 12y^2, & 0 \leqslant y \leqslant x \leqslant 1, \\ 0, & \text{其他}, \end{cases}$$

试求 $E(X)$,$E(Y)$,$E(XY)$,$E(X^2 + Y^2)$.

31. 一企业生产的某种设备的寿命 X（以年计）服从指数分布，概率密度

为

$$f(x) = \begin{cases} \dfrac{1}{4}\mathrm{e}^{-\frac{x}{4}}, & x > 0, \\ 0, & x \leqslant 0, \end{cases}$$

企业规定,出售的设备若在售出一年之内损坏可予调换,若工厂售出一台设备盈利 100 元,调换一台设备需花费 300 元,试求企业出售一台设备净盈利的数学期望.

32. 设随机变量 X_1, X_2 的概率密度分别为

$$f_1(x) = \begin{cases} 2\mathrm{e}^{-2x}, & x > 0, \\ 0, & x \leqslant 0, \end{cases} \qquad f_2(x) = \begin{cases} 4\mathrm{e}^{-4x}, & x > 0, \\ 0, & x \leqslant 0. \end{cases}$$

(1) 求 $E(X_1 + X_2)$,$E(2X_1 - 3X_2^2)$.

(2) 设 X_1, X_2 相互独立,求 $E(X_1 X_2)$.

33. 设二维随机变量 (X,Y) 具有联合概率密度

$$f(x,y) = \begin{cases} 1, & |y| < x, 0 < x < 1, \\ 0, & \text{其他}. \end{cases}$$

(1) 求 $E(X)$,$E(Y)$,$\mathrm{Cov}(X,Y)$. (2) 问 X,Y 是否相互独立,为什么?

34. 设二维随机变量 (X,Y) 具有联合概率密度

$$f(x,y) = \begin{cases} \dfrac{1}{8}(x+y), & 0 \leqslant x \leqslant 2, 0 \leqslant y \leqslant 2, \\ 0, & \text{其他}, \end{cases}$$

试求 $E(X)$,$E(Y)$,$\mathrm{Cov}(X,Y)$,ρ_{XY},$D(X+Y)$.

35. 已知 $E(X)=E(Y)=1$,$E(Z)=-1$,$D(X)=D(Y)=D(Z)=1$,$\rho_{XY}=0$,$\rho_{XZ}=\dfrac{1}{2}$,$\rho_{YZ}=-\dfrac{1}{4}$,试求 $E(X+Y+Z)$,$D(X+Y+Z)$.

36. 设 $(X,Y) \sim N(0,0,10,10,0)$,计算概率 $P\{X < Y\}$.

37. 设 $(X,Y) \sim N(0,0,1,1,0)$,求 $P\{X^2+Y^2 < r\}$,其中常数 $r > 0$.

第四章　　大数定律和中心极限定理

概率论与数理统计的研究对象是随机现象及其统计规律性,这种规律性只有在大量重复试验之后才能呈现出来,因此,概率的法则总是在对大量随机现象观测后才能总结和体现出来.而研究大量的随机现象,在数学上是用极限来表现.极限理论是概率论的主要内容之一,其中最重要的就是大数定律与中心极限定理.

第一节　　大数定律

为了证明大数定律,我们首先介绍 2 个不等式.

定理 1　设 X 是只取非负值的随机变量,且其数学期望 $E(X)$ 存在,则对于任意正数 ε,

$$P\{X \geqslant \varepsilon\} \leqslant \frac{E(X)}{\varepsilon}.$$

上式称为**马尔可夫(Markov) 不等式**. 我们仅就 X 是连续型随机变量的情形给出定理 1 的证明.

证　设 X 的概率密度为 $f(x)$,注意到当 $x < 0$ 时 $f(x) = 0$,我们有

$$
\begin{aligned}
E(X) &= \int_{-\infty}^{+\infty} xf(x)\mathrm{d}x = \int_{0}^{+\infty} xf(x)\mathrm{d}x \\
&= \int_{0}^{\varepsilon} xf(x)\mathrm{d}x + \int_{\varepsilon}^{+\infty} xf(x)\mathrm{d}x \\
&\geqslant \int_{\varepsilon}^{+\infty} xf(x)\mathrm{d}x \geqslant \int_{\varepsilon}^{+\infty} \varepsilon f(x)\mathrm{d}x \\
&= \varepsilon \int_{\varepsilon}^{+\infty} f(x)\mathrm{d}x = \varepsilon P\{X \geqslant \varepsilon\},
\end{aligned}
$$

即

$$P\{X \geqslant \varepsilon\} \leqslant \frac{E(X)}{\varepsilon}.$$

由马尔可夫不等式可以证明:

定理 2 设随机变量 X 的数学期望 $E(X)$ 和方差 $D(X)$ 都存在，则对于任意正数 ε，

$$P\{|X - E(X)| \geqslant \varepsilon\} \leqslant \frac{D(X)}{\varepsilon^2},$$

或

$$P\{|X - E(X)| < \varepsilon\} \geqslant 1 - \frac{D(X)}{\varepsilon^2}.$$

上述 2 式显然等价，称为切比雪夫(Chebyshev)不等式.

证 由马尔可夫不等式，

$$P\{|X - E(X)| \geqslant \varepsilon\} = P\{[X - E(X)]^2 \geqslant \varepsilon^2\}$$
$$\leqslant \frac{E\{[X - E(X)]^2\}}{\varepsilon^2} = \frac{D(X)}{\varepsilon^2}.$$

如果我们不知道随机变量 X 的分布，但是知道 X 的数学期望 $E(X)$ 和方差 $D(X)$，就可以利用切比雪夫不等式，对概率 $P\{|X - E(X)| \geqslant \varepsilon\}$ 的上界（或 $P\{|X - E(X)| < \varepsilon\}$ 的下界）进行估计.

例 1 已知正常男性成人血液中，每一毫升白细胞数均值是 7300，均方差是 700. 利用切比雪夫不等式估计每毫升白细胞数在 5200 ~ 9400 之间的概率.

解 设每毫升白细胞数为 X，依题意可知，

$$E(X) = 7300, \quad D(X) = 700^2,$$

利用切比雪夫不等式，可得所求概率

$$P\{5200 \leqslant X \leqslant 9400\} = P\{5200 - 7300 \leqslant X - 7300 \leqslant 9400 - 7300\}$$
$$= P\{-2100 \leqslant X - 7300 \leqslant 2100\}$$
$$= P\{|X - 7300| \leqslant 2100\} = P\{|X - E(X)| \leqslant 2100\}$$
$$\geqslant 1 - \frac{D(X)}{2100^2} = 1 - \frac{700^2}{2100^2} = \frac{8}{9},$$

即每毫升白细胞数在 5200 ~ 9400 之间的概率不小于 $\frac{8}{9}$.

例 2 试用切比雪夫不等式估计，抛一枚均匀硬币，至少需抛多少次才能保证正面出现的频率在 0.4 ~ 0.6 之间的概率不小于 0.9.

解 设需抛硬币 n 次，用 X 表示抛 n 次硬币出现正面的次数，显然

$$X \sim B(n, 0.5), \quad E(X) = 0.5n, \quad D(X) = 0.25n,$$

正面出现的频率在 0.4 ~ 0.6 之间的概率

$$P\left\{0.4 \leqslant \frac{X}{n} \leqslant 0.6\right\} = P\{0.4n \leqslant X \leqslant 0.6n\}$$

$$= P\{0.4n - 0.5n \leqslant X - 0.5n \leqslant 0.6n - 0.5n\}$$

$$= P\{|X - 0.5n| \leqslant 0.1n\} \geqslant 1 - \frac{0.25n}{0.01n^2} = 1 - \frac{25}{n},$$

令

$$1 - \frac{25}{n} \geqslant 0.9,$$

解得 $n \geqslant 250$，即至少需抛硬币 250 次.

为了满足实际需要，随机变量的极限有很多定义，我们给出常用的随机变量序列**依概率收敛**的概念.

定义 1　设 $\{X_n\}$ 是随机变量序列，a 为常数，如果对于任意正数 ε,

$$\lim_{n \to \infty} P\{|X_n - a| < \varepsilon\} = 1,$$

则称 $\{X_n\}$ 当 $n \to \infty$ 时依概率收敛于 a，记为 $X_n \xrightarrow{P} a$.

例如，设

$$X_n \sim U\left(-\frac{1}{n}, \frac{1}{n}\right), \quad n = 1, 2, \cdots,$$

显然，对于任意正数 ε,

$$\lim_{n \to \infty} P\{|X_n - 0| < \varepsilon\} = 1,$$

由定义 1 可知，$\{X_n\}$ 当 $n \to \infty$ 时依概率收敛于 0，即 $X_n \xrightarrow{P} 0$.

下面给出**切比雪夫大数定律**：

定理 3　设随机变量序列 $X_1, X_2, \cdots$ 相互独立，$X_i (i = 1, 2, \cdots)$ 的数学期望 $E(X_i) = \mu_i$，方差 $D(X_i) = \sigma_i^2$，且 $\sigma_i^2 \leqslant a$，其中 a 是与 i 无关的常数，则

$$\frac{1}{n} \sum_{i=1}^{n} X_i \xrightarrow{P} \frac{1}{n} \sum_{i=1}^{n} \mu_i,$$

即对于任意正数 ε,

$$\lim_{n \to \infty} P\left\{\left|\frac{1}{n} \sum_{i=1}^{n} X_i - \frac{1}{n} \sum_{i=1}^{n} \mu_i\right| < \varepsilon\right\} = 1.$$

证　因为 $X_1, X_2, \cdots$ 相互独立，所以

$$E\left(\frac{1}{n} \sum_{i=1}^{n} X_i\right) = \frac{1}{n} \sum_{i=1}^{n} \mu_i, \quad D\left(\frac{1}{n} \sum_{i=1}^{n} X_i\right) = \frac{1}{n^2} \sum_{i=1}^{n} \sigma_i^2 \leqslant \frac{1}{n^2} \sum_{i=1}^{n} a = \frac{a}{n},$$

由切比雪夫不等式可知

$$1 \geqslant P\left\{\left|\frac{1}{n} \sum_{i=1}^{n} X_i - \frac{1}{n} \sum_{i=1}^{n} \mu_i\right| < \varepsilon\right\} \geqslant 1 - \frac{D\left(\frac{1}{n} \sum_{i=1}^{n} X_i\right)}{\varepsilon^2} \geqslant 1 - \frac{a}{n\varepsilon^2},$$

注意到

$$\lim_{n \to \infty} 1 = 1, \quad \lim_{n \to \infty} \left(1 - \frac{a}{n\varepsilon^2}\right) = 1,$$

根据数列极限的夹逼准则，

$$\lim_{n \to \infty} P\left\{ \left| \frac{1}{n} \sum_{i=1}^{n} X_i - \frac{1}{n} \sum_{i=1}^{n} \mu_i \right| < \varepsilon \right\} = 1.$$

例3   设随机变量序列 $X_1, X_2, \cdots$ 相互独立，$X_i (i=1,2,\cdots)$ 的分布律为

X_i	$-ci$	0	ci
P	$\frac{1}{2i^2}$	$1 - \frac{1}{i^2}$	$\frac{1}{2i^2}$

其中 c 为大于 0 的常数，证明

$$\frac{1}{n} \sum_{i=1}^{n} X_i \xrightarrow{P} 0.$$

证   因为随机变量 $X_1, X_2, \cdots$ 相互独立，且

$$E(X_i) = -ci \cdot \frac{1}{2i^2} + 0 \times \left(1 - \frac{1}{i^2}\right) + ci \cdot \frac{1}{2i^2} = 0,$$

$$D(X_i) = (-ci)^2 \cdot \frac{1}{2i^2} + 0^2 \times \left(1 - \frac{1}{i^2}\right) + (ci)^2 \cdot \frac{1}{2i^2} - 0 = c^2,$$

所以 $X_1, X_2, \cdots$ 满足切比雪夫大数定律的条件，注意到

$$\frac{1}{n} \sum_{i=1}^{n} E(X_i) = 0,$$

由切比雪夫大数定律可知

$$\frac{1}{n} \sum_{i=1}^{n} X_i \xrightarrow{P} 0.$$

利用切比雪夫大数定律可以证明**独立同分布的大数定律**：

定理4   设随机变量序列 $X_1, X_2, \cdots$ 相互独立且服从同一分布，$X_i (i = 1, 2, \cdots)$ 的数学期望 $E(X_i) = \mu$，方差 $D(X_i) = \sigma$，则

$$\frac{1}{n} \sum_{i=1}^{n} X_i \xrightarrow{P} \mu,$$

即对于任意正数 ε，

$$\lim_{n \to \infty} P\left\{ \left| \frac{1}{n} \sum_{i=1}^{n} X_i - \mu \right| < \varepsilon \right\} = 1.$$

证   因为随机变量 $X_1, X_2, \cdots$ 相互独立，且

$$E(X_i) = \mu, \quad D(X_i) = \sigma^2, \quad i = 1, 2, \cdots,$$

所以 $X_1, X_2, \cdots$ 满足切比雪夫大数定律的条件, 注意到

$$\frac{1}{n} \sum_{i=1}^{n} E(X_i) = \frac{1}{n} \sum_{i=1}^{n} \mu = \mu,$$

由切比雪夫大数定律可知

$$\frac{1}{n} \sum_{i=1}^{n} X_i \xrightarrow{P} \mu.$$

例 4 设随机变量序列 $X_1, X_2, \cdots$ 相互独立, 且 $X_i \sim U(0,1)(i = 1, 2, \cdots)$, 试求极限

$$\lim_{n \to \infty} P\left\{ \left| \frac{1}{n} \sum_{i=1}^{n} X_i - \frac{1}{2} \right| \geqslant 0.01 \right\}.$$

解 因为随机变量 $X_1, X_2, \cdots$ 相互独立, 且

$$E(X_i) = \frac{1}{2}, \quad D(X_i) = \frac{1}{12}, \quad i = 1, 2, \cdots,$$

所以 $X_1, X_2, \cdots$ 满足独立同分布的大数定律的条件, 所以

$$\lim_{n \to \infty} P\left\{ \left| \frac{1}{n} \sum_{i=1}^{n} X_i - \frac{1}{2} \right| \geqslant 0.01 \right\} = \lim_{n \to \infty} \left(1 - P\left\{ \left| \frac{1}{n} \sum_{i=1}^{n} X_i - \frac{1}{2} \right| < 0.01 \right\} \right)$$
$$= 1 - 1 = 0.$$

利用独立同分布的大数定律, 可以证明**伯努利大数定律**:

定理 5 设 n 重伯努利试验中事件 A 发生的次数为 n_A, 在每次试验中 A 发生的概率为 $p(0 < p < 1)$, 则 $\dfrac{n_A}{n} \xrightarrow{P} p$, 即对于任意正数 ε,

$$\lim_{n \to \infty} P\left\{ \left| \frac{n_A}{n} - p \right| < \varepsilon \right\} = 1.$$

证 引入随机变量

$$X_i = \begin{cases} 1, & \text{在第 } i \text{ 次试验中 } A \text{ 发生}, \\ 0, & \text{在第 } i \text{ 次试验中 } A \text{ 不发生}, \end{cases} \quad i = 1, 2, \cdots,$$

则随机变量序列 $X_1, X_2, \cdots$ 相互独立, 且 $X_i \sim B(1, p), i = 1, 2, \cdots$, 因此

$$E(X_i) = p, \quad D(X_i) = p(1-p), \quad i = 1, 2, \cdots$$

即 $X_1, X_2, \cdots$ 满足独立同分布的大数定律的条件, 注意到

$$n_A = \sum_{i=1}^{n} X_i, \quad \frac{n_A}{n} = \frac{1}{n} \sum_{i=1}^{n} X_i,$$

由独立同分布的大数定律, $\dfrac{n_A}{n} \xrightarrow{P} p$.

伯努利大数定律表明,事件 A 发生的频率 $\dfrac{n_A}{n}$ 依概率收敛于 p,以严格的数学形式刻画了频率的稳定性:对于任意小的正数 ε(无论它多么小),

$$P\left\{\left|\frac{n_A}{n}-p\right|<\varepsilon\right\}\to 1(n\to\infty),$$

即当试验次数充分大时,频率 $\dfrac{n_A}{n}$ 几乎一定取值于 $p-\varepsilon$ 与 $p+\varepsilon$ 之间. 因此,当试验次数很大时,可以用事件发生的频率作为事件发生概率的近似值.

定理 6 设随机变量序列 $X_1,X_2,\cdots$ 相互独立且服从同一分布,$X_i(i=1,2,\cdots)$ 的数学期望 $E(X_i)=\mu$,则

$$\frac{1}{n}\sum_{i=1}^{n}X_i\xrightarrow{\;P\;}\mu,$$

即对于任意正数 ε,

$$\lim_{n\to\infty}P\left\{\left|\frac{1}{n}\sum_{i=1}^{n}X_i-\mu\right|<\varepsilon\right\}=1.$$

证明从略.

定理 6 称为**辛钦大数定律**,与定理 4 相比,它去掉了“方差 $D(X_i)=\sigma$”这一条件,即不要求 $X_i(i=1,2,\cdots)$ 的方差存在,从而使其应用更加广泛.

例 5 设 $X_1,X_2,\cdots$ 是相互独立的随机变量序列,且 $X_i\sim P(\lambda),i=1,2,\cdots$,问是否存在常数 c,使 $\dfrac{1}{n}\sum_{i=1}^{n}X_i^2\xrightarrow{\;P\;}c$?如果存在,求 c 的值.

解 因为 $X_1,X_2,\cdots$ 是相互独立且服从同一分布的随机变量序列,所以 $X_1^2,X_2^2,\cdots$ 也是相互独立且服从同一分布的随机变量序列,且

$$E(X_i^2)=D(X_i)+[E(X_i)]^2=\lambda+\lambda^2,\quad i=1,2,\cdots,$$

由辛钦大数定律可知,存在常数 $c=\lambda+\lambda^2$,使

$$\frac{1}{n}\sum_{i=1}^{n}X_i^2\xrightarrow{\;P\;}\lambda+\lambda^2.$$

进一步可以证明:如果随机变量序列 $X_1,X_2,\cdots$ 相互独立且服从同一分布,$X_i(i=1,2,\cdots)$ 的 $k(k=1,2,\cdots,m)$ 阶矩 $E(X_i^k)=\mu_k$,则 $\dfrac{1}{n}\sum_{i=1}^{n}X_i^k\xrightarrow{\;P\;}\mu_k$.

第二节   中心极限定理

在自然界和社会生活中,有很多这样的随机变量,它是许多相互独立的随

机变量之和,且其中每个随机变量对总和的影响都很小,这样的随机变量往往服从或近似服从正态分布.中心极限定理以极限分布的形式刻画了这一规律.

我们首先介绍**林德伯格 — 勒维(Lindeberg-levy) 中心极限定理**:

定理 1 设随机变量序列 $X_1, X_2, \cdots$ 相互独立且服从同一分布,$X_i(i = 1, 2, \cdots)$ 的数学期望 $E(X_i) = \mu$,方差 $D(X_i) = \sigma^2 > 0$,则对于任意 x,

$$\lim_{n \to \infty} P\left\{ \frac{\sum\limits_{i=1}^{n} X_i - n\mu}{\sqrt{n}\sigma} \leqslant x \right\} = \int_{-\infty}^{x} \frac{1}{\sqrt{2\pi}} e^{-\frac{t^2}{2}} dt.$$

证明从略.

林德伯格 — 勒维中心极限定理也称为**独立同分布的中心极限定理**,说明当 n 很大时,只要随机变量 $X_1, X_2, \cdots, X_n$ 相互独立且服从同一分布,$X_i(i = 1, 2, \cdots, n)$ 存在数学期望 $E(X_i) = \mu$ 和方差 $D(X_i) = \sigma^2 > 0$,则 $\sum\limits_{i=1}^{n} X_i$ 近似服从正态分布 $N(n\mu, n\sigma^2)$,$\dfrac{\sum\limits_{i=1}^{n} X_i - n\mu}{\sqrt{n}\sigma}$ 近似服从标准正态分布.

例 1 设有 40 个相同的电子元件 $A_1, A_2, \cdots, A_{40}$,它们的使用情况如下:首先使用 A_1,A_1 故障后立即使用 A_2,A_2 故障后立即使用 A_3…… 最后使用 A_{40}.设 $A_i(i = 1, 2, \cdots, 40)$ 的寿命为 X_i,$E(X_i) = 10$,$D(X_i) = 10$,且 $X_1, X_2, \cdots, X_{40}$ 相互独立,试利用中心极限定理求总寿命 $X = \sum\limits_{i=1}^{40} X_i$ 介于 380 到 460 之间的概率.

解 由定理 1 可知,

$$\frac{\sum\limits_{i=1}^{n} X_i - n\mu}{\sqrt{n}\sigma} = \frac{\sum\limits_{i=1}^{40} X_i - 40 \times 10}{\sqrt{40 \times 10}}$$

近似服从标准正态分布,故所求概率

$$P\{380 < X < 460\}$$

$$= P\left\{ \frac{380 - 40 \times 10}{\sqrt{40 \times 10}} < \frac{\sum\limits_{i=1}^{40} X_i - 40 \times 10}{\sqrt{40 \times 10}} < \frac{460 - 40 \times 10}{\sqrt{40 \times 10}} \right\}$$

$$= P\left\{ -1 < \frac{\sum\limits_{i=1}^{40} X_i - 40 \times 10}{\sqrt{40 \times 10}} < 3 \right\} \approx \Phi(3) - \Phi(-1) = 0.8399.$$

例 2 一商场有三种智能手机出售,价格分别为 1(千元),1.2(千元),1.5(千元),售出比例分别为 30%,20%,50%,如果商场售出 300 只手机,试利用独立同分布的中心极限定理计算销售收入为 $350 \sim 400$(千元)的概率

解 (1)售出的第 i 只手机的价格记为 $X_i(i = 1,2,\cdots,300)$,其分布律为

X_i	1	1.2	1.5
P	0.3	0.2	0.5

容易得到

$$E(X_i) = 1 \times 0.3 + 1.2 \times 0.2 + 1.5 \times 0.5 = 1.29,$$

$$D(X_i) = 1^2 \times 0.3 + 1.2^2 \times 0.2 + 1.5^2 \times 0.5 - 1.29^2 = 0.0489,$$

由独立同分布的中心极限定理,销售收入为 $350 \sim 400$(千元)的概率

$$P\left\{350 \leqslant \sum_{i=1}^{300} X_i \leqslant 400\right\}$$

$$= P\left\{\frac{350 - 300 \times 1.29}{\sqrt{300 \times 0.0489}} \leqslant \frac{\sum_{i=1}^{300} X_i - 300 \times 1.29}{\sqrt{300 \times 0.0489}} \leqslant \frac{400 - 300 \times 1.29}{\sqrt{300 \times 0.0489}}\right\}$$

$$\approx P\left\{-1.83 \leqslant \frac{\sum_{i=1}^{300} X_i - 300 \times 1.29}{\sqrt{300 \times 0.0489}} \leqslant 3.39\right\}$$

$$\approx \Phi(3.39) - \Phi(-1.83) = \Phi(3.39) + \Phi(1.83) - 1$$

$$= 0.9997 + 0.9664 - 1 = 0.9661.$$

下面介绍独立同分布的中心极限定理的一种特殊情况.

定理 2 设随机变量 $Y_n \sim B(n,p)$,$n = 1,2,\cdots$,则对于任意实数 x,

$$\lim_{n \to \infty} P\left\{\frac{Y_n - np}{\sqrt{np(1-p)}} \leqslant x\right\} = \int_{-\infty}^{x} \frac{1}{\sqrt{2\pi}} e^{-\frac{t^2}{2}} dt.$$

证 对于 $n(n = 1,2,\cdots)$ 重伯努利试验,引入随机变量

$$X_i = \begin{cases} 1, & \text{在第 } i \text{ 次试验中 } A \text{ 发生,} \\ 0, & \text{在第 } i \text{ 次试验中 } A \text{ 不发生,} \end{cases} \quad i = 1,2,\cdots,$$

则随机变量序列 $X_1, X_2, \cdots$ 相互独立,且 $X_i \sim B(1,p)$,从而

$$E(X_i) = p, \quad D(X_i) = p(1-p) > 0,$$

即 $X_1, X_2, \cdots$ 满足独立同分布的中心极限定理的条件,且

$$Y_n = \sum_{i=1}^{n} X_i \sim B(n,p), \quad n = 1,2,\cdots,$$

因此,对于任意实数 x,

$$\lim_{n \to \infty} P\left\{\frac{Y_n - np}{\sqrt{np(1-p)}} \leqslant x\right\} = \int_{-\infty}^{x} \frac{1}{\sqrt{2\pi}} e^{-\frac{t^2}{2}} dt.$$

定理 2 称为**棣莫佛 — 拉普拉斯(De moivre-Laplace) 中心极限定理**,说明当 n 很大时,如果 $X \sim B(n,p)$,则近似地成立

$$\frac{X - np}{\sqrt{np(1-p)}} \sim N(0,1),$$

即对于任意实数 a,b,

$$P\left\{a < \frac{X - np}{\sqrt{np(1-p)}} \leqslant b\right\} \approx \Phi(b) - \Phi(a).$$

请读者注意,上式的使用条件是"n 很大",大量的使用经验表明,要求 $n > \dfrac{9}{p(1-p)}$.

例 3 一商场有三种智能手机出售,价格分别为 1(千元),1.2(千元),1.5(千元),售出比例分别为 30%,20%,50%,如果商场售出 300 只手机,试利用棣莫佛 — 拉普拉斯中心极限定理计算:售出价格为 1.2(千元)的手机数多于 50 只的概率.

解 用 X 表示售出的 300 只手机中价格为 1.2(千元)的手机数,显然 $X \sim B(300,0.2)$,注意到

$$n = 300 > \frac{9}{p(1-p)} = \frac{9}{0.2 \times 0.8} = 56.25,$$

可以利用棣莫佛 — 拉普拉斯中心极限定理计算所求概率:

$$P\{50 < X \leqslant 300\}$$

$$= P\left\{\frac{50 - 300 \times 0.2}{\sqrt{300 \times 0.2 \times 0.8}} < \frac{X - 300 \times 0.2}{\sqrt{300 \times 0.2 \times 0.8}} \leqslant \frac{300 - 300 \times 0.2}{\sqrt{300 \times 0.2 \times 0.8}}\right\}$$

$$\approx P\left\{-1.44 < \frac{X - 300 \times 0.2}{\sqrt{300 \times 0.2 \times 0.8}} \leqslant 34.64\right\}$$

$$\approx \Phi(34.64) - \Phi(-1.44) = \Phi(34.64) + \Phi(1.44) - 1$$

$$\approx \Phi(1.44) = 0.9251.$$

林德伯格 — 勒维中心极限定理要求随机变量序列是同分布的,下面介绍的**李雅普诺夫中心极限定理**,对于非同分布的情况也给出了相应的结果:

定理 3 设随机变量序列 $X_1, X_2, \cdots$ 相互独立, $X_i(i = 1, 2, \cdots)$ 的数学期望 $E(X_i) = \mu_i$,方差 $D(X_i) = \sigma_i^2 > 0$. 如果每个 $X_i(i = 1, 2, \cdots, n)$ 对 $\sum\limits_{i=1}^{n} X_i$

的影响都不特别显著,则对于任意 x,

$$\lim_{n \to \infty} P\left\{ \frac{\sum\limits_{i=1}^{n}(X_i - \mu_i)}{\sqrt{\sum\limits_{i=1}^{n}\sigma_i^2}} \leqslant x \right\} = \int_{-\infty}^{x} \frac{1}{\sqrt{2\pi}} e^{-\frac{t^2}{2}} \, dt.$$

证明从略.

李雅普诺夫中心极限定理说明,如果某个随机变量是很多相互独立的随机变量的和,且其中任何一个随机变量对其影响都不特别显著,则这个随机变量近似服从正态分布.由于这种情况很普遍,所以正态分布成为概率论与数理统计中最重要的分布.

第三节　Mathematica 的应用

利用中心极限定理或其他方法计算概率的近似值,是传统的重要方法.但是,随着计算机技术和数学软件的迅速发展,人们的计算能力大大提高,过去需要查表计算近似值,现在可以直接计算精确值了,下面举一个例子.

例 1　设有一批种子,其中良种占 $\frac{1}{6}$.试利用 Mathematica 计算(或估计)在任选的 6000 粒种子中,良种所占比例与 $\frac{1}{6}$ 比较上下小于 1% 的概率 p,要求:

(1) 利用切比雪夫不等式估计 p 的下限.

(2) 利用泊松定理计算 p 的近似值.

(3) 利用棣莫佛 — 拉普拉斯中心极限定理计算 p 的近似值.

(4) 计算 p 的精确值(保留 6 位有效数字).

解　用 X 表示 6000 粒种子中的良种数,由题意,$X \sim B\left(6000, \frac{1}{6}\right)$,从而 $E(X) = 1000, D(X) = \frac{2500}{3}$.

(1) 注意到

$$E\left(\frac{X}{6000}\right) = \frac{E(X)}{6000} = \frac{1}{6}, \quad D\left(\frac{X}{6000}\right) = \frac{D(X)}{6000^2} = \frac{2500}{3 \times 6000^2},$$

由切比雪夫不等式,

$$p = P\left\{\left|\frac{X}{6000} - \frac{1}{6}\right| < 0.01\right\} \geqslant 1 - \frac{2500}{0.01^2 \times 3 \times 6000^2},$$

利用 Mathematica 计算上述概率,输入和输出语句为:

$$\text{In}[1]: = 1 - 2500/(0.01^2\ 36000^2)$$

$$\text{Out}[1] = 0.768519$$

故利用切比雪夫不等式进行估计,概率 p 的下限为 0.768519,即 $p \geqslant 0.768519$.

(2)注意到

$$\lambda = np = 6000 \times \frac{1}{6} = 1000,$$

X 近似服从参数为 1000 的泊松分布,

$$p = P\left\{\left|\frac{X}{6000} - \frac{1}{6}\right| < 0.01\right\} = P\{|X - 1000| < 60\}$$

$$= P\{940 < X < 1060\} = P\{940 < X \leqslant 1059\},$$

利用 Mathematica 计算上述概率的近似值,输入和输出语句为:

$$\text{In}[1]: = <<\text{Statistics`DiscreteDistributions`}$$

$$\text{bdist} = \text{PoissonDistribution}[1000];$$

$$\text{p} = \text{N}[\text{CDF}[\text{bdist}, 1059] - \text{CDF}[\text{bdist}, 940]]$$

$$\text{Out}[3] = 0.940136$$

即利用泊松定理计算时,$p \approx 0.940136$.

(3)根据棣莫佛—拉普拉斯中心极限定理,

$$p = P\left\{\left|\frac{X}{6000} - \frac{1}{6}\right| < 0.01\right\} = P\{940 < X \leqslant 1059\}$$

$$= P\left\{\frac{940 - 1000}{\sqrt{2500/3}} < \frac{X - 1000}{\sqrt{2500/3}} \leqslant \frac{1059 - 1000}{\sqrt{2500/3}}\right\}$$

$$\approx \Phi\left\{\frac{1059 - 1000}{\sqrt{2500/3}}\right\} - \Phi\left\{\frac{940 - 1000}{\sqrt{2500/3}}\right\},$$

利用 Mathematica 计算上述概率的近似值,输入和输出语句为:

$$\text{In}[1]: = <<\text{Statistics`NormalDistribution`}$$

$$\text{ndist} = \text{NormalDistribution}[0, 1];$$

$$\text{p} = \text{N}[\text{CDF}[\text{ndist}, (1059 - 1000)/(2500/3)\text{^}(1/2)]$$

$$- \text{CDF}[\text{ndist}, (940 - 1000)/(2500/3)\text{^}(1/2)]]$$

$$\text{Out}[3] = 0.960681$$

即利用棣莫佛—拉普拉斯中心极限定理计算时,$p \approx 0.960681$.

（4）因为

$$X \sim B\left(6000, \frac{1}{6}\right),$$

所以可以利用 Mathematica 计算

$$p = P\left\{\left|\frac{X}{6000} - \frac{1}{6}\right| < 0.01\right\} = P\{940 < X \leqslant 1059\}$$

的精确值（保留 6 位有效数字），输入和输出语句为：

In[1]：= <<Statistics`DiscreteDistributions`

bdist = BinomialDistribution[6000,1/6];

p = N[CDF[bdist,1059] − CDF[bdist,940]]

Out[3] = 0.960732

即 $p = 0.960732$.

读者不妨比较各近似值的误差.

习 题 四

1. 设在伯努利试验中，事件 A 每次发生的概率 $p(p > 0)$ 很小，试证明 A 迟早会发生的概率为 1.

2. 若相互独立的随机变量 $X_1, X_2, \cdots, X_{100}$ 都服从区间（0,6）的均匀分布，设 $Y = \sum_{k=1}^{100} X_k$，利用切比雪夫不等式估计概率 $P\{260 < Y < 340\}$.

3. 某企业生产的一批产品的次品率为 1%，从中任取 2000 件，试利用中心极限定理计算：（1）抽取次品数在 15 至 25 件之间的概率.（2）至少抽得 10 件次品的概率.

4. 设某系统由 100 个相互独立的部件组成，每个部件损坏的概率为 0.1，必须有 85 个以上的部件工作，才能使系统工作.试利用中心极限定理求系统工作的概率.

5. 某企业有 200 台车床，假设各台车床开车或停车是相互独立的，若每台车床的开工率均为 0.6，开工需要电力 1 千瓦，问至少需要供给多少电力，才能以 99.9% 以上的概率保证不会因为供电不足而影响生产？

第五章　数理统计的基本概念

本书前四章介绍了概率论,从本章开始,我们学习数理统计.数理统计作为一门学科诞生于 19 世纪末 20 世纪初,是应用性很强的一个数学分支,研究怎样收集、整理和分析随机数据,对所考察的问题做出推断和预测,为采取决策和行动提供依据和建议.概率论与数理统计是并列的两个学科,并无从属关系,但是,人们通常把概率论看成数理统计的基础,把数理统计看成概率论的应用.

第一节　总体与样本

一、总体与样本的概念

在数理统计中,我们把研究对象的全体称为**总体**,把总体的每个元素称为**个体**.

例 1　某企业某天生产的信号灯的全体是一个总体,其中每一个信号灯都是一个个体.

例 2　某大学某专业二年级的全体学生也是一个总体,其中每一个学生都是一个个体.

总体中包含的个体的个数称为总体的**容量**,如果总体的容量是有限数,我们称这个总体是**有限总体**;如果总体的容量是无限的,我们称这个总体是**无限总体**.当有限总体包含的个体总数很大时,可近似地将它看成是无限总体,例如,研究海洋的某种常见微生物,可以将其看成无限总体.本书只讨论无限总体.

在实际中,人们关心的往往是总体中个体的某个数量指标 X,例如,在例 1 中,我们关心的是信号灯的寿命,在例 2 中,我们关心的是学生的学习成绩.在总体中随机取一个个体,观察其数量指标 X,这是一个随机试验,在试验之前不能确定 X 取何值,但是其取值有统计规律性,因此,X 是一个随机变量,我

们把 X 也称为总体,把 X 的分布函数称为总体的分布函数.下文中的"总体",通常是指随机变量 X.

　　总体的分布是客观存在的,但一般是未知的.要了解总体的分布有两种方法,一种是对每个个体进行观测,但是这种方法往往并不现实,例如,我们想知道某型手机的寿命,就要对每一只手机进行寿命试验,但是,寿命试验往往是破坏性的,当我们获得所有手机的寿命数据时,这型手机也全部报废了.另外,寿命试验费时较长,也许试验还没有完成,产品已经过时了.至于无限总体,对每个个体进行观察更是毫无可能了.退一步讲,即使是有限总体,试验不是破坏性的,试验费时也不很长,但考虑到节省资源,也很少采用对每个个体进行观测的方法.人们经常采用的是另外一种方法——从总体中按一定规则抽取一部分个体进行观测,记录其数据,然后根据这一部分个体的数据来推断总体分布的性质.

　　按一定规则从总体中抽取 n 个个体进行观测,以获得有关总体的信息,这一抽取过程称为**抽样**.因为对任何一个个体进行观测之前,并不知道会出现什么结果,因此,观测结果是一个随机变量,将 n 次观测结果按试验顺序依次记为 $X_1, X_2, \cdots, X_n$,我们称 $X_1, X_2, \cdots, X_n$ 为总体 X 的**样本**.当 n 次观测完成之后,就得到样本 $X_1, X_2, \cdots, X_n$ 的观测结果 $x_1, x_2, \cdots, x_n$,我们称 $x_1, x_2, \cdots, x_n$ 为**样本值**.

　　抽取样本的目的是对总体进行推断,为了保证推断正确,一般要求样本具有下列性质:

　　(1)代表性:$X_1, X_2, \cdots, X_n$ 都与总体 X 具有相同的分布.

　　(2)独立性:$X_1, X_2, \cdots, X_n$ 是相互独立的随机变量.

　　综上所述,人们总结和抽象出下述定义:

　　定义 1　设随机变量 X 具有分布函数 $F(x)$,如果 $X_1, X_2, \cdots, X_n$ 相互独立且具有同一分布函数 $F(x)$,则称 X 为总体,称 $X_1, X_2, \cdots, X_n$ 为总体 X(或总体 $F(x)$)的简单随机样本,简称样本,样本的观测值 $x_1, x_2, \cdots, x_n$ 称为样本值,样本中包含的个体数目 n 称为样本容量.

　　根据上述定义,总体 X 的样本可以看成 n 维随机变量 $(X_1, X_2, \cdots, X_n)$,其联合分布函数

$$F(x_1, x_2, \cdots, x_n) = F(x_1)F(x_2)\cdots F(x_n).$$

如果总体 X 为连续型随机变量,概率密度为 $f(x)$,则样本 $X_1, X_2, \cdots, X_n$ 的联合概率密度为

$$f(x_1, x_2, \cdots, x_n) = f(x_1)f(x_2)\cdots f(x_n) = \prod_{i=1}^{n} f(x_i);$$

如果总体 X 为离散型随机变量,分布律为 $P\{X = x_i\} = p_i, i = 1, 2, \cdots$,则样本 $X_1, X_2, \cdots, X_n$ 的联合分布律为

$$P\{X_1 = x_1, X_2 = x_2, \cdots, X_n = x_n\} = \prod_{i=1}^{n} P\{X_i = x_i\} = \prod_{i=1}^{n} p_i.$$

例 3　某型电子元件的寿命服从参数为 λ 的指数分布,现从一批元件中抽样,得到容量为 100 的样本 $X_1, X_2, \cdots, X_{100}$,试求样本的联合概率密度.

解　因为总体 $X \sim E(\lambda)$,概率密度为

$$f(x) = \begin{cases} \lambda e^{-\lambda x}, & x > 0, \\ 0, & x \leqslant 0, \end{cases}$$

所以样本 $X_1, X_2, \cdots, X_{100}$ 的联合概率密度为

$$f(x_1, x_2, \cdots, x_{100}) = \prod_{i=1}^{100} f(x_i)$$

$$= \begin{cases} \lambda^{100} e^{-\lambda \sum\limits_{i=1}^{100} x_i}, & x_1 > 0, x_2 > 0, \cdots, x_{100} > 0, \\ 0, & 其他. \end{cases}$$

例 4　某种书每页的印刷错误个数服从参数为 λ 的泊松分布,现从书中随机取出 10 页,试求它们的印刷错误个数的联合分布律.

解　设总体 $X \sim P(\lambda)$,分布律为

$$P\{X = x\} = \frac{e^{-\lambda} \lambda^x}{x!}, x = 0, 1, \cdots,$$

所求联合分布律就是 X 的样本 $X_1, X_2, \cdots, X_{10}$ 的联合分布律:

$$P(X_1 = x_1, X_2 = x_2, \cdots, X_{10} = x_{10}) = \prod_{i=1}^{10} P\{X = x_i\}$$

$$= \prod_{i=1}^{10} \frac{e^{-\lambda} \lambda^{x_i}}{x_i!} = \frac{e^{-10\lambda} \lambda^{\sum\limits_{i=1}^{10} x_i}}{\prod\limits_{i=1}^{10} x_i!},$$

$$x_i = 0, 1, 2, \cdots, i = 1, 2, \cdots, 10.$$

二、频率直方图

由于样本来自总体,所以样本可以反映总体的信息,因此,我们希望通过样本值 $x_1, x_2, \cdots, x_n$ 获得有关总体分布的某些信息.然而样本值是一组数,必

须对它进行整理才能发现总体的信息. 下面的例题介绍利用**频率直方图**对样本值进行整理, 以获得对总体的概率密度的直观了解.

例 5　测得患某种疾病的 63 名男子的血压(收缩压):

100，130，120，138，110，110，115，134，120，122，110，120，115，
162，130，130，110，147，122，120，131，110，138，124，122，126，
120，130，142，110，128，120，124，110，119，132，125，131，117，
112，148，108，107，117，121，130，119，121，132，118，126，117，
 98，115，123，141，129，140，120， 96，141，106，114.

试画出频率直方图.

解　画频率直方图的步骤如下:

(1) 确定分组数 k 和组距 d

分组数 k 主要取决于样本容量 n, 通常 k 取值于 $5 \sim 15$. 当样本容量 $n \leqslant 50$ 时, 通常分组数取为 $k = 5$; 当 $n > 50$ 时, 分组数增加, 可考虑 $k \approx \sqrt{n}$.

求出样本值的最小值 96 和最大值 162, 取初始区间 $[95.5, 162.5]$, 使样本值都落在初始区间内. 取分组数 $k = 8$, 将初始区间 $[95.5, 162.5]$ 分成 8 个长度相等的小区间, 每个小区间的长度为

$$\frac{162.5 - 95.5}{8} = 8.375.$$

为了计算方便, 将初始区间调整为区间 $[90.5, 170.5]$, 此时每个小区间的长度为

$$d = \frac{170.5 - 90.5}{8} = 10,$$

d 称为**组距**, 小区间的端点称为**组限**.

(2) 统计频数和频率

计算样本值落在每个小区间的个数 $f_i, i = 1, 2, \cdots, 8, f_i$ 称为**频数**, $\frac{f_i}{n}$ 称为**频率**, 如表 5-1 所示.

表 5-1

组限	频数 f_i	频率 f_i/n	高 $(f_i/n)/d$
$90.5 \sim 100.5$	3	0.048	0.0048
$100.5 \sim 110.5$	10	0.159	0.0159
$110.5 \sim 120.5$	18	0.286	0.0286
$120.5 \sim 130.5$	18	0.286	0.0286

续表

组限	频数 f_i	频率 f_i/n	高 $(f_i/n)/d$
$130.5 \sim 140.5$	8	0.127	0.0127
$140.5 \sim 150.5$	5	0.079	0.0079
$150.5 \sim 160.5$	0	0	0
$160.5 \sim 170.5$	1	0.015	0.0015

(3) 画出频率直方图

根据表 5-1 中数据,在第 $i(i=1,2,\cdots,8)$ 个小区间上画出以 $(f_i/n)/d$ 为高,以小区间为底的长方形,第 i 个长方形的面积为 $\dfrac{f_i}{n}$,所有长方形面积之和为 1,如图 5-1 所示,这样的图形称为**频率直方图**.

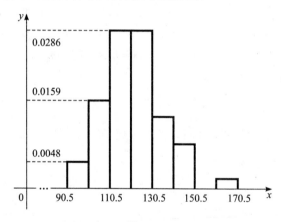

图 5-1

由大数定律可知,当样本容量 n 很大时,频率近似于概率,即每个小区间上的长方形的面积,近似于以小区间为底、以总体 X 的概率密度为曲边的曲边梯形的面积,因此,频率直方图顶部的台阶型曲线近似于总体 X 的概率密度曲线.

将患某种疾病的男子的血压看成总体 X,由图 5-1 可以对 X 的概率密度有一个直观的了解,例如,频率直方图中间高,两头低,且关于中心线基本对称,我们可以推断 X 近似服从正态分布.

三、样本分布函数

综上所述,只要有了频率直方图,对总体 X 的概率密度就有了大致了解.

而对于总体的分布函数,通常采用样本分布函数来描述.为了介绍样本分布函数,我们首先引入有序样本的概念.

定义2 设 $x_1, x_2, \cdots, x_n$ 为总体 X 的样本值,将其从小到大排列为 $x_1^* \leqslant x_2^* \leqslant \cdots \leqslant x_n^*$,则称 $x_1^*, x_2^*, \cdots, x_n^*$ 为 X 的有序样本.

例6 设总体 X 的样本值为

$$3, \quad 5, \quad 8, \quad 4, \quad 2, \quad 8, \quad 9,$$

则 X 的有序样本为

$$2, \quad 3, \quad 4, \quad 5, \quad 8, \quad 8, \quad 9.$$

定义3 设 $x_1^*, x_2^*, \cdots, x_n^*$ 为总体 X 的有序样本,则称函数

$$F_n(x) = \begin{cases} 0, & x < x_1^* \\ \cdots, & \cdots, \\ k/n, & x_k^* \leqslant x < x_{k+1}^*, \\ \cdots, & \cdots, \\ 1, & x \geqslant x_n^* \end{cases}$$

为 X 的样本分布函数.

样本分布函数又称为**经验分布函数**,当样本容量充分大时,它近似于总体 X 的分布函数.

例7 设总体 X 的样本值为

$$3, 5, 8, 4, 2, 8, 9,$$

X 的有序样本为

$$2, 3, 4, 5, 8, 8, 9,$$

则 X 的样本分布函数为

$$F_7(x) = \begin{cases} 0, & x < 2, \\ 1/7, & 2 \leqslant x < 3, \\ 2/7, & 3 \leqslant x < 4, \\ 3/7, & 4 \leqslant x < 5, \\ 4/7, & 5 \leqslant x < 8, \\ 6/7, & 8 \leqslant x < 9, \\ 1, & x \geqslant 9. \end{cases}$$

四、统计量

为了利用样本推断总体的某些性质,例如,推断总体的数学期望和方差等,需要针对不同问题构造样本的函数.

定义4 设 $X_1, X_2, \cdots, X_n$ 为总体 X 的样本，$x_1, x_2, \cdots, x_n$ 为样本值，如果样本 $X_1, X_2, \cdots, X_n$ 的函数 $f(X_1, X_2, \cdots, X_n)$ 不包含任何未知参数，则称 $f(X_1, X_2, \cdots, X_n)$ 为统计量，称 $f(x_1, x_2, \cdots, x_n)$ 为统计量的观测值，简称为统计值.

由定义4可知，统计量 $f(X_1, X_2, \cdots, X_n)$ 是样本的函数，从而是随机变量，且其中不包含任何未知参数. 例如，如果总体 $X \sim N(\mu, 10^2)$，其中 μ 未知，$X_1, X_2, \cdots, X_n$ 是 X 的样本，则 $\overline{X} = \dfrac{1}{n}\sum_{i=1}^{n} X_i$ 是统计量，而 $\chi^2 = \sum_{i=1}^{n}\left(\dfrac{X_i - \mu}{10}\right)^2$ 不是统计量，这是因为其中包含未知参数 μ.

在数理统计中，有几个常用统计量：

定义5 设 $X_1, X_2, \cdots, X_n$ 是总体 X 的样本，$x_1, x_2, \cdots, x_n$ 是样本值，则称 $\overline{X} = \dfrac{1}{n}\sum_{i=1}^{n} X_i$ 为样本均值，称 $\overline{x} = \dfrac{1}{n}\sum_{i=1}^{n} x_i$ 为样本均值的观测值，称 $S^2 = \dfrac{1}{n-1}\sum_{i=1}^{n}(X_i - \overline{X})^2$ 为样本方差，称 $s^2 = \dfrac{1}{n-1}\sum_{i=1}^{n}(x_i - \overline{x})^2$ 为样本方差的观测值，称 $S = \sqrt{S^2}$ 为样本标准差，称 $s = \sqrt{s^2}$ 为样本标准差的观测值.

样本标准差也称为**样本均方差**. 在不会引起混淆的情况下，样本均值的观测值 $\overline{x} = \dfrac{1}{n}\sum_{i=1}^{n} x_i$、样本方差的观测值 $s^2 = \dfrac{1}{n-1}\sum_{i=1}^{n}(x_i - \overline{x})^2$ 和样本标准差的观测值 $s = \sqrt{s^2}$，可以分别简称为样本均值、样本方差和样本标准差.

如果给定样本值 $x_1, x_2, \cdots, x_n$，利用计算器可以方便地计算上述观测值.

例8 随机抽取了某年2月份新生儿(男)50名，测得体重(以 g 计)如下：

2520	3460	2600	3320	3120	3400	2900	2420	3280	3100
2980	3160	3100	3460	2740	3060	3700	3460	3500	1600
3100	3700	3280	2800	3120	3800	3740	2940	3580	2980
3700	3460	2940	3300	2980	3480	3220	3060	3400	2680
3340	2500	2960	2900	4600	2780	3340	2500	3300	3640

试求样本均值、样本方差和样本标准差.

解 利用计算器可得：

$$样本均值 \ \overline{x} = \frac{1}{50}\sum_{i=1}^{50} x_i = 3160.00,$$

$$样本方差\ s^2 = \frac{1}{50-1} \sum_{i=1}^{50} (x_i - \overline{x})^2 = 216653,$$

$$样本标准差\ s = \sqrt{s^2} = 465.460.$$

样本均值、样本方差和样本标准差是最常用的统计量,除此之外,还有一些常用统计量:

定义 6 设 $X_1, X_2, \cdots, X_n$ 是总体 X 的样本,$x_1, x_2, \cdots, x_n$ 是样本值,则分别称

$$A_k = \frac{1}{n} \sum_{i=1}^{n} X_i^k \quad 和 \quad B_k = \frac{1}{n} \sum_{i=1}^{n} (X_i - \overline{X})^k \quad (k=1,2,\cdots)$$

为样本 k 阶原点矩和样本 k 阶中心矩,称

$$a_k = \frac{1}{n} \sum_{i=1}^{n} x_i^k \quad 和 \quad b_k = \frac{1}{n} \sum_{i=1}^{n} (x_i - \overline{x})^k \quad (k=1,2,\cdots)$$

为样本 k 阶原点矩的观测值和样本 k 阶中心矩的观测值.

样本 k 阶原点矩简称为样本 k 阶矩.在不会引起混淆的情况下,样本 k 阶矩的观测值和样本 k 阶中心矩的观测值可以分别简称为样本 k 阶矩和样本 k 阶中心矩.

由定义 6 可知,样本 1 阶矩 $A_1 = \frac{1}{n} \sum_{i=1}^{n} X_i^1$ 就是样本均值 $\overline{X}$,因此,可以将样本 k 阶矩看成样本均值的推广.而样本 2 阶中心矩 $B_2 = \frac{1}{n} \sum_{i=1}^{n} (X_i - \overline{X})^2$ 不等于样本方差 S^2,但是,当 n 很大时,二者相差很小.

例 9 设 $X_1, X_2, \cdots, X_n$ 是总体 X 的样本,A_1, A_2, B_2 分别是样本 1 阶矩、2 阶矩和 2 阶中心矩,证明 $B_2 = A_2 - A_1^2$.

证 根据定义可得:

$$B_2 = \frac{1}{n} \sum_{i=1}^{n} (X_i - \overline{X})^2 = \frac{1}{n} \sum_{i=1}^{n} (X_i^2 - 2\overline{X}X_i + \overline{X}^2)$$

$$= \frac{1}{n} \sum_{i=1}^{n} X_i^2 - \frac{1}{n} \sum_{i=1}^{n} 2\overline{X}X_i + \frac{1}{n} \sum_{i=1}^{n} \overline{X}^2$$

$$= \frac{1}{n} \sum_{i=1}^{n} X_i^2 - 2\overline{X} \cdot \frac{1}{n} \sum_{i=1}^{n} X_i + \overline{X}^2$$

$$= \frac{1}{n} \sum_{i=1}^{n} X_i^2 - \overline{X}^2 = A_2 - A_1^2.$$

第二节 常用抽样分布

统计量是样本的函数,它是随机变量,统计量的分布称为抽样分布,我们介绍数理统计中几个常用的抽样分布.

一、χ^2 分布

定义 1 设 $X_1,X_2,\cdots,X_n$ 是正态总体 $N(0,1)$ 的样本,则称随机变量 $\chi^2 = X_1^2 + X_2^2 + \cdots X_n^2$ 服从自由度为 n 的 χ^2 分布,记为 $\chi^2 \sim \chi^2(n)$.

可以证明(证明从略),如果 $\chi^2 \sim \chi^2(n)$,则 χ^2 的概率密度

$$f(x,n) = \begin{cases} \dfrac{1}{2^{\frac{n}{2}} \Gamma\left(\dfrac{n}{2}\right)} x^{\frac{n}{2}-1} \mathrm{e}^{-\frac{x}{2}}, & x > 0, \\ 0, & x \leqslant 0, \end{cases}$$

其中 $\Gamma\left(\dfrac{n}{2}\right)$ 为 Gamma 函数

$$\Gamma(x) = \int_0^{+\infty} \mathrm{e}^{-t} t^{x-1} \mathrm{d}t, \quad x > 0$$

在点 $x = \dfrac{n}{2}$ 的函数值. χ^2 的概率密度 $y = f(x,n)$ 的图形如图 5-2 所示.

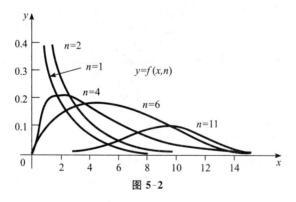

图 5-2

χ^2 的数学期望 $E(\chi^2) = n$,方差 $D(\chi^2) = 2n$,这是因为 $X_i \sim N(0,1)(i = 1,2,\cdots,n)$,所以

$$E(X_i^2) = D(X_i) + [E(X_i)]^2 = 1 + 0 = 1,$$

$$D(X_i^2) = E(X_i^4) - \left[E(X_i^2)\right]^2 = \int_{-\infty}^{+\infty} \frac{x^4}{\sqrt{2\pi}} \mathrm{e}^{-\frac{x^2}{2}} \mathrm{d}x - 1 = 3 - 1 = 2,$$

注意到 $X_1, X_2, \cdots, X_n$ 相互独立,从而

$$E(\chi^2) = E(X_1^2) + E(X_2^2) + \cdots + E(X_n^2) = n,$$

$$D(\chi^2) = D(X_1^2) + D(X_2^2) + \cdots + D(X_n^2) = 2n.$$

χ^2 分布有下列重要性质:

定理 1 如果 $\chi_1^2 \sim \chi^2(n_1), \chi_2^2 \sim \chi^2(n_2)$,且 χ_1^2 和 χ_2^2 相互独立,则 $\chi_1^2 + \chi_2^2 \sim \chi^2(n_1 + n_2)$.

证明从略. 定理 1 所描述的性质称为 χ^2 分布的可加性.

在数理统计中,经常用到 $\chi^2(n)$ 分布的上 α **分位数**.

定义 2 设 $\chi^2 \sim \chi^2(n), \chi^2$ 的概率密度为 $y = f(x, n)$,则对于给定的正数 $\alpha(0 < \alpha < 1)$,称满足

$$P\{\chi^2 > \chi_\alpha^2(n)\} = \int_{\chi_\alpha^2(n)}^{+\infty} f(x, n) \mathrm{d}x = \alpha$$

的数 $\chi_\alpha^2(n)$ 为 $\chi^2(n)$ 分布的上 α 分位数.

$\chi^2(n)$ 分布上 α 分位数的几何意义如图 5-3 所示.

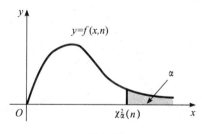

图 5-3

对于不同的 n 和 α, $\chi^2(n)$ 分布的上 α 分位数 $\chi_\alpha^2(n)$ 的值已制成表格(参见附表 3). 但该表只列到 $n = 45$ 为止. 费希尔(F. A. Fisher) 证明,当 n 充分大时,

$$\chi_\alpha^2(n) \approx \frac{1}{2} \left(z_\alpha + \sqrt{2n-1}\right)^2, \quad n > 45,$$

其中 z_α 是标准正态分布的上 α 分位数,即 z_α 为满足

$$\int_{z_\alpha}^{+\infty} \varphi(x) \mathrm{d}x = \alpha \quad 或 \quad \Phi(z_\alpha) = 1 - \alpha,$$

的数.

例1　求 $\chi^2_{0.05}(8), \chi^2_{0.99}(31), \chi^2_{0.05}(60)$.

解　查表可得

$\chi^2_{0.05}(8) = 15.507, \quad \chi^2_{0.99}(31) = 15.656,$

$$\chi^2_{0.05}(60) \approx \frac{1}{2}\left(z_{0.05} + \sqrt{2 \times 60 - 1}\right)^2 = \frac{1}{2}\left(1.645 + \sqrt{2 \times 60 - 1}\right)^2$$

$$= 78.7978.$$

二、t 分布

定义3　设 $X \sim N(0,1), Y \sim \chi^2(n)$，且 X 和 Y 相互独立，则称随机变量 $t = \dfrac{X}{\sqrt{Y/n}}$ 服从自由度为 n 的 t 分布，记为 $t \sim t(n)$.

可以证明（证明从略），如果 $t \sim t(n)$，则 t 的概率密度为

$$f(x,n) = \frac{\Gamma[(n+1)/2]}{\Gamma(n/2)\sqrt{n\pi}}\left(1 + \frac{x^2}{n}\right)^{-\frac{n+1}{2}}, \quad -\infty < x < +\infty.$$

t 的概率密度 $y = f(x,n)$ 的图形如图 5-4 所示. 由上式和图 5-4 可见，t 分布的概率密度关于 y 轴对称，当 n 足够大时，t 分布近似于标准正态分布，但对于较小的 n 值，t 分布与标准正态分布有较大差异.

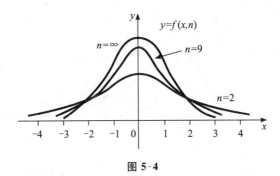

图 5-4

在数理统计中，经常用到 $t(n)$ 分布的上 α 分位数.

定义4　设 $t \sim t(n)$，t 的概率密度为 $y = f(x,n)$，则对于给定的正数 $\alpha(0 < \alpha < 1)$，称满足

$$P\{t > t_\alpha(n)\} = \int_{t_\alpha(n)}^{+\infty} f(x,n)\mathrm{d}x = \alpha$$

的数 $t_\alpha(n)$ 为 $t(n)$ 分布的上 α 分位数.

$t(n)$ 分布上 α 分位数的几何意义如图 5-5 所示.

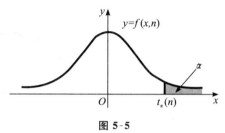

图 5-5

由 $t(n)$ 分布的上 α 分位数 $t_\alpha(n)$ 的定义和曲线 $y = f(x, n)$ 的对称性可知

$$t_{1-\alpha}(n) = -t_\alpha(n).$$

对于不同的 n 和 α, $t(n)$ 分布的上 α 分位数 $t_\alpha(n)$ 的值已制成表格(参见附表 4).但该表只列到 $n = 45$ 为止.当 n 充分大时,可以用标准正态分布的上 α 分位数 z_α 近似代替 $t_\alpha(n)$,即

$$t_\alpha(n) \approx z_\alpha, \quad n > 45.$$

例 2 求 $t_{0.05}(11), t_{0.99}(25), t_{0.05}(55)$.

解 查表可得

$$t_{0.05}(11) = 1.7959, \quad t_{0.99}(25) = -t_{0.01}(25) = -2.4851,$$
$$t_{0.05}(55) \approx z_{0.05} = 1.645.$$

例 3 设总体 X 和 Y 相互独立,都服从正态分布 $N(0, 3^2)$, $X_1, X_2, \cdots, X_9$ 和 $Y_1, Y_2, \cdots, Y_9$ 分别是 X 和 Y 的样本,试求统计量

$$t = \frac{\sum_{i=1}^{9} X_i}{\sqrt{\sum_{i=1}^{9} Y_i^2}}$$

的分布.

解 因为总体 $X \sim N(0, 3^2)$, $Y \sim N(0, 3^2)$, $X_1, X_2, \cdots, X_9$ 和 $Y_1, Y_2, \cdots, Y_9$ 分别是 X 和 Y 的样本,所以

$$\frac{1}{9} \sum_{i=1}^{9} X_i \sim N(0, 1), \quad \sum_{i=1}^{9} \left(\frac{Y_i}{3} \right)^2 \sim \chi^2(9),$$

注意到 X 和 Y 相互独立,从而

$$\frac{1}{9} \sum_{i=1}^{9} X_i \quad \text{和} \quad \sum_{i=1}^{9} \left(\frac{Y_i}{3} \right)^2$$

相互独立,根据 t 分布的定义可得

$$t = \frac{\sum\limits_{i=1}^{9} X_i}{\sqrt{\sum\limits_{i=1}^{9} Y_i^2}} = \frac{\frac{1}{9}\sum\limits_{i=1}^{9} X_i}{\frac{1}{9}\sqrt{\sum\limits_{i=1}^{9} Y_i^2}} = \frac{\frac{1}{9}\sum\limits_{i=1}^{9} X_i}{\sqrt{\sum\limits_{i=1}^{9}\left(\frac{Y_i}{3}\right)^2 / 9}} \sim t(9).$$

三、F 分布

定义 5　设 $X \sim \chi^2(n_1), Y \sim \chi^2(n_2)$,且 X 和 Y 相互独立,则称随机变量
$F = \dfrac{X/n_1}{Y/n_2}$ 服从自由度为 (n_1, n_2) 的 F 分布,记为 $F \sim F(n_1, n_2)$.

可以证明(证明从略),如果 $F \sim F(n_1, n_2)$,则 F 的概率密度为

$$f(x, n_1, n_2) = \begin{cases} \dfrac{\Gamma\left(\dfrac{n_1+n_2}{2}\right)}{\Gamma\left(\dfrac{n_1}{2}\right)\Gamma\left(\dfrac{n_2}{2}\right)} \dfrac{n_1}{n_2}\left(\dfrac{n_1}{n_2}x\right)^{\frac{n_1}{2}-1}\left(1+\dfrac{n_1}{n_2}x\right)^{-\frac{n_1+n_2}{2}}, & x > 0, \\ 0, & x \leqslant 0. \end{cases}$$

F 的概率密度 $y = f(x, n_1, n_2)$ 的图形如图 5-6 所示.

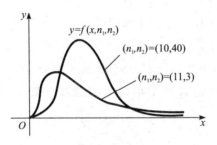

图 5-6

根据 F 分布的定义可知,如果 $F \sim F(n_1, n_2)$,则 $\dfrac{1}{F} \sim F(n_2, n_1)$.

在数理统计中,经常用到 $F(n_1, n_2)$ 分布的上 α 分位数.

定义 6　设 $F \sim F(n_1, n_2)$,F 的概率密度为 $y = f(x, n_1, n_2)$,则对于给定的正数 $\alpha(0 < \alpha < 1)$,称满足

$$P\{F > F_\alpha(n_1, n_2)\} = \int_{F_\alpha(n_1, n_2)}^{+\infty} f(x, n_1, n_2)\,\mathrm{d}x = \alpha$$

的数 $F_\alpha(n_1, n_2)$ 为 $F(n_1, n_2)$ 分布的上 α 分位数.

$F(n_1, n_2)$ 分布上 α 分位数的几何意义如图 5-7 所示.

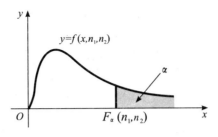

图 5-7

$F(n_1,n_2)$ 分布的上 α 分位数 $F_\alpha(n_1,n_2)$ 有如下性质：

$$F_{1-\alpha}(n_1,n_2) = \frac{1}{F_\alpha(n_2,n_1)}.$$

事实上，如果 $F \sim F(n_1,n_2)$，则

$$1-\alpha = P\{F > F_{1-\alpha}(n_1,n_2)\} = P\left\{\frac{1}{F} < \frac{1}{F_{1-\alpha}(n_1,n_2)}\right\}$$

$$= 1-P\left\{\frac{1}{F} \geqslant \frac{1}{F_{1-\alpha}(n_1,n_2)}\right\} = 1-P\left\{\frac{1}{F} > \frac{1}{F_{1-\alpha}(n_1,n_2)}\right\},$$

即

$$P\left\{\frac{1}{F} > \frac{1}{F_{1-\alpha}(n_1,n_2)}\right\} = \alpha,$$

注意到

$$\frac{1}{F} \sim F(n_2,n_1),$$

比较两式可得

$$F_\alpha(n_2,n_1) = \frac{1}{F_{1-\alpha}(n_1,n_2)}, \quad F_{1-\alpha}(n_1,n_2) = \frac{1}{F_\alpha(n_2,n_1)}.$$

对于不同的 n 和 α，$F(n_1,n_2)$ 分布的上 α 分位数 $F_\alpha(n_1,n_2)$ 的值已制成表格（参见书末附表 5）.

例 4   求 $F_{0.05}(9,12)$，$F_{0.99}(20,5)$.

解   查表可得

$$F_{0.05}(9,12) = 2.80,$$

$$F_{0.99}(20,5) = \frac{1}{F_{0.01}(5,20)} = \frac{1}{4.10} = 0.243902.$$

四、正态总体样本函数的分布

本书主要介绍正态总体，其样本函数的分布有重要作用.

定理 2　设总体 $X \sim N(\mu, \sigma^2)$，$X_1, X_2, \cdots, X_n$ 是总体 X 的样本，$\overline{X}$ 是样本均值，则

$$\frac{\overline{X} - \mu}{\sigma / \sqrt{n}} \sim N(0, 1).$$

证　因为总体 $X \sim N(\mu, \sigma^2)$，$X_1, X_2, \cdots, X_n$ 是总体 X 的样本，所以 $\overline{X} = \frac{1}{n} \sum_{i=1}^{n} X_i$ 服从正态分布，且

$$E(\overline{X}) = \frac{1}{n} \sum_{i=1}^{n} E(X_i) = \frac{1}{n} \sum_{i=1}^{n} \mu = \mu,$$

$$D(\overline{X}) = \frac{1}{n^2} \sum_{i=1}^{n} D(X_i) = \frac{1}{n^2} \sum_{i=1}^{n} \sigma^2 = \frac{\sigma^2}{n},$$

从而

$$\overline{X} = \frac{1}{n} \sum_{i=1}^{n} X_i \sim N\left(\mu, \frac{\sigma^2}{n}\right), \quad \frac{\overline{X} - \mu}{\sigma / \sqrt{n}} \sim N(0, 1).$$

定理 3　设总体 $X \sim N(\mu, \sigma^2)$，$X_1, X_2, \cdots, X_n$ 是总体 X 的样本，$\overline{X}$ 和 S^2 分别是样本均值和样本方差，则

(1) $\dfrac{(n-1)S^2}{\sigma^2} \sim \chi^2(n-1).$

(2) $\overline{X}$ 和 S^2 相互独立.

证明从略.

定理 4　设总体 $X \sim N(\mu, \sigma^2)$，$X_1, X_2, \cdots, X_n$ 是总体 X 的样本，$\overline{X}$ 和 S^2 分别是样本均值和样本方差，则

$$\frac{\overline{X} - \mu}{S / \sqrt{n}} \sim t(n-1).$$

证　根据定理 2 和定理 3，两个随机变量

$$\frac{\overline{X} - \mu}{\sigma / \sqrt{n}} \sim N(0, 1), \quad \frac{(n-1)S^2}{\sigma^2} \sim \chi^2(n-1).$$

且它们相互独立，由 t 分布的定义可知，

$$\frac{\overline{X} - \mu}{S / \sqrt{n}} = \frac{\dfrac{\overline{X} - \mu}{\sigma / \sqrt{n}}}{\sqrt{\dfrac{(n-1)S^2}{\sigma^2} / (n-1)}} \sim t(n-1).$$

在实际应用中，常常遇到两个总体的情况. 设 X 和 Y 是两个总体，$X_1, X_2, \cdots, X_m$ 是 X 的样本，$Y_1, Y_2, \cdots, Y_n$ 是 Y 的样本. 两个总体 X 和 Y 相互独立，意为其中任

一样本的取值不影响另一样本取值的概率.如果两个总体 X 和 Y 相互独立,f 和 g 分别是 m 元和 n 元连续函数,则 $f(X_1,X_2,\cdots,X_m)$ 和 $g(Y_1,Y_2,\cdots,Y_n)$ 相互独立.

定理 5   设两个总体 $X \sim N(\mu_1,\sigma_1^2)$,$Y \sim N(\mu_2,\sigma_2^2)$,$X_1,X_2,\cdots,X_m$ 是 X 的样本,样本方差为 S_1^2,$Y_1,Y_2,\cdots,Y_n$ 是 Y 的样本,样本方差为 S_2^2,且 X 和 Y 相互独立,则

$$\frac{S_1^2/\sigma_1^2}{S_2^2/\sigma_2^2} \sim F(m-1,n-1).$$

证   由定理 3 可知

$$\chi_1^2 = \frac{(m-1)S_1^2}{\sigma_1^2} \sim \chi^2(m-1), \quad \chi_2^2 = \frac{(n-1)S_2^2}{\sigma_2^2} \sim \chi^2(n-1),$$

由所给条件可知 χ_1^2 和 χ_2^2 相互独立,根据 F 分布的定义,

$$\frac{S_1^2/\sigma_1^2}{S_2^2/\sigma_2^2} = \frac{\chi_1^2/(m-1)}{\chi_2^2/(n-1)} \sim F(m-1,n-1).$$

定理 6   设两个总体 $X \sim N(\mu_1,\sigma^2)$,$Y \sim N(\mu_2,\sigma^2)$,$X_1,X_2,\cdots,X_m$ 是 X 的样本,样本均值和样本方差分别为 $\overline{X}$ 和 S_1^2,$Y_1,Y_2,\cdots,Y_n$ 是 Y 的样本,样本均值和样本方差分别为 $\overline{Y}$ 和 S_2^2,且 X 和 Y 相互独立,则

$$\frac{\overline{X}-\overline{Y}-(\mu_1-\mu_2)}{\sqrt{\dfrac{(m-1)S_1^2+(n-1)S_2^2}{m+n-2}}\sqrt{\dfrac{1}{m}+\dfrac{1}{n}}} \sim t(m+n-2).$$

证   显然

$$U = \frac{\overline{X}-\overline{Y}-(\mu_1-\mu_2)}{\sigma\sqrt{\dfrac{1}{m}+\dfrac{1}{n}}} \sim N(0,1),$$

由定理 3 可知

$$\chi_1^2 = \frac{(m-1)S_1^2}{\sigma^2} \sim \chi^2(m-1), \quad \chi_2^2 = \frac{(n-1)S_2^2}{\sigma^2} \sim \chi^2(n-1),$$

由所给条件可知 χ_1^2 和 χ_2^2 相互独立,根据定理 1,

$$V = \chi_1^2 + \chi_2^2 = \frac{(m-1)S_1^2+(n-1)S_2^2}{\sigma^2} \sim \chi^2(m+n-2),$$

可以证明(证明从略)U 和 V 相互独立,根据 t 分布的定义,

$$\frac{\overline{X}-\overline{Y}-(\mu_1-\mu_2)}{\sqrt{\dfrac{(m-1)S_1^2+(n-1)S_2^2}{m+n-2}}\sqrt{\dfrac{1}{m}+\dfrac{1}{n}}} = \frac{\dfrac{\overline{X}-\overline{Y}-(\mu_1-\mu_2)}{\sigma\sqrt{\dfrac{1}{m}+\dfrac{1}{n}}}}{\sqrt{\dfrac{(m-1)S_1^2+(n-1)S_2^2}{\sigma^2(m+n-2)}}}$$

$$= \frac{U}{\sqrt{V/(m+n-2)}} \sim t(m+n-2).$$

定理 7 设两个总体 $X \sim N(\mu_1, \sigma_1^2)$，$Y \sim N(\mu_2, \sigma_2^2)$，$X_1, X_2, \cdots, X_m$ 是 X 的样本，样本均值和样本方差分别为 $\overline{X}$ 和 S_1^2，$Y_1, Y_2, \cdots, Y_n$ 是 Y 的样本，样本均值和样本方差分别为 $\overline{Y}$ 和 S_2^2，且 X 和 Y 相互独立，则近似地成立

$$t = \frac{(\overline{X} - \overline{Y}) - (\mu_1 - \mu_2)}{\sqrt{\dfrac{S_1^2}{m} + \dfrac{S_2^2}{n}}} \sim t([\nu]),$$

其中

$$\nu = \frac{\left(\dfrac{s_1^2}{m} + \dfrac{s_2^2}{n}\right)^2}{\dfrac{1}{m-1}\left(\dfrac{s_1^2}{m}\right)^2 + \dfrac{1}{n-1}\left(\dfrac{s_2^2}{n}\right)^2},$$

$[\nu]$ 表示 ν 的整数部分.

证明从略.

定理 2 ~ 定理 7 将在第六章和第七章中发挥关键作用.

第三节 数学软件在数理统计中的简单应用

一、Mathematica 在数理统计中的简单应用

首先介绍 Mathematica 在数理统计中的简单应用. 表 5-2 给出了 Mathematica 中的一些常用分布及其说明.

表 5-2

Mathematica 中的分布	说明
ChiSquareDistribution[n]	$\chi^2(n)$ 分布
StudentTDistribution[n]	$t(n)$ 分布
FRatioDistribution[m,n]	$F(m,n)$ 分布

在求某分布的上 α 分位数时，常常用到输入语句：

"Quantile[dist, $1 - \alpha$]",

表示"dist 分布的上 α 分位数".

例 1   求 $z_{0.05},\chi^2_{0.99}(31),\chi^2_{0.05}(60),t_{0.99}(25),t_{0.05}(55),F_{0.95}(6,7),F_{0.1}(80,70)$.

解   输入和输出语句如下：

In[1] : = <<Statistics`ContinuousDistributions`

　　　　　<<Statistics`NormalDistribution`

　　　　　ndist = NormalDistribution[0,1];

　　　　　cdist1 = ChiSquareDistribution[31];

　　　　　cdist2 = ChiSquareDistribution[60];

　　　　　tdist1 = StudentTDistribution[25];

　　　　　tdist2 = StudentTDistribution[55];

　　　　　fdist1 = FRatioDistribution[6,7];

　　　　　fdist2 = FRatioDistribution[80,70];

　　　　　Quantile[ndist,0.95]

　　　　　Quantile[cdist1,0.01]

　　　　　Quantile[cdist2,0.95]　·

　　　　　Quantile[tdist1,0.01]

　　　　　Quantile[tdist2,0.95]

　　　　　Quantile[fdist1,0.05]

　　　　　Quantile[fdist2,0.9]

Out[10] = 1.64485

Out[11] = 15.6555

Out[12] = 79.0819

Out[13] =- 2.48511

Out[14] = 1.67303

Out[15] = 0.237718

Out[16] = 1.35034

例 2   求 $\chi^2(n),t(n)(n>2),F(m,n)(n>4)$ 分布的数学期望和方差.

解   输入和输出语句如下：

In[1] : = <<Statistics`ContinuousDistributions`

　　　　　cdist = ChiSquareDistribution[n];

　　　　　tdist = StudentTDistribution[n];

　　　　　fdist = FRatioDistribution[m,n];

　　　　　Mean[cdist]

　　　　　Variance[cdist]

$$\text{Mean[tdist]}$$
$$\text{Variance[tdist]}$$
$$\text{Mean[fdist]}$$
$$\text{Variance[fdist]}$$

$$\text{Out[5]} = n$$

$$\text{Out[6]} = 2\,n$$

$$\text{Out[7]} = 0$$

$$\text{Out[8]} = \frac{n}{-2+n}$$

$$\text{Out[9]} = \frac{n}{-2+n}$$

$$\text{Out[10]} = \frac{2\,n^2\,(-2+m+n)}{m\,(-4+n)\,(-2+n)^2}$$

二、SPSS 在数理统计中的简单应用

在处理数理统计问题时,人们常常使用统计软件 SPSS. 我们举例说明 SPSS 在数理统计中的一些简单应用.

例3 随机抽取了某年 2 月份新生儿(男)50 名,测得体重(单位:g)如下:

2520	3460	2600	3320	3120	3400	2900	2420	3280	3100
2980	3160	3100	3460	2740	3060	3700	3460	3500	1600
3100	3700	3280	2800	3120	3800	3740	2940	3580	2980
3700	3460	2940	3300	2980	3480	3220	3060	3400	2680
3340	2500	2960	2900	4600	2780	3340	2500	3300	3640

(1) 求样本均值、样本方差和样本标准差.

(2) 作直方图.

解 首先启动 SPSS,定义变量,输入数据(本例数据名为"新生儿重"). 定义变量和输入数据的最简单方法是:打开一个类似的数据文件(例如本书附带的数据文件),将原有的变量名和数据修改为所需变量名和数据.

(1) 求样本均值、样本方差和样本均方差

① 依次点击"Analyze → Descriptive Statistics → Frequencies",屏幕上弹出主对话窗口,如图 5-8 所示.

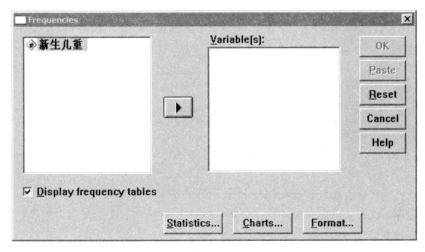

图 5-8

② 从左框中选取要分析的变量（本例为新生儿重），通过箭头放入右框（Variable(s)：），点击下方的"Statistics…"，屏幕上弹出一个对话窗口，如图 5-9 所示.

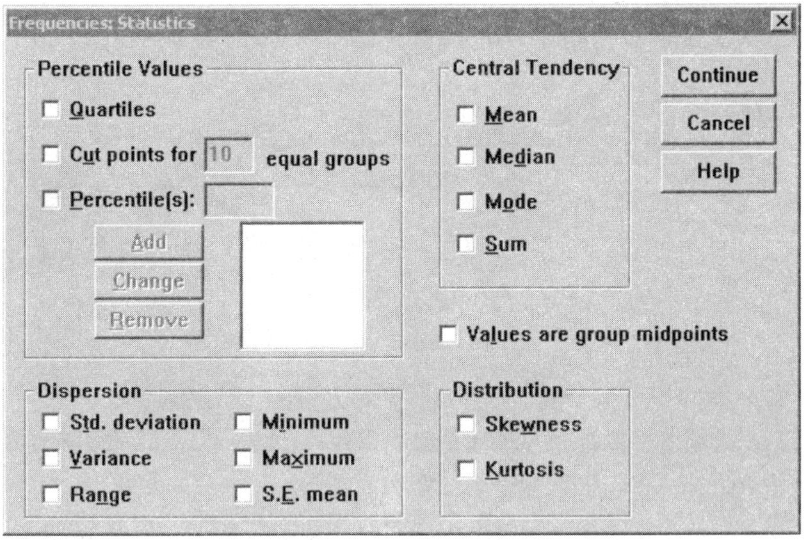

图 5-9

③ 勾选"Mean"（上中部），"Std deviation"（左下角），"Variance"（左下角），点击右上角的 Continue 按钮，回到主对话框.

④ 点击"OK",输出结果:

Statistics

新生儿重

	N	Valid	50
		Missing	0
	Mean		3160.000
	Std. Deviation		465.4601
	Variance		216653.1

即

样本均值(Mean) $\quad \overline{x} = \dfrac{1}{50} \sum_{i=1}^{50} x_i = 3160.000$;

样本方差(Variance) $\quad s^2 = \dfrac{1}{50-1} \sum_{i=1}^{50} (x_i - \overline{x})^2 = 216653.1$;

样本标准差(Std. Deviation) $\quad s = \sqrt{s^2} = 465.4601$.

(2) 作直方图

① 依次点击"Graphs → Histogram",屏幕上弹出主对话窗口,如图 5-10 所示.

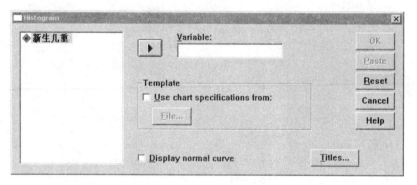

图 5-10

② 从左框中选取要分析的变量(本例为新生儿重),通过箭头放入右框 (Variable:),勾选下方的"Display normal curve"(可绘制正态曲线),点击 "OK",输出直方图,如图 5-11 所示.

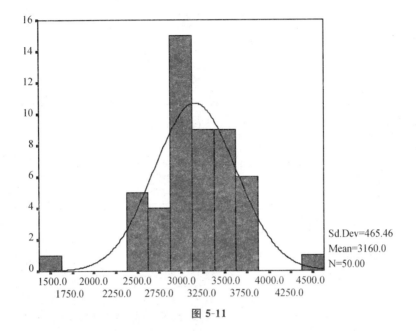

图 5-11

直方图 5-11 中的横坐标表示新生儿的体重,纵坐标表示频数,这样的直方图称为**频数直方图**.频数直方图和频率直方图的图形相似.

习 题 五

1. 设总体 X 服从二项分布 $B(n,p)$,其中 n 已知,p 未知.X_1,X_2,X_3,X_4,X_5 是总体 X 的样本,试指出下列随机变量中,哪些是统计量,哪些不是统计量.

(1) $\dfrac{1}{n}\sum\limits_{i=1}^{5}X_i$.   (2) $\min\limits_{1\leqslant i\leqslant 5}\{X_i\}$.   (3) $(X_5-X_1)^2$.

(4) X_1+5p.   (5) $\sum\limits_{i=1}^{5}(X_i-np)^2$.

2. 设总体 $X\sim N(12,4)$,随机抽取容量为 5 的样本 X_1,X_2,X_3,X_4,X_5,试求:

(1) 样本均值与总体均值之差的绝对值大于 1 的概率.

(2) 概率 $P\{\max(X_1,X_2,X_3,X_4,X_5)>15\}$.

(3) 概率 $P\{\min(X_1,X_2,X_3,X_4,X_5)<10\}$.

3. 设总体 $X \sim N(20,3)$，$X_1, X_2, \cdots, X_{25}$ 是 X 的样本，

$$\overline{X}_1 = \frac{1}{10} \sum_{i=1}^{10} X_i, \quad \overline{X}_2 = \frac{1}{15} \sum_{i=11}^{25} X_i,$$

试求 $\overline{X}_1$ 和 $\overline{X}_2$ 之差的绝对值大于 0.3 的概率.

4. 设 $X_1, X_2, \cdots, X_n$ 为总体 X 的样本，当 X 分别服从二项分布 $B(m,p)$ 和指数分布 $E(\lambda)$ 时，试求 $E(\overline{X}), D(\overline{X}), E(S^2)$，其中 $\overline{X}, S^2$ 分别为样本均值和方差.

5. 试作本章第一节例 8 的频率直方图.

6. 设总体 X 的样本值为

$$3.2, \quad 2.5, \quad -4, \quad 2.5, \quad 0, \quad 3, \quad 2, \quad 2.5, \quad 4, \quad 2,$$

试求 X 的样本分布函数.

7. 查表写出下列值：

(1) $\chi^2_{0.05}(13), \chi^2_{0.025}(8)$. (2) $t_{0.05}(6), t_{0.10}(10)$.

(3) $F_{0.05}(5,10), F_{0.90}(28,2)$.

8. 设总体 $X \sim N(0, 2^2)$，$X_1, X_2, \cdots, X_{16}$ 为 X 的样本，试求概率 $P\left\{\sum_{i=1}^{16} X_i^2 > 128\right\}$.

9. 设一总体 $X \sim N(3,4)$，X_1, X_2 是 X 的样本；另一总体 $Y \sim N(2,9)$，Y_1, Y_2, Y_3 是总体 Y 的样本，且 X, Y 相互独立，试问 $\dfrac{(\overline{X}-3)^2}{2} + \dfrac{(\overline{Y}-2)^2}{3}$ 服从什么分布？为什么？

10. 设总体 $X \sim N(\mu_1, \sigma_1^2), Y \sim N(\mu_2, \sigma_2^2)$，$X_1, X_2, \cdots, X_m$ 和 $Y_1, Y_2, \cdots, Y_n$ 分别是 X, Y 的样本，且 X, Y 相互独立，记

$$\overline{X} = \frac{1}{m} \sum_{i=1}^{m} X_i, \quad S_1^2 = \frac{1}{m-1} \sum_{i=1}^{m} (X_i - \overline{X})^2,$$

$$\overline{Y} = \frac{1}{n} \sum_{i=1}^{n} Y_i, \quad S_2^2 = \frac{1}{n-1} \sum_{i=1}^{n} (Y_i - \overline{Y})^2,$$

试利用 F 分布的定义证明

$$\frac{S_1^2 / \sigma_1^2}{S_2^2 / \sigma_2^2} \sim F(m-1, n-1).$$

第六章　　参数估计

统计推断的基本问题可以分为两大类,一类是估计问题,一类是假设检验问题.本章介绍总体的参数估计,它是统计推断的一类重要问题,在自然科学和社会科学中都有广泛应用.所谓总体的参数估计,是在总体的分布类型已知的条件下,利用样本对分布所含参数的值或取值范围进行推断的一种方法.参数估计分为点估计和区间估计,我们首先介绍点估计.

第一节　　参数的点估计

设已知总体 X 的分布函数 $F(x,\theta)$ 的形式,其中 θ 是未知参数,$X_1,X_2,\cdots,X_n$ 是 X 的样本,$x_1,x_2,\cdots,x_n$ 是样本值,点估计就是构造一个适当的统计量 $\hat{\theta}(X_1,X_2,\cdots,X_n)$,用统计值 $\hat{\theta}(x_1,x_2,\cdots,x_n)$ 估计未知参数 θ.我们称统计量 $\hat{\theta}(X_1,X_2,\cdots,X_n)$ 为 θ 的**估计量**,称统计值 $\hat{\theta}(x_1,x_2,\cdots,x_n)$ 为 θ 的**估计值**.为简便起见,在不会引起混淆的情况下,估计量和估计值都可以简称为**估计**,都可以简记为 $\hat{\theta}$.

例1　设 $X_1,X_2,\cdots,X_n$ 是总体 X 的样本,我们可以构造许多估计量去估计总体的数学期望 $\theta = E(X)$,例如:

$$\hat{\theta}_1 = X_1,$$

$$\hat{\theta}_2 = \frac{1}{n}(X_1 + X_2 + \cdots + X_n),$$

$$\hat{\theta}_3 = \frac{1}{n-2}(X_2 + X_3 + \cdots + X_{n-1}),$$

$$\hat{\theta}_4 = a_1 X_1 + a_2 X_2 + \cdots + a_n X_n,$$

其中 $a_1 \geqslant 0, a_2 \geqslant 0, \cdots, a_n \geqslant 0, a_1 + a_2 + \cdots + a_n = 1$.

由例1可知,我们可以用多种方法构造估计量.下面首先介绍两种常用的构造估计量的方法,然后介绍评价估计量优劣的标准.

一、矩估计法

设总体 X 的分布中含有未知参数 $\theta_1, \theta_2, \cdots, \theta_k$，$X$ 的 $i(i=1,2,\cdots,k)$ 阶矩 $\mu_i = E(X^i)$ 存在，且 $\theta_i(i=1,2,\cdots,k)$ 是 $\mu_1, \mu_2, \cdots, \mu_k$ 的函数. 由大数定律可知，样本 i 阶矩 $A_i = \dfrac{1}{n}\sum\limits_{k=1}^{n} X_k^i$ 依概率收敛于总体的 i 阶矩 $\mu_i = E(X^i)$，以此为依据，人们提出了**矩估计法**.

定义 1　用样本的 $i(i=1,2,\cdots,k)$ 阶矩去估计总体的 i 阶矩，用样本矩的函数去估计总体矩的函数，这种方法称为矩估计法. 用矩估计法确定的估计量称为矩估计量，相应的估计值称为矩估计值.

在不会引起混淆的情况下，矩估计量和矩估计值均可以简称为**矩估计**.

例 2　设总体 $X \sim B(m,p)$，其中 m 已知，p 未知，$X_1, X_2, \cdots, X_n$ 是 X 的样本，试求 $E(X)$ 和 p 的矩估计量.

解　X 的数学期望也就是 X 的 1 阶矩，即

$$E(X) = \mu_1 = mp, \quad p = \frac{\mu_1}{m},$$

由矩估计法，$E(X)$ 的矩估计量 $\hat{\mu}_1 = A_1 = \overline{X}$，$p$ 的矩估计量 $\hat{p} = \dfrac{\hat{\mu}_1}{m} = \dfrac{\overline{X}}{m}$.

例 3　设总体 X 的数学期望 μ 和方差 σ^2 均未知，$X_1, X_2, \cdots, X_n$ 是 X 的样本，试求 μ 和 σ^2 的矩估计量.

解　X 的 1 阶矩和 2 阶矩分别为

$$\begin{cases} \mu_1 = \mu, \\ \mu_2 = \sigma^2 + \mu^2, \end{cases}$$

解此方程组可得

$$\mu = \mu_1, \quad \sigma^2 = \mu_2 - \mu_1^2,$$

μ 和 σ^2 的矩估计量分别为

$$\hat{\mu} = A_1 = \overline{X},$$

$$\hat{\sigma}^2 = A_2 - A_1^2 = B_2 = \frac{1}{n}\sum_{i=1}^{n}(X_i - \overline{X})^2.$$

例 3 说明，无论总体 X 服从什么分布，总体数学期望 $E(X)$ 的矩估计量均为样本均值 $\overline{X}$，总体方差 $D(X)$ 的矩估计量均为样本 2 阶中心矩

$$B_2 = \frac{1}{n}\sum_{i=1}^{n}(X_i - \overline{X})^2.$$

例 4　设总体 $X \sim U(a,b)$，其中 a,b 均未知，$X_1,X_2,\cdots,X_n$ 是 X 的样本，求未知参数 a,b 的矩估计量.

解　因为 $X \sim U(a,b)$，所以

$$\begin{cases} \mu_1 = \dfrac{a+b}{2}, \\ \mu_2 = \dfrac{(b-a)^2}{12} + \left(\dfrac{a+b}{2}\right)^2, \end{cases}$$

解此方程组可得

$$a = \mu_1 - \sqrt{3(\mu_2 - \mu_1^2)}, \quad b = \mu_1 + \sqrt{3(\mu_2 - \mu_1^2)},$$

注意到 $A_2 - A_1^2 = B_2 = \dfrac{1}{n}\sum_{i=1}^{n}(X_i - \overline{X})^2$，可得 a,b 的矩估计量分别为

$$\hat{a} = \overline{X} - \sqrt{\frac{3}{n}\sum_{i=1}^{n}(X_i - \overline{X})^2}, \quad \hat{b} = \overline{X} + \sqrt{\frac{3}{n}\sum_{i=1}^{n}(X_i - \overline{X})^2}.$$

例 5　设总体 X 的概率密度

$$f(x,\mu,\theta) = \begin{cases} \dfrac{1}{\theta}e^{-\frac{x-\mu}{\theta}}, & x > \mu, \\ 0, & x \leqslant 0, \end{cases}$$

其中 $\mu,\theta(\theta > 0)$ 为未知参数，$X_1,X_2,\cdots,X_n$ 是 X 的样本，求 μ,θ 的矩估计量.

解　因为总体 X 的 1 阶矩和 2 阶矩分别为

$$\mu_1 = E(X) = \int_{\mu}^{+\infty} x \cdot \frac{1}{\theta}e^{-\frac{x-\mu}{\theta}}dx = \mu + \theta,$$

$$\mu_2 = E(X^2) = \int_{\mu}^{+\infty} x^2 \cdot \frac{1}{\theta}e^{-\frac{x-\mu}{\theta}}dx = \mu^2 + 2\theta(\mu + \theta),$$

得方程组

$$\begin{cases} \mu_1 = \mu + \theta, \\ \mu_2 = \mu^2 + 2\theta(\mu + \theta), \end{cases}$$

将前式代入后式可得 $\theta^2 = \mu_2 - \mu_1^2$，即 $\theta = \sqrt{\mu_2 - \mu_1^2}$，$\mu = \mu_1 - \sqrt{\mu_2 - \mu_1^2}$，由此可得 μ,θ 的矩估计量分别为

$$\hat{\mu} = A_1 - \sqrt{A_2 - A_1^2} = \overline{X} - \sqrt{\frac{1}{n}\sum_{i=1}^{n}(X_i - \overline{X})^2},$$

$$\hat{\theta} = \sqrt{A_2 - A_1^2} = \sqrt{\frac{1}{n}\sum_{i=1}^{n}(X_i - \overline{X})^2}.$$

例 6　设总体 $X \sim E(\lambda)$，其中 λ 未知，$X_1,X_2,\cdots,X_n$ 是 X 的样本，试求 X

的数学期望 μ 和方差 σ^2 的矩估计量.

解 由例 3 可知,X 的数学期望 μ 和方差 σ^2 的矩估计量分别为

$$\hat{\mu} = \overline{X}, \quad \hat{\sigma^2} = \frac{1}{n}\sum_{k=1}^{n}(X_k - \overline{X})^2.$$

但是,因为 $X \sim E(\lambda)$,所以 X 的数学期望 $\mu = \dfrac{1}{\lambda}$,方差 $\sigma^2 = \dfrac{1}{\lambda^2}$,从而

$$\hat{\sigma^2} = \hat{\mu}^2 = \overline{X}^2.$$

例 6 说明矩估计量不具有唯一性.

二、最大似然估计法

有一位著名猎人和一位打猎新手,猎人命中率 90% 以上,新手命中率不足 10%. 两人一起去打猎,发现一只野兔从前方窜过,只听一声枪响,野兔应声倒下,请问是谁射中的?

容易算得,如果是猎人射击的,射中野兔的概率 90% 以上;如果是新手射击的,射中的概率不足 10%,猎人射中野兔的概率远远大于新手. 人们在生活和工作中积累了一条重要经验:概率大的事件在一次试验中发生的可能性就大,因此,我们猜测是猎人射中的.

基于"概率大的事件在一次试验中发生的可能性就大"这一原理,人们提出了最大似然估计法,其基本思路是:选择参数 θ 的估计值,使样本发生的概率最大.

定义 2 设总体 X 是离散型随机变量,X 的分布律为

$$P\{X = x\} = f(x, \theta), \quad x = u_1, u_2, \cdots, \theta \in \Theta,$$

其中参数 θ 未知,$X_1, X_2, \cdots, X_n$ 是 X 的样本,$x_1, x_2, \cdots, x_n$ 是样本值,我们称

$$L(\theta) = P\{X_1 = x_1, X_2 = x_2, \cdots, X_n = x_n\}$$
$$= f(x_1, \theta)f(x_2, \theta)\cdots f(x_n, \theta)$$
$$= \prod_{i=1}^{n} f(x_i, \theta), \quad \theta \in \Theta$$

为样本的似然函数. 如果存在 $\hat{\theta} = \hat{\theta}(x_1, x_2, \cdots, x_n) \in \Theta$,使 $L(\hat{\theta}) = \max_{\theta \in \Theta} L(\theta)$,则称 $\hat{\theta} = \hat{\theta}(x_1, x_2, \cdots, x_n)$ 为 θ 的最大似然估计值,称 $\hat{\theta} = \hat{\theta}(X_1, X_2, \cdots, X_n)$ 为 θ 的最大似然估计量.

由定义 2 易知,如果总体 X 是离散型随机变量,样本的似然函数 $L(\theta)$ 就是样本发生的概率,θ 的最大似然估计值 $\hat{\theta}$ 就是 $L(\theta)$ 的最大值点. 对于连续型

总体 X,我们有下述定义:

定义 3　设总体 X 是连续型随机变量,X 的概率密度为 $f(x,\theta),\theta \in \Theta$,其中参数 θ 未知,$X_1,X_2,\cdots,X_n$ 是 X 的样本,$x_1,x_2,\cdots,x_n$ 是样本值,我们称

$$L(\theta) = f(x_1,\theta)f(x_2,\theta)\cdots f(x_n,\theta) = \prod_{i=1}^{n} f(x_i,\theta), \quad \theta \in \Theta$$

为样本的似然函数. 如果存在 $\hat{\theta} = \hat{\theta}(x_1,x_2,\cdots,x_n) \in \Theta$,使 $L(\hat{\theta}) = \max_{\theta \in \Theta} L(\theta)$,则称 $\hat{\theta} = \hat{\theta}(x_1,x_2,\cdots,x_n)$ 为 θ 的最大似然估计值,称 $\hat{\theta} = \hat{\theta}(X_1,X_2,\cdots,X_n)$ 为 θ 的最大似然估计量.

在不会引起混淆的情况下,最大似然估计值和最大似然估计量都可以简称为**最大似然估计**.

例 7　设总体 $X \sim B(1,p)$,其中参数 p 未知,$X_1,X_2,\cdots,X_n$ 是 X 的样本,$x_1,x_2,\cdots,x_n$ 是样本值,试求 p 的最大似然估计.

解　X 是离散型随机变量,X 的分布律为

$$P\{X = x\} = p^x (1-p)^{1-x}, \quad x = 0,1,$$

由定义 2,样本的似然函数

$$L(p) = \prod_{i=1}^{n} p^{x_i} (1-p)^{x_i} = p^{\sum_{i=1}^{n} x_i} (1-p)^{\sum_{i=1}^{n}(1-x_i)},$$

注意到 $L(p)$ 与 $\ln L(p)$ 在相同的点取得最大值,为了简化计算,我们取对数可得

$$\ln L(p) = \left(\sum_{i=1}^{n} x_i\right)\ln p + \left[\sum_{i=1}^{n}(1-x_i)\right]\ln(1-p)$$

$$= \left(\sum_{i=1}^{n} x_i\right)\ln p + \left[n - \sum_{i=1}^{n} x_i\right]\ln(1-p),$$

令

$$\frac{\mathrm{d}\ln L(p)}{\mathrm{d}p} = \left(\sum_{i=1}^{n} x_i\right) \cdot \frac{1}{p} - \left[n - \sum_{i=1}^{n} x_i\right] \cdot \frac{1}{1-p} = 0,$$

解得 p 的最大似然估计值

$$\hat{p} = \frac{1}{n}\sum_{i=1}^{n} x_i = \bar{x},$$

p 的最大似然估计量为

$$\hat{p} = \frac{1}{n}\sum_{i=1}^{n} X_i = \bar{X}.$$

在求最大似然估计时,经常用到函数 $\ln L(\theta)$ 和方程 $\dfrac{\mathrm{d}\ln L(\theta)}{\mathrm{d}\theta} = 0$,我们分别称之为**对数似然函数**和**对数似然方程**.

由例 7 可以总结出求最大似然估计的一般步骤:

(1) 由总体分布写出样本的似然函数 $\prod\limits_{i=1}^{n} f(x_i, \theta)$;

(2) 建立对数似然函数和对数似然方程;

(3) 求解对数似然方程解得最大似然估计.

例 8　设总体 $X \sim E(\lambda)$,其中参数 λ 未知,$X_1, X_2, \cdots, X_n$ 是 X 的样本,$x_1, x_2, \cdots, x_n$ 是样本值,试求 λ 的最大似然估计值.

解　X 是连续型随机变量,X 的概率密度为

$$f(x, \lambda) = \begin{cases} \lambda \mathrm{e}^{-\lambda x}, & x > 0, \\ 0, & x \leqslant 0, \end{cases}$$

由定义 3,样本的似然函数为

$$L(\lambda) = \prod_{i=1}^{n} f(x_i, \lambda) = \prod_{i=1}^{n} \lambda \mathrm{e}^{-\lambda x_i} = \lambda^n \mathrm{e}^{-\lambda \sum\limits_{i=1}^{n} x_i},$$

对数似然函数为

$$\ln L(\lambda) = n \ln \lambda - \lambda \sum_{i=1}^{n} x_i,$$

求导数得对数似然方程

$$\frac{\mathrm{d}\ln L(\lambda)}{\mathrm{d}\lambda} = \frac{n}{\lambda} - \sum_{i=1}^{n} x_i = 0,$$

解之可得最大似然估计值

$$\hat{\lambda} = \frac{n}{\sum\limits_{i=1}^{n} x_i} = \frac{1}{\bar{x}}.$$

在定义 2 和定义 3 中,θ 可以是向量,即总体的分布可以含有多个未知参数.

例 9　设总体 $X \sim N(\mu, \sigma^2)$,其中参数 μ 和 σ^2 均未知,$X_1, X_2, \cdots, X_n$ 是 X 的样本,$x_1, x_2, \cdots, x_n$ 是样本值,试求 μ 和 σ^2 的最大似然估计值.

解　X 的概率密度为

$$f(x, \mu, \sigma^2) = \frac{1}{\sqrt{2\pi}\sigma} \mathrm{e}^{-\frac{(x-\mu)^2}{2\sigma^2}}, \quad -\infty < x < +\infty,$$

样本的似然函数为

$$L(\mu,\sigma^2) = \prod_{i=1}^{n} f(x_i,\mu,\sigma^2) = \prod_{i=1}^{n} \frac{1}{\sqrt{2\pi}\sigma} e^{-\frac{(x_i-\mu)^2}{2\sigma^2}}$$

$$= (2\pi\sigma^2)^{-\frac{n}{2}} e^{-\frac{1}{2\sigma^2}\sum\limits_{i=1}^{n}(x_i-\mu)^2},$$

对数似然函数为

$$\ln L(\mu,\sigma^2) = -\frac{n}{2}\ln(2\pi\sigma^2) - \frac{1}{2\sigma^2}\sum_{i=1}^{n}(x_i-\mu)^2,$$

分别对 μ 和 σ^2 求偏导数可得对数似然方程组:

$$\begin{cases} \dfrac{\partial \ln L(\mu,\sigma^2)}{\partial \mu} = \dfrac{1}{\sigma^2}\sum\limits_{i=1}^{n}(x_i-\mu) = 0, \\[3mm] \dfrac{\partial \ln L(\mu,\sigma^2)}{\partial \sigma^2} = -\dfrac{n}{2\sigma^2} + \dfrac{1}{2\sigma^4}\sum\limits_{i=1}^{n}(x_i-\mu)^2 = 0, \end{cases}$$

解方程组可得 μ 和 σ^2 的最大似然估计值

$$\hat{\mu} = \frac{1}{n}\sum_{i=1}^{n}x_i = \overline{x}, \quad \hat{\sigma}^2 = \frac{1}{n}\sum_{i=1}^{n}(x_i-\overline{x})^2.$$

例 10 设总体 $X \sim U(\theta_1,\theta_2)$,其中参数 θ_1 和 θ_2 均未知,$X_1,X_2,\cdots,X_n$ 是 X 的样本,$x_1,x_2,\cdots,x_n$ 是样本值,试求 θ_1 和 θ_2 的最大似然估计.

解 X 的概率密度为

$$f(x,\theta_1,\theta_2) = \begin{cases} \dfrac{1}{\theta_2-\theta_1}, & \theta_1 \leqslant x \leqslant \theta_2, \\[2mm] 0, & \text{其他,} \end{cases}$$

样本的似然函数为

$$L(\theta_1,\theta_2) = \prod_{i=1}^{n} f(x_i,\theta_1,\theta_2) = \prod_{i=1}^{n} \frac{1}{\theta_2-\theta_1} = \frac{1}{(\theta_2-\theta_1)^n},$$

$$\theta_1 \leqslant x_i \leqslant \theta_2, \quad i=1,2,\cdots,n,$$

由于样本的似然函数不是处处偏导数存在的,所以不能用求偏导数的方法求最大似然估计. 令

$$x_{(1)} = \min\{x_1,x_2,\cdots,x_n\}, \quad x_{(n)} = \max\{x_1,x_2,\cdots,x_n\},$$

$$X_{(1)} = \min\{X_1,X_2,\cdots,X_n\}, \quad X_{(n)} = \max\{X_1,X_2,\cdots,X_n\},$$

注意到对于满足条件

$$\theta_1 \leqslant x_i \leqslant \theta_2, \quad i=1,2,\cdots,n$$

的任意 θ_1 和 θ_2,有

$$L(\theta_1, \theta_2) = \frac{1}{(\theta_2 - \theta_1)^n} \leqslant \frac{1}{(x_{(n)} - x_{(1)})^n},$$

因而似然函数 $L(\theta_1, \theta_2)$ 在 $\hat{\theta}_1 = x_{(1)}, \hat{\theta}_2 = x_{(n)}$ 取得最大值, 即 θ_1 和 θ_2 的最大似然估计值为

$$\hat{\theta}_1 = x_{(1)} = \min\{x_1, x_2, \cdots, x_n\}, \quad \hat{\theta}_2 = x_{(n)} = \max\{x_1, x_2, \cdots, x_n\},$$

θ_1 和 θ_2 的最大似然估计量为

$$\hat{\theta}_1 = X_{(1)} = \min\{X_1, X_2, \cdots, X_n\}, \quad \hat{\theta}_2 = X_{(n)} = \max\{X_1, X_2, \cdots, X_n\}.$$

三、估计量的评选标准

如上所述, 对于总体的未知参数, 可以选择不同的统计量作为它的估计量, 我们自然要问: 究竟选用哪个估计量为好呢? 这就涉及用什么标准来评价估计量的问题. 下面介绍几个常用的评价标准.

1. 无偏性

对于总体的未知参数, 其估计量是随机变量, 不同的样本值会得到不同的估计值, 我们希望估计量的数学期望等于未知参数的真值, 这就产生了无偏性这一概念.

定义 4　设 $\hat{\theta} = \hat{\theta}(X_1, X_2, \cdots, X_n)$ 是参数 θ 的估计量. 如果 $E(\hat{\theta}) = \theta$, 则称 $\hat{\theta}$ 是 θ 的无偏估计量, 否则称 $\hat{\theta}$ 是 θ 的有偏估计量.

例 11　设 $X_1, X_2, \cdots, X_n$ 是总体 X 的样本, X 的均值 $E(X) = \mu$, 证明样本均值 $\overline{X}$ 是总体均值 μ 的无偏估计量.

证　因为

$$E(\overline{X}) = E\left(\frac{1}{n}\sum_{i=1}^{n} X_i\right) = \frac{1}{n}\sum_{i=1}^{n} E(X_i) = \frac{1}{n}\sum_{i=1}^{n} \mu = \mu,$$

由定义 4 可知 $\overline{X}$ 是 μ 的无偏估计量.

例 11 说明, 无论总体服从什么分布, 只要总体均值 $E(X)$ 存在, 样本均值 $\overline{X}$ 就是总体均值 $E(X)$ 的无偏估计量, 因此, 在应用中通常采用 $\overline{X}$ 作为 $E(X)$ 的估计量.

例 12　设 $X_1, X_2, \cdots, X_n (n > 1)$ 是总体 X 的样本, X 的均值和方差均存在, 证明:

(1) 样本方差 S^2 是总体方差 $D(X) = \sigma^2$ 的无偏估计量.

(2) 如果总体方差 $\sigma^2 \neq 0$, 则样本的二阶中心矩 B_2 不是 $D(X) = \sigma^2$ 的无

偏估计量.

证 注意到

$$\sum_{i=1}^{n}(X_i-\overline{X})^2=\sum_{i=1}^{n}(X_i^2-2\overline{X}X_i+\overline{X}^2)=\sum_{i=1}^{n}X_i^2-2\overline{X}\sum_{i=1}^{n}X_i+n\,\overline{X}^2$$

$$=\sum_{i=1}^{n}X_i^2-n\,\overline{X}^2.$$

(1) 因为

$$\sum_{i=1}^{n}(X_i-\overline{X})^2=\sum_{i=1}^{n}X_i^2-n\,\overline{X}^2,\quad E(\overline{X})=E(X),\quad D(\overline{X})=\frac{1}{n}D(X),$$

所以

$$E(S^2)=E\Big(\frac{1}{n-1}\sum_{i=1}^{n}(X_i-\overline{X})^2\Big)=\frac{1}{n-1}E\Big(\sum_{i=1}^{n}X_i^2-n\,\overline{X}^2\Big)$$

$$=\frac{1}{n-1}\Big[\sum_{i=1}^{n}E(X_i^2)-nE(\overline{X}^2)\Big]$$

$$=\frac{1}{n-1}\Big[\sum_{i=1}^{n}E(X^2)-nE(\overline{X}^2)\Big]$$

$$=\frac{1}{n-1}\{n[D(X)+(E(X))^2]-n[D(\overline{X})+(E(\overline{X}))^2]\}$$

$$=\frac{1}{n-1}\Big\{n[D(X)+(E(X))^2]-n\Big[\frac{1}{n}D(X)+(E(X))^2\Big]\Big\}$$

$$=\frac{n-1}{n-1}D(X)=\sigma^2,$$

即 S^2 是 σ^2 的无偏估计量.

(2) 因为

$$E(B_2)=E\Big[\frac{1}{n}\sum_{i=1}^{n}(X_i-\overline{X})^2\Big]=E\Big[\frac{n-1}{n}S^2\Big]=\frac{n-1}{n}\sigma^2\neq\sigma^2,$$

所以 B_2 不是 σ^2 的无偏估计量.

由例 12 可知,无论总体服从什么分布,只要总体方差 $D(X)$ 存在,样本方差 S^2 就是总体方差 $D(X)$ 的无偏估计量,而样本的二阶中心矩 B_2 是 $D(X)$ 的有偏估计量,因此,在应用中通常采用 S^2 作为 $D(X)$ 的估计量.

2. 有效性

估计量 $\hat{\theta}$ 是参数 θ 的无偏估计量,仅仅表明 $\hat{\theta}$ 的数学期望为 θ,如果 $\hat{\theta}$ 的方差很大的话,则 $\hat{\theta}$ 的取值很分散,从而对于给定的样本值 $x_1,x_2,\cdots,x_n$,估计值 $\hat{\theta}=\hat{\theta}(x_1,x_2,\cdots,x_n)$ 可能离参数 θ 的真值甚远.要使估计值尽量集中在 θ 的真

值邻近,自然要求 $\hat{\theta}$ 的方差较小,这就产生了有效性这一概念.

定义 5 设 $\hat{\theta_1} = \hat{\theta_1}(X_1, X_2, \cdots, X_n)$ 和 $\hat{\theta_2} = \hat{\theta_2}(X_1, X_2, \cdots, X_n)$ 都是参数 θ 的无偏估计量. 如果 $D(\hat{\theta_1}) < D(\hat{\theta_2})$,则称估计量 $\hat{\theta_1}$ 较 $\hat{\theta_2}$ 有效.

例 13 设总体 X 的方差 $D(X) > 0$,X_1, X_2, X_3 是 X 的样本,试比较总体均值 $E(X) = \mu$ 的两个估计量

$$\hat{\mu_1} = \frac{X_1 + X_2 + X_3}{3} \quad 和 \quad \hat{\mu_2} = \frac{X_1 + 2X_2 + 3X_3}{6}$$

的有效性.

解 因为

$$E(\hat{\mu_1}) = \frac{1}{3}[E(X_1) + E(X_2) + E(X_3)] = \mu,$$

$$E(\hat{\mu_2}) = \frac{1}{6}[E(X_1) + 2E(X_2) + 3E(X_3)] = \mu,$$

所以 $\hat{\mu_1}$ 和 $\hat{\mu_2}$ 都是 μ 的无偏估计量. 又因为

$$D(\hat{\mu_1}) = \frac{1}{9}[D(X_1) + D(X_2) + D(X_3)] = \frac{D(X)}{3},$$

$$D(\hat{\mu_2}) = \frac{1}{36}[E(X_1) + 4E(X_2) + 9E(X_3)] = \frac{7D(X)}{18},$$

即 $D(\hat{\mu_1}) < D(\hat{\mu_2})$,所以 $\hat{\mu_1}$ 较 $\hat{\mu_2}$ 有效.

3. 一致性

无偏性和有效性都是在给定样本容量 n 的情形下提出的. 当样本容量 n 增加时,样本包含的信息也更多,我们希望估计量更加接近待估参数的真值,更进一步来说,如果 $n \to \infty$,我们希望估计量趋于待估参数的真值,这就产生了一致性这一概念.

定义 6 设 $\hat{\theta} = \hat{\theta}(X_1, X_2, \cdots, X_n)$ 是参数 θ 的估计量. 如果 $\hat{\theta}$ 依概率收敛于 θ,即对于任意正数 ε,

$$\lim_{n \to \infty} P\{|\hat{\theta} - \theta| < \varepsilon\} = 1,$$

则称估计量 $\hat{\theta}$ 是 θ 的一致估计量.

一致估计量又称为**相合估计量**. 由定义 6 可知,如果 $\hat{\theta} = \hat{\theta}(X_1, X_2, \cdots, X_n)$ 是 θ 的一致估计量,意味着只要样本容量 n 足够大,我们就有非常大的把握保证估计值 $\hat{\theta} = \hat{\theta}(x_1, x_2, \cdots, x_n)$ 充分接近 θ 的真值. 但是,当样本容量 n 较小时,一致性就失去了意义,因此,当样本容量 n 不足够大时,在实际中最常用

的是无偏性和有效性.

例 14　设总体 $X \sim N(\mu, \sigma^2)$，$X_1, X_2, \cdots, X_n$ 是 X 的样本，证明样本均值 $\overline{X}$ 是总体均值 μ 的一致估计量.

解　因为 $\overline{X} \sim N\left(\mu, \dfrac{\sigma^2}{n}\right)$，所以对于任意正数 ε，

$$P\{|\overline{X} - \mu| < \varepsilon\} = P\left\{\frac{-\varepsilon}{\sigma/\sqrt{n}} < \frac{\overline{X} - \mu}{\sigma/\sqrt{n}} < \frac{\varepsilon}{\sigma/\sqrt{n}}\right\} = 2\Phi\left(\frac{\varepsilon}{\sigma/\sqrt{n}}\right) - 1,$$

注意到

$$\lim_{n \to \infty} \Phi\left(\frac{\varepsilon}{\sigma/\sqrt{n}}\right) = \Phi(+\infty) = 1,$$

我们有

$$\lim_{n \to \infty} P\{|\overline{X} - \mu| < \varepsilon\} = \lim_{n \to \infty} 2\Phi\left(\frac{\varepsilon}{\sigma/\sqrt{n}}\right) - 1 = 1,$$

即 $\overline{X}$ 是 μ 的一致估计量.

第二节　参数的区间估计

点估计的优点在于用估计值作为未知参数真值的一种近似值，能给人们一个明确的数量概念. 其不足之处是：点估计本身既不能反映出这种近似值的精确程度，也没有指出这种近似的可信程度. 为此，我们来介绍参数的区间估计.

一、置信区间的概念和求法

定义 1　设总体 X 的分布函数 $F(x, \theta)$ 含有一个未知参数 θ，$X_1, X_2, \cdots,$ X_n 是 X 的样本. 对于给定的值 $\alpha(0 < \alpha < 1)$，若两个统计量 $\underline{\theta} = \underline{\theta}(X_1, X_2, \cdots,$ $X_n)$ 和 $\overline{\theta} = \overline{\theta}(X_1, X_2, \cdots, X_n)$，满足 $P\{\underline{\theta} < \theta < \overline{\theta}\} \geqslant 1 - \alpha$，则称随机区间 $(\underline{\theta}, \overline{\theta})$ 为 θ 的置信水平为 $1 - \alpha$ 的置信区间，$\underline{\theta}$ 和 $\overline{\theta}$ 分别称为 θ 的置信水平为 $1 - \alpha$ 的置信下限和置信上限，$1 - \alpha$ 称为置信水平.

设 $x_1, x_2, \cdots, x_n$ 是 X 的样本值，两个统计值 $\underline{\theta} = \underline{\theta}(x_1, x_2, \cdots, x_n)$ 和 $\overline{\theta} = \overline{\theta}(x_1, x_2, \cdots, x_n)$ 都是数，也分别称为 θ 的置信水平为 $1 - \alpha$ 的置信下限和置信上限，数字区间 $(\underline{\theta}, \overline{\theta})$ 也称为 θ 的置信水平为 $1 - \alpha$ 的置信区间.

置信水平又称为**置信度**. 以置信区间的形式作为未知参数的估计称为**区间估计**.

我们知道, 未知参数 θ 是一个数, 而不是随机变量. 样本 $X_1, X_2, \cdots, X_n$ 中的每一个 $X_i (i = 1, 2, \cdots, n)$ 都是随机变量, 因而两个统计量 $\underline{\theta} = \underline{\theta}(X_1, X_2, \cdots, X_n)$ 和 $\overline{\theta} = \overline{\theta}(X_1, X_2, \cdots, X_n)$ 也是随机变量. 由定义 1 可知, θ 的置信水平为 $1 - \alpha$ 的置信区间 $(\underline{\theta}, \overline{\theta})$ 包含未知参数 θ 的概率不小于 $1 - \alpha$, 因此, 置信水平 $1 - \alpha$ 反映了区间估计的可信程度, $1 - \alpha$ 越大, 可信程度越高.

例 1 设总体 $X \sim N(\mu, \sigma^2)$, 其中 σ^2 已知. 设 $X_1, X_2, \cdots, X_n$ 是 X 的样本, 求 μ 的置信水平为 $1 - \alpha$ 的置信区间.

解 由于

$$\overline{X} \sim N(\mu, \frac{\sigma^2}{n}), \quad \frac{\overline{X} - \mu}{\sigma / \sqrt{n}} \sim N(0, 1)$$

由标准正态分布的上 $\frac{\alpha}{2}$ 分位数的定义(如图 6-1 所示), 我们有

$$P\left\{ \left| \frac{\overline{X} - \mu}{\sigma / \sqrt{n}} \right| < z_{\alpha/2} \right\} = 1 - \alpha,$$

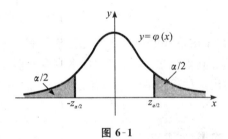

图 6-1

即

$$P\left\{ \overline{X} - \frac{\sigma}{\sqrt{n}} z_{\alpha/2} < \mu < \overline{X} + \frac{\sigma}{\sqrt{n}} z_{\alpha/2} \right\} = 1 - \alpha,$$

于是, 我们得到 μ 的一个置信水平为 $1 - \alpha$ 的置信区间

$$\left(\overline{X} - \frac{\sigma}{\sqrt{n}} z_{\alpha/2}, \quad \overline{X} + \frac{\sigma}{\sqrt{n}} z_{\alpha/2} \right),$$

这样的置信区间常简写成

$$\left(\overline{X} \pm \frac{\sigma}{\sqrt{n}} z_{\alpha/2} \right).$$

上述区间是随机区间, 它的两个端点都是随机变量. 若取 $\alpha = 0.05, \sigma = 1, n =$

$16, \overline{x} = 5.20$, 查表得 $z_{a/2} = z_{0.025} = 1.96$, 于是我们得到一个置信水平为 0.95 的置信区间 $\left(5.20 \pm \dfrac{1}{\sqrt{16}} \times 1.96\right)$, 即 $(4.71, 5.69)$. 注意, 区间 $(4.71, 5.69)$ 已经不是随机区间, 而是数字区间, 它也称为 μ 的置信水平为 $1-\alpha$ 的置信区间.

然而, 置信水平为 $1-\alpha$ 的置信区间并不是唯一的. 例如, 在例 1 中, 对于置信水平 $1 - \alpha = 0.95$, 又有

$$P\left\{-z_{0.01} < \frac{\overline{X} - \mu}{\sigma/\sqrt{n}} < z_{0.04}\right\} = 0.95,$$

即

$$P\left\{\overline{X} - \frac{\sigma}{\sqrt{n}}z_{0.04} < \mu < \overline{X} + \frac{\sigma}{\sqrt{n}}z_{0.01}\right\} = 0.95,$$

故

$$\left(\overline{X} - \frac{\sigma}{\sqrt{n}}z_{0.04}, \quad \overline{X} + \frac{\sigma}{\sqrt{n}}z_{0.01}\right)$$

也是 μ 的置信水平为 0.95 的置信区间. 例 1 中置信水平为 0.95 的置信区间为

$$\left(\overline{X} - \frac{\sigma}{\sqrt{n}}z_{0.025}, \quad \overline{X} + \frac{\sigma}{\sqrt{n}}z_{0.025}\right),$$

其区间长度为

$$\frac{2\sigma}{\sqrt{n}}z_{0.025} \approx \frac{3.92\sigma}{\sqrt{n}},$$

比前者的区间长度

$$\frac{\sigma}{\sqrt{n}}(z_{0.04} + z_{0.01}) \approx \frac{4.08\sigma}{\sqrt{n}}$$

较短. 置信区间的长度短表示区间估计的精度高, 当置信水平给定后, 我们尽量取长度最短的那个区间作为置信区间.

在例 1 中, 随机变量 $J = \dfrac{\overline{X} - \mu}{\sigma/\sqrt{n}}$ 扮演着重要角色, J 包含样本 $X_1, X_2, \cdots,$ X_n 和待估参数 μ, 不包含其他未知参数, 不妨记为 $J = J(\mu, X_1, X_2, \cdots, X_n)$, 且 J 的分布为已知, 这样的随机变量称为**枢轴量**.

由例 1 可总结出求参数 θ 的置信区间的一般步骤:

(1) 寻找枢轴量

枢轴量 $J = J(\theta, X_1, X_2, \cdots, X_n)$ 仅包含待估参数 θ 和样本 $X_1, X_2, \cdots,$ X_n, 而不含其他未知参数, 求出 J 的分布.

（2）求置信区间

对给定的置信水平 $1-\alpha$，确定常数 a,b，使 $P\{a<J(\theta,X_1,X_2,\cdots,X_n)<b\}\geqslant 1-\alpha$．从不等式 $a<J(\theta,X_1,X_2,\cdots,X_n)<b$ 中得到等价不等式 $\underline{\theta}<\theta<\overline{\theta}$，其中 $\underline{\theta}=\underline{\theta}(X_1,X_2,\cdots,X_n)$，$\overline{\theta}=\overline{\theta}(X_1,X_2,\cdots,X_n)$，都是样本的函数，不含任何未知参数，则 $(\underline{\theta},\overline{\theta})$ 就是 θ 的一个置信水平为 $1-\alpha$ 的置信区间．

二、正态总体的均值与方差的区间估计

设已给置信水平 $1-\alpha$，$X_1,X_2,\cdots,X_n$ 为总体 $N(\mu,\sigma^2)$ 的样本，$\overline{X},S^2$ 分别是样本均值和样本方差．

1. 均值 μ 的置信区间

第一种情形：方差 σ^2 已知．

由例 1，μ 的置信水平为 $1-\alpha$ 的置信区间为

$$\left(\overline{X}\pm\frac{\sigma}{\sqrt{n}}z_{\alpha/2}\right).$$

第二种情形：方差 σ^2 未知．

此时不能使用例 1 给出的置信区间 $\left(\overline{X}\pm\dfrac{\sigma}{\sqrt{n}}z_{\alpha/2}\right)$，因其中含未知参数 σ．由于样本方差 S^2 是 σ^2 的无偏估计，因此，我们自然想到将 σ^2 替换为 S^2．由第五章第二节定理 4 可知，枢轴量

$$\frac{\overline{X}-\mu}{S/\sqrt{n}}\sim t(n-1),$$

于是可得（如图 6-2 所示（其中 $f(x,n-1)$ 为 $t(n-1)$ 分布的概率密度））

$$P\left\{-t_{\alpha/2}(n-1)<\frac{\overline{X}-\mu}{S/\sqrt{n}}<t_{\alpha/2}(n-1)\right\}=1-\alpha,$$

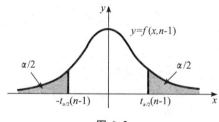

图 6-2

即

$$P\left\{\overline{X} - \frac{S}{\sqrt{n}}t_{\alpha/2}(n-1) < \mu < \overline{X} + \frac{S}{\sqrt{n}}t_{\alpha/2}(n-1)\right\} = 1-\alpha,$$

因此 μ 的置信水平为 $1-\alpha$ 的置信区间为

$$\left(\overline{X} \pm \frac{S}{\sqrt{n}}t_{\alpha/2}(n-1)\right).$$

上述两种情形的置信区间可以在表 6-1 中查到.

表 6-1　正态总体置信区间表

总体个数	待估参数	其他参数	置信水平	置信区间
一个正态总体	μ	σ^2 已知	$1-\alpha$	$\left(\overline{X} \pm \frac{\sigma}{\sqrt{n}}z_{\alpha/2}\right)$
一个正态总体	μ	σ^2 未知	$1-\alpha$	$\left(\overline{X} \pm \frac{S}{\sqrt{n}}t_{\alpha/2}(n-1)\right)$
一个正态总体	σ^2	μ 未知	$1-\alpha$	$\left(\dfrac{(n-1)S^2}{\chi_{\alpha/2}^2(n-1)}, \dfrac{(n-1)S^2}{\chi_{1-\alpha/2}^2(n-1)}\right)$
两个正态总体	$\mu_1 - \mu_2$	σ_1^2, σ_2^2 已知	$1-\alpha$	$\left(\overline{X} - \overline{Y} \pm z_{\alpha/2}\sqrt{\dfrac{\sigma_1^2}{m} + \dfrac{\sigma_2^2}{n}}\right)$
两个正态总体	$\mu_1 - \mu_2$	$\sigma_1^2 = \sigma_2^2 = \sigma^2$ σ^2 未知	$1-\alpha$	$\left(\overline{X} - \overline{Y} \pm t_{\alpha/2}(m+n-2)S_w\sqrt{\dfrac{1}{m} + \dfrac{1}{n}}\right)$
两个正态总体	$\mu_1 - \mu_2$	σ_1^2, σ_2^2 未知	$1-\alpha$	$\left((\overline{X} - \overline{Y}) \pm t_{\alpha/2}([\nu])\sqrt{\dfrac{S_1^2}{m} + \dfrac{S_2^2}{n}}\right)$（近似）
两个正态总体	$\mu_1 - \mu_2$	σ_1^2, σ_2^2 未知 m, n 很大	$1-\alpha$	$\left(\overline{X} - \overline{Y} \pm z_{\alpha/2}\sqrt{\dfrac{S_1^2}{m} + \dfrac{S_2^2}{n}}\right)$（近似）
两个正态总体	σ_1^2/σ_2^2	μ_1, μ_2 未知	$1-\alpha$	$\left(\dfrac{S_1^2}{S_2^2} \cdot \dfrac{1}{F_{\alpha/2}(m-1, n-1)}, \dfrac{S_1^2}{S_2^2} \cdot \dfrac{1}{F_{1-\alpha/2}(m-1, n-1)}\right)$

注 1　$S_w = \sqrt{\dfrac{(m-1)S_1^2 + (n-1)S_2^2}{m+n-2}}$，　$\nu = \dfrac{\left(\dfrac{s_1^2}{m} + \dfrac{s_2^2}{n}\right)^2}{\dfrac{1}{m-1}\left(\dfrac{s_1^2}{m}\right)^2 + \dfrac{1}{n-1}\left(\dfrac{s_2^2}{n}\right)^2}.$

注 2　将双侧置信下限中的"$\alpha/2$"换成"α"后,双侧置信下限就转化为单侧置信下限;将双侧置信上限中的"$\alpha/2$"换成"α"后,双侧置信上限就转化为单侧置信上限.

例 2　某企业生产了一批钢丝绳,其主要质量指标"折断力"$X \sim N(\mu, \sigma^2)$,今从中抽出 15 根,折断力(以千克计)为:

422.2，418.7，425.6，420.3，425.8，423.1，431.5，428.2，

438.3，434.0，412.3，417.2，413.5，441.3，423.7.

试对折断力的均值 μ 进行区间估计(置信水平为 0.95).

解 因为总体 $X \sim N(\mu, \sigma^2)$，而 σ^2 未知,由表 6-1 得均值 μ 的置信水平为 $1-\alpha$ 的置信区间为 $\left(\overline{X} \pm \dfrac{S}{\sqrt{n}} t_{\alpha/2}(n-1)\right)$. 置信水平 $1-\alpha = 0.95$，$\dfrac{\alpha}{2} = 0.025$，$n = 15$，查表得 $t_{0.025}(n-1) = 2.1448$. 由样本值算得 $\overline{x} = 425.047$，$s = 8.47828$. 代入上述数据可得所求置信区间 $(420.35, 429.74)$.

2. 方差 σ^2 的置信区间

根据实际需要,我们只介绍总体均值 μ 未知的情形.

由第五章第二节定理 3 可知,枢轴量 $\dfrac{(n-1)S^2}{\sigma^2} \sim \chi^2(n-1)$,因此(如图 6-3 所示(其中 $f(x, n-1)$ 为 $\chi^2(n-1)$ 分布的概率密度)),

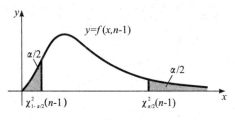

图 6-3

$$P\left\{\chi^2_{1-\alpha/2}(n-1) < \frac{(n-1)S^2}{\sigma^2} < \chi^2_{\alpha/2}(n-1)\right\} = 1-\alpha,$$

即

$$P\left\{\frac{(n-1)S^2}{\chi^2_{\alpha/2}(n-1)} < \sigma^2 < \frac{(n-1)S^2}{\chi^2_{1-\alpha/2}(n-1)}\right\} = 1-\alpha,$$

于是得方差 σ^2 的置信水平为 $1-\alpha$ 的置信区间

$$\left(\frac{(n-1)S^2}{\chi^2_{\alpha/2}(n-1)}, \quad \frac{(n-1)S^2}{\chi^2_{1-\alpha/2}(n-1)}\right),$$

该置信区间可以在表 6-1 中查到. 容易得到均方差 σ 的置信水平为 $1-\alpha$ 的置信区间

$$\left(\frac{\sqrt{(n-1)}\,S}{\sqrt{\chi^2_{\alpha/2}(n-1)}}, \quad \frac{\sqrt{(n-1)}\,S}{\sqrt{\chi^2_{1-\alpha/2}(n-1)}}\right).$$

例 3 试求例 2 中钢丝折断力方差的置信水平为 0.95 的置信区间.

解 查表 6-1 得方差 σ^2 的置信水平为 $1-\alpha$ 的置信区间为

$$\left(\frac{(n-1)S^2}{\chi^2_{\alpha/2}(n-1)}, \frac{(n-1)S^2}{\chi^2_{1-\alpha/2}(n-1)}\right),$$

置信水平 $1-\alpha = 0.95, \frac{\alpha}{2} = 0.025, n = 15,$ 查表得

$$\chi^2_{\alpha/2}(n-1) = \chi^2_{0.025}(14) = 26.119, \quad \chi^2_{1-\alpha/2}(n-1) = \chi^2_{0.975}(14) = 5.629,$$

又 $s = 8.47828,$ 代入上述数据可得所求置信区间 $(38.53, 178.78).$

三、两个正态总体的均值差和方差比的区间估计

设置信水平为 $1-\alpha, X_1, X_2, \cdots, X_m$ 是第一个总体 $N(\mu_1, \sigma_1^2)$ 的样本，$Y_1, Y_2, \cdots, Y_n$ 是第二个总体 $N(\mu_2, \sigma_2^2)$ 的样本，两个总体相互独立，$\overline{X}, \overline{Y}$ 分别是第一、二个总体的样本均值，S_1^2, S_2^2 分别是第一、二个总体的样本方差.

1. 两正态总体均值差 $\mu_1 - \mu_2$ 的置信区间

第一种情形: σ_1^2, σ_2^2 均已知.

容易证明，枢轴量

$$U = \frac{\overline{X} - \overline{Y} - (\mu_1 - \mu_2)}{\sqrt{\dfrac{\sigma_1^2}{m} + \dfrac{\sigma_2^2}{n}}} \sim N(0,1),$$

从而有

$$P\left\{\left|\frac{\overline{X} - \overline{Y} - (\mu_1 - \mu_2)}{\sqrt{\dfrac{\sigma_1^2}{m} + \dfrac{\sigma_2^2}{n}}}\right| < z_{\alpha/2}\right\} = 1-\alpha,$$

即

$$P\left\{\overline{X} - \overline{Y} - z_{\alpha/2}\sqrt{\frac{\sigma_1^2}{m} + \frac{\sigma_2^2}{n}} < \mu_1 - \mu_2 < \overline{X} - \overline{Y} + z_{\alpha/2}\sqrt{\frac{\sigma_1^2}{m} + \frac{\sigma_2^2}{n}}\right\} = 1-\alpha,$$

由此可得 $\mu_1 - \mu_2$ 的置信水平为 $1-\alpha$ 的置信区间

$$\left(\overline{X} - \overline{Y} \pm z_{\alpha/2}\sqrt{\frac{\sigma_1^2}{m} + \frac{\sigma_2^2}{n}}\right).$$

第二种情形: $\sigma_1^2 = \sigma_2^2 = \sigma^2,$ 但 σ^2 未知.

由第五章第二节定理 6 可知，枢轴量

$$\frac{(\overline{X} - \overline{Y}) - (\mu_1 - \mu_2)}{S_w\sqrt{\dfrac{1}{m} + \dfrac{1}{n}}} \sim t(m+n-2),$$

其中

$$S_w = \sqrt{\frac{(m-1)S_1^2 + (n-1)S_2^2}{m+n-2}},$$

从而可得 $\mu_1 - \mu_2$ 的置信水平为 $1-\alpha$ 的置信区间

$$\left(\overline{X} - \overline{Y} \pm t_{\alpha/2}(m+n-2)S_w \sqrt{\frac{1}{m} + \frac{1}{n}} \right).$$

第三种情形: σ_1^2, σ_2^2 均未知.

由第五章第二节定理 7 可知,枢轴量(近似成立)

$$t = \frac{(\overline{X} - \overline{Y}) - (\mu_1 - \mu_2)}{\sqrt{\frac{S_1^2}{m} + \frac{S_2^2}{n}}} \sim t([\nu]),$$

其中

$$\nu = \frac{\left(\frac{s_1^2}{m} + \frac{s_2^2}{n} \right)^2}{\frac{1}{m-1}\left(\frac{s_1^2}{m} \right)^2 + \frac{1}{n-1}\left(\frac{s_2^2}{n} \right)^2},$$

$[\nu]$ 表示不超过 ν 的最大整数.由此可得 $\mu_1 - \mu_2$ 的置信水平为 $1-\alpha$ 的近似置信区间

$$\left((\overline{X} - \overline{Y}) \pm t_{\alpha/2}([\nu]) \sqrt{\frac{S_1^2}{m} + \frac{S_2^2}{n}} \right).$$

第四种情形: σ_1^2, σ_2^2 均未知,而 m, n 都很大($m \geqslant 100, n \geqslant 100$).

可用 $\left(\overline{X} - \overline{Y} \pm z_{\alpha/2} \sqrt{\frac{S_1^2}{m} + \frac{S_2^2}{n}} \right)$ 作为 $\mu_1 - \mu_2$ 的置信水平为 $1-\alpha$ 的近似置信区间.

上述置信区间都可以在表 6-1 中查到.

例 4 为了估计磷肥对某种农作物的增产作用,选择 20 块条件大致相同的土地进行种植试验,其中 10 块不施磷肥,另 10 块施用磷肥,得亩产量(以斤计)如下:

不施磷肥 590,560,570,580,570,600,550,570,550,560.

施用磷肥 620,570,650,600,630,580,570,600,580,600.

由经验知两个总体(亩产量)服从正态分布,且方差 σ^2 相同,试求两个总体均值差 $\mu_1 - \mu_2$ 的置信水平为 0.95 的置信区间.

解 由题意可知两个总体(亩产量)是相互独立的,两总体方差相等,但方差 σ^2 未知,查表 6-1 可得均值差 $\mu_1 - \mu_2$ 的置信区间

$$\left(\overline{X} - \overline{Y} \pm t_{\alpha/2}(m+n-2)S_w \sqrt{\frac{1}{m} + \frac{1}{n}} \right), \quad S_w = \sqrt{\frac{(m-1)S_1^2 + (n-1)S_2^2}{m+n-2}},$$

注意到 $m = n = 10, \alpha = 0.05$,查表得 $t_{\alpha/2}(m+n-2) = t_{0.025}(18) = 2.1009$. 由样本值算得

$$\overline{x} = 570, \quad (m-1)s_1^2 = \sum_{i=1}^{m}(x_i - \overline{x})^2 = 2400,$$

$$\overline{y} = 600, \quad (n-1)s_2^2 = \sum_{i=1}^{n}(y_i - \overline{y})^2 = 6400,$$

可得 $\mu_1 - \mu_2$ 的置信水平为 0.95 的置信区间为 $(-50.77, -9.23)$.

2. 两个正态总体方差比 $\dfrac{\sigma_1^2}{\sigma_2^2}$ 的置信区间

根据实际需要,我们仅讨论总体均值 μ_1, μ_2 未知的情形.由第五章第二节定理 3 可知,

$$\frac{(m-1)S_1^2}{\sigma_1^2} \sim \chi^2(m-1), \quad \frac{(n-1)S_2^2}{\sigma_2^2} \sim \chi^2(n-1),$$

且它们相互独立,由 F 分布的定义可知,枢轴量

$$\frac{S_1^2/\sigma_1^2}{S_2^2/\sigma_2^2} = \frac{\dfrac{(m-1)S_1^2}{\sigma_1^2}/(m-1)}{\dfrac{(n-1)S_2^2}{\sigma_2^2}/(n-1)} \sim F(m-1, n-1),$$

由此可得(如图 6-4 所示(其中 $f(x, m-1, n-1)$ 为 $F(m-1, n-1)$ 分布的概率密度))

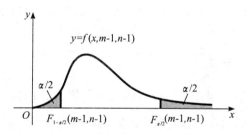

图 6-4

$$P\left\{ F_{1-\alpha/2}(m-1, n-1) < \frac{S_1^2/\sigma_1^2}{S_2^2/\sigma_2^2} < F_{\alpha/2}(m-1, n-1) \right\} = 1-\alpha,$$

即

$$P\left\{ \frac{S_1^2}{S_2^2} \cdot \frac{1}{F_{\alpha/2}(m-1, n-1)} < \frac{\sigma_1^2}{\sigma_2^2} < \frac{S_1^2}{S_2^2} \cdot \frac{1}{F_{1-\alpha/2}(m-1, n-1)} \right\} = 1-\alpha,$$

可得 $\dfrac{\sigma_1^2}{\sigma_2^2}$ 的一个置信水平为 $1-\alpha$ 的置信区间

$$\left(\frac{S_1^2}{S_2^2}\cdot\frac{1}{F_{\alpha/2}(m-1,n-1)},\quad\frac{S_1^2}{S_2^2}\cdot\frac{1}{F_{1-\alpha/2}(m-1,n-1)}\right).$$

该置信区间可在表 6-1 中查到.

例 5　为了考察由机器 A 和机器 B 生产的钢管的内径(以毫米计),随机抽取机器 A 生产的管子 18 只,测得样本方差 $s_1^2=0.34$;抽取机器 B 生产的管子 13 只,测得样本方差 $s_2^2=0.29$. 设由机器 A 和机器 B 生产的管子的内径分别服从正态分布 $N(\mu_1,\sigma_1^2)$ 和 $N(\mu_2,\sigma_2^2)$ 且相互独立,其中 $\mu_1,\mu_2,\sigma_1^2,\sigma_2^2$ 均未知,试求方差比 $\dfrac{\sigma_1^2}{\sigma_2^2}$ 的置信水平为 0.90 的置信区间.

解　依题意 μ_1 和 μ_2 均未知,查表 6-1 得 $\dfrac{\sigma_1^2}{\sigma_2^2}$ 的置信水平为 $1-\alpha$ 的置信区间为

$$\left(\frac{S_1^2}{S_2^2}\cdot\frac{1}{F_{\alpha/2}(m-1,n-1)},\quad\frac{S_1^2}{S_2^2}\cdot\frac{1}{F_{1-\alpha/2}(m-1,n-1)}\right),$$

注意到 $1-\alpha=0.90,m=18,n=13$,查表得

$$F_{\alpha/2}(m-1,n-1)=F_{0.05}(17,12)=2.59,$$

$$F_{1-\alpha/2}(m-1,n-1)=F_{0.95}(17,12)=\frac{1}{F_{0.05}(12,17)}=\frac{1}{2.38},$$

再利用题目所给样本方差 $s_1^2=0.34$ 和 $s_2^2=0.29$,可得所求置信区间(0.45, 2.79).

四、单侧置信区间

在前面的讨论中,对于总体分布的未知参数 θ,我们找出两个统计量 $\underline{\theta}$ 和 $\overline{\theta}$,作为置信下限和置信上限,得到 θ 的置信区间 $(\underline{\theta},\overline{\theta})$. 但在某些实际问题中,不需要将置信下限和置信上限都求出来,只需讨论**单侧置信下限**或**单侧置信上限**就可以了. 例如,对于一批电脑来说,当然希望使用寿命越长越好,我们关心的是它们的平均寿命的下限;再如,对于一批手机来说,当然希望成本越低越好,我们关心的是平均成本的上限. 为此我们引进单侧置信区间的概念.

定义 2　设总体 X 的分布函数 $F(x,\theta)$ 含有一个未知参数 θ. 对于给定的值 $\alpha(0<\alpha<1)$,若由 X 的样本 $X_1,X_2,\cdots,X_n$ 确定的统计量 $\underline{\theta}=\underline{\theta}(X_1,X_2,\cdots,X_n)$,满足 $P\{\theta>\underline{\theta}\}\geqslant1-\alpha$,则称随机区间 $(\underline{\theta},+\infty)$ 为 θ 的置信水平为

$1-\alpha$ 的单侧置信区间，$\underline{\theta}$ 称为 θ 的置信水平为 $1-\alpha$ 的单侧置信下限；若统计量 $\bar{\theta}=\bar{\theta}(X_1,X_2,\cdots,X_n)$ 满足 $P\{\theta<\bar{\theta}\}\geqslant 1-\alpha$，则称随机区间 $(-\infty,\bar{\theta})$ 为 θ 的置信水平为 $1-\alpha$ 的单侧置信区间，$\bar{\theta}$ 称为 θ 的置信水平为 $1-\alpha$ 的单侧置信上限. 单侧置信下限和单侧置信上限统称为单侧置信限.

设 $x_1,x_2,\cdots,x_n$ 是 X 的样本值，将 $x_1,x_2,\cdots,x_n$ 替代 $\underline{\theta}=\underline{\theta}(X_1,X_2,\cdots,X_n)$ 中的 $X_1,X_2,\cdots,X_n$，得到单侧置信下限的值 $\underline{\theta}=\underline{\theta}(x_1,x_2,\cdots,x_n)$，这是一个数，也称为单侧置信下限，同样，单侧置信上限的值 $\bar{\theta}=\bar{\theta}(x_1,x_2,\cdots,x_n)$ 也称为单侧置信上限，数字区间 $(-\infty,\bar{\theta})$ 和 $(\underline{\theta},+\infty)$ 也称为 θ 的置信水平为 $1-\alpha$ 的单侧置信区间.

例如，设置信水平为 $1-\alpha$，$X_1,X_2,\cdots,X_n$ 为总体 $N(\mu,\sigma^2)$ 的样本，S^2 为样本方差. 由第五章第二节定理 3 可知 $\dfrac{(n-1)S^2}{\sigma^2}\sim\chi^2(n-1)$，因此（如图 6-5 所示（其中 $f(x,n-1)$ 为 $\chi^2(n-1)$ 分布的概率密度）），

$$P\left\{\frac{(n-1)S^2}{\sigma^2}<\chi_\alpha^2(n-1)\right\}=1-\alpha,$$

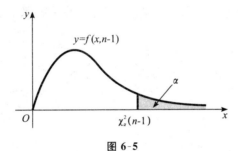

图 6-5

即

$$P\left\{\sigma^2>\frac{(n-1)S^2}{\chi_\alpha^2(n-1)}\right\}=1-\alpha,$$

于是得到总体方差 σ^2 的置信水平为 $1-\alpha$ 的单侧置信区间 $\left(\dfrac{(n-1)S^2}{\chi_\alpha^2(n-1)},+\infty\right)$，$\sigma^2$ 的置信水平为 $1-\alpha$ 的单侧置信下限为 $\underline{\sigma^2}=\dfrac{(n-1)S^2}{\chi_\alpha^2(n-1)}$.

查表 6-1 可知，相应的置信区间（也称为**双侧置信区间**）为 $\left(\dfrac{(n-1)S^2}{\chi_{\alpha/2}^2(n-1)},\ \dfrac{(n-1)S^2}{\chi_{1-\alpha/2}^2(n-1)}\right)$. 显然，单侧置信下限 $\underline{\sigma^2}=\dfrac{(n-1)S^2}{\chi_\alpha^2(n-1)}$，相当于

将双侧置信区间的左端点(也称为**双侧置信下限**)$\dfrac{(n-1)S^2}{\chi^2_{\alpha/2}(n-1)}$ 中的"$\alpha/2$"换成

"α"得到的. 我们可以类似地导出单侧置信上限 $\overline{\sigma^2} = \dfrac{(n-1)S^2}{\chi^2_{1-\alpha}(n-1)}$,相当于将双

侧置信区间的右端点(也称为**双侧置信上限**)$\dfrac{(n-1)S^2}{\chi^2_{1-\alpha/2}(n-1)}$ 中的"$\alpha/2$"换成"α"

得到的. 可以验证,上述结论具有一般性,由此得到求单侧置信限的一般方法:

单侧置信限的求法:在表 6-1 中,将双侧置信下限中的"$\alpha/2$"换成"α"后,双侧置信下限就转化为单侧置信下限;将双侧置信上限中的"$\alpha/2$"换成"α"后,双侧置信上限就转化为单侧置信上限.

例 6 从一批电子产品中随机抽取 6 个测试其使用寿命(以千小时计),得到样本观测值为

$$15.6, \quad 14.9, \quad 16.0, \quad 14.8, \quad 15.3, \quad 15.5,$$

设产品使用寿命 X 服从正态分布 $N(\mu, \sigma^2)$,其中 μ, σ^2 均未知,试求:

(1) 使用寿命均值 μ 的置信水平为 95% 的单侧置信下限和单侧置信区间.

(2) 使用寿命方差 σ^2 的置信水平为 90% 的单侧置信上限和单侧置信区间.

解 样本容量 $n = 6$,根据样本值计算可得 $\overline{x} = 15.35, s^2 = 0.203$.

(1) 置信水平 $1-\alpha = 0.95, \alpha = 0.05$,查表得 $t_\alpha(n-1) = t_{0.05}(5) = 2.015$,查表 6-1 可得均值 μ 的置信水平为 $1-\alpha$ 的单侧置信下限为(注意将表中双侧置信下限中的 $\alpha/2$ 换成 α)

$$\underline{\mu} = \overline{x} - \frac{s}{\sqrt{n}} t_\alpha(n-1) = 15.35 - \frac{\sqrt{0.203}}{\sqrt{6}} \times 2.015 = 14.98,$$

单侧置信区间为 $(14.98, +\infty)$.

(2) 置信水平 $1-\alpha = 0.9$,查表得 $\chi^2_{1-\alpha}(n-1) = \chi^2_{0.9}(5) = 1.610$,查表 6-1 可得方差 σ^2 的置信水平为 $1-\alpha$ 的单侧置信上限为(注意将表中双侧置信上限中的 $\alpha/2$ 换成 α)

$$\overline{\sigma^2} = \frac{(n-1)s^2}{\chi^2_{1-\alpha}(n-1)} = \frac{5 \times 0.203}{1.610} = 0.630,$$

单侧置信区间为 $(-\infty, 0.630)$.

第三节　数学软件在参数估计中的应用

一、Mathematica 在参数估计中的应用

我们可以利用数学软件 Mathematica 计算总体的数学期望 μ 和方差 σ^2 的估计值.

例1　设新生儿(男)体重 X 服从正态分布 $N(\mu,\sigma^2)$,其中 μ,σ^2 未知. 随机抽取了新生儿(男)50 名,测得体重(以 g 计) 如下:

2520	3460	2600	3320	3120	3400	2900	2420	3280	3100
2980	3160	3100	3460	2740	3060	3700	3460	3500	1600
3100	3700	3280	2800	3120	3800	3740	2940	3580	2980
3700	3460	2940	3300	2980	3480	3220	3060	3400	2680
3340	2500	2960	2900	4600	2780	3340	2500	3300	3640

试估计 μ,σ^2.

解　在实际应用中,通常利用下列公式估计总体的数学期望 μ 和方差 σ^2:

$$\hat{\mu} = \bar{x} = \frac{1}{n}\sum_{i=1}^{n} x_i, \qquad \hat{\sigma^2} = s^2 = \frac{1}{n-1}\sum_{i=1}^{n}(x_i - \bar{x})^2.$$

Mathematica 的输入和输出语句如下:

```
In[1]: = n = 50;
        ybz = {2520,3460,2600,3320,3120,3400,2900,2420,3280,
              3100,2980,3160,3100,3460,2740,3060,3700,3460,
              3500,1600,3100,3700,3280,2800,3120,3800,3740,
              2940,3580,2980,3700,3460,2940,3300,2980,3480,
              3220,3060,3400,2680,3340,2500,2960,2900,4600,
              2780,3340,2500,3300,3640};
        xg = N[Sum[ybz[[i]],{i,1,n}]/n]
        s2 = N[Sum[(ybz[[i]] - xg)^2,{i,1,n}]/(n-1)]
Out[3] = 3160.
Out[4] = 216653.
```

即 μ, σ^2 的估计值分别为

$$\hat{\mu} = \overline{x} = \frac{1}{n} \sum_{i=1}^{n} x_i = 3160, \qquad \hat{\sigma^2} = s^2 = \frac{1}{n-1} \sum_{i=1}^{n} (x_i - \overline{x})^2 = 216653.$$

在区间估计中,我们可以查表 6-1 得到置信区间,利用 Mathematica 进行具体计算.

例 2 (本章第二节例 2) 某企业生产了一批钢丝绳,其主要质量指标"折断力" $X \sim N(\mu, \sigma^2)$,今从中抽出 15 根,折断力(以千克计)为:

422.2,418.7,425.6,420.3,425.8,423.1,431.5,428.2,

438.3,434.0,412.3,417.2,413.5,441.3,423.7.

试求折断力均值 μ 的置信区间(置信水平为 0.95).

解 因为总体 $X \sim N(\mu, \sigma^2)$,而 σ^2 未知,查表 6-1 可得均值 μ 的置信水平为 $1 - \alpha$ 的置信区间为

$$\left(\overline{X} \pm \frac{S}{\sqrt{n}} t_{\alpha/2}(n-1) \right).$$

Mathematica 的输入和输出语句如下:

```
In[1]: = <<Statistics`ContinuousDistributions`
        a = 0.05;n = 15;
        tdist = StudentTDistribution[n − 1];
        ybz = {422.2,418.7,425.6,420.3,425.8,423.1,431.5,
               428.2,438.3,434.0,412.3,417.2,413.5,441.3,
               423.7};
        xg = Sum[ybz[[i]],{i,1,n}]/n;
        s = (Sum[(ybz[[i]] − xg)^2,{i,1,n}]/(n−1))^(1/2);
        fwd = Quantile[tdist,1 − a/2];
        {xg − s fwd/n^(1/2),xg + s fwd/n^(1/2)}
Out[8] = {420.352,429.742}.
```

即所求置信区间为 (420.352,429.742).

二、SPSS 在参数估计中的应用

以样本均值和样本方差分别估计总体的数学期望 μ 和方差 σ^2,可以利用 SPSS 进行计算,具体方法可参阅第五章第三节.下面举例说明利用 SPSS 进行区间估计.

1. 方差未知时正态总体均值 μ 的置信区间

例 3   试用 SPSS 求解本节例 2.

解   首先启动 SPSS,定义变量,输入数据(如图 6-6 所示).

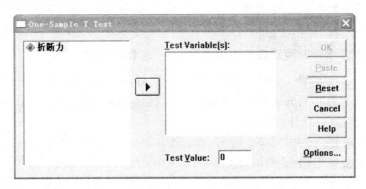

图 6-6

然后进行以下操作:

(1) 点击"Analyze → Compare Means → One-Sample T Test",屏幕上弹出主对话窗口,如图 6-7 所示.

图 6-7

（2）从左框中选取要分析的变量（本例为折断力），通过箭头放入右框（Test Variable(s)），在右框下方的"Test Value"右方的框中输入0. 点击右下角"Options…"，屏幕上弹出一个对话窗口，如图 6-8 所示.

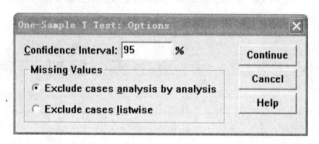

图 6-8

（3）在窗口上中部的框内输入 $100 \times$ 置信水平（本例为 95），点击"Continue"，返回主对话窗口，点击"OK"，输出结果（如图 6-9 所示）：

One-Sample Statistics

	N	Mean	Std. Deviation	Std. Error Mean
折断力	15	425.0467	8.47828	2.18908

One-Sample Test

	Test Value = 0					
					95% Confidence Interval of the Difference	
	t	df	Sig. (2-tailed)	Mean Difference	Lower	Upper
折断力	194.167	14	.000	425.0467	420.3516	429.7418

图 6-9

右下角给出了折断力均值 μ 的置信水平为 0.95 的（双侧）置信下限（Lower）和置信上限（Upper），所求置信区间为（420.3516，429.7418）.

2. 方差未知时两正态总体均值差 $\mu_1 - \mu_2$ 的置信区间

例 4　（本章第二节例 4）为了估计磷肥对某种农作物的增产作用，选择 20 块条件大致相同的土地进行种植试验，其中 10 块不施磷肥，另 10 块施用磷肥，得亩产量（以斤计）如下：

不施磷肥　590，560，570，580，570，600，550，570，550，560.

施用磷肥　620，570，650，600，630，580，570，600，580，600.

由经验知两个总体（亩产量）服从正态分布，且方差 σ^2 相同，试求两个总

体均值差 $\mu_1-\mu_2$ 的置信水平为 0.95 的置信区间.

解 首先启动 SPSS,定义变量,输入数据如图 6-10 所示.

	亩产量	无1施2	var	var	var	var
1	590.00	1.00				
2	560.00	1.00				
3	570.00	1.00				
4	580.00	1.00				
5	570.00	1.00				
6	600.00	1.00				
7	550.00	1.00				
8	570.00	1.00				
9	550.00	1.00				
10	560.00	1.00				
11	620.00	2.00				
12	570.00	2.00				
13	650.00	2.00				
14	600.00	2.00				
15	630.00	2.00				
16	580.00	2.00				
17	570.00	2.00				
18	600.00	2.00				
19	580.00	2.00				
20	600.00	2.00				

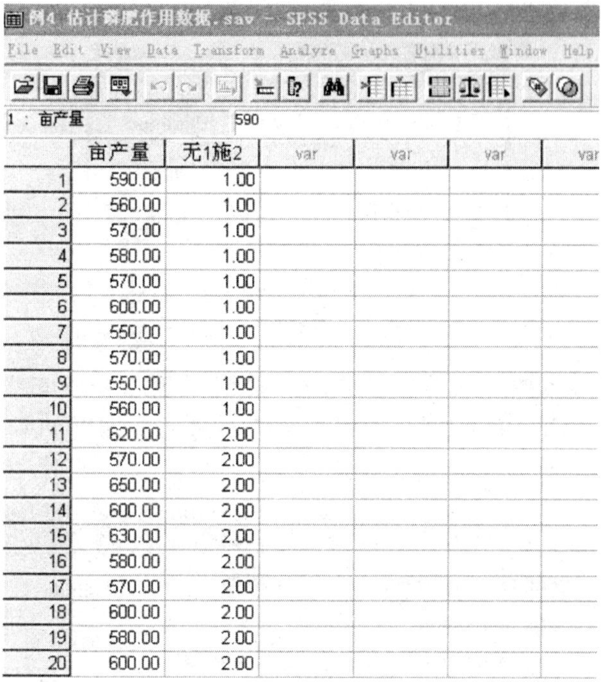

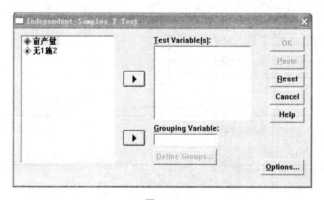

图 6-10

然后进行以下操作:

(1) 点击“Analyze→Compare Means→Independent-Sample T Test”,屏幕上弹出一个对话窗口,如图 6-11 所示.

图 6-11

（2）从左框中选取要分析的变量"亩产量"，通过箭头，放入右上框（Test Variable(s)），选取变量"无1施2"放入右下框（Grouping Variable），点击 Define Groups 按钮，弹出一个对话框，如图 6-12 所示.

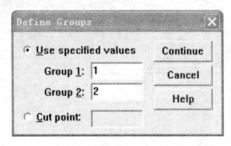

图 6-12

（3）要求输入两个组的变量值，本例把"1"输入 Groupl 1，把"2"输入 Groupl 2，点击 Continue 按钮，回到主窗口. 点击右下角"Options…"，弹出对话框，如图 6-13 所示.

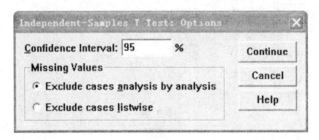

图 6-13

（4）在窗口上中部的框（Confidence lnterval:）内输入 100 × 置信水平（本例为 95），点击"Continue"，返回主对话窗口，点击"OK"，输出结果（如图 6-14 所示）：

Group Statistics

	无1施2	N	Mean	Std. Deviation	Std. Error Mean
亩产量	1.00	10	570.0000	16.32993	5.16398
	2.00	10	600.0000	26.66667	8.43274

Independent Samples Test

		Levene's Test for Equality of Variances		t-test for Equality of Means					95% Confidence Interval of the Difference	
		F	Sig.	t	df	Sig. (2-tailed)	Mean Difference	Std. Error Difference	Lower	Upper
亩产量	Equal variances assumed	1.714	.207	-3.034	18	.007	-30.0000	9.88826	-50.77447	-9.22553
	Equal variances not assumed			-3.034	14.918	.008	-30.0000	9.88826	-51.08646	-8.91354

图 6-14

因为两个总体的方差 σ^2 相同,所以应看倒数第二行(Equal variances assumed),此行末尾给出了两个总体均值差 $\mu_1 - \mu_2$ 的置信水平为 0.95 的(双侧)置信下限(Lower)和置信上限(Upper),所求置信区间为(-50.77447, -9.22553).

注　如果两个总体的方差不同,应看倒数第一行(Equal variances not assumed).

习 题 六

1. 设总体 $X \sim P(\lambda)$,$X_1, X_2, \cdots, X_n$ 为总体 X 的样本,$x_1, x_2, \cdots, x_n$ 为样本值,求未知参数 λ 的矩估计量和最大似然估计值.

2. 设 $X_1, X_2, \cdots, X_n$ 是总体 $B(n, p)$ 的样本,试求 n 和 p 的矩估计量.

3. 设总体 X 的概率密度为

$$f(x, \theta, \mu) = \begin{cases} \theta e^{-\theta(x-\mu)}, & x \geqslant \mu, \\ 0, & x < \mu, \end{cases}$$

其中 μ 和 θ 均未知,又设 $X_1, X_2, \cdots, X_n$ 是总体 X 的样本,求参数 μ 和 θ 的矩估计量.

4. 已知某种灯的寿命服从正态分布 $N(\mu, \sigma^2)$. 在某星期所生产的该种灯中随机抽取 10 只,测得其寿命(以小时计)为

　　1067, 919, 1196, 785, 1126, 936, 918, 1156, 920, 948.

设总体参数 μ 和 σ^2 都未知,试用最大似然估计法估计未知参数.

5. 设总体 X 的概率密度为 $f(x, \theta)$,$X_1, X_2, \cdots, X_n$ 为总体 X 的样本,求参数 θ 的最大似然估计.

(1) $f(x, \theta) = \begin{cases} \theta x^{\theta-1}, & 0 < x < 1, \\ 0, & 其他. \end{cases}$

(2) $f(x, \theta) = \begin{cases} \theta \alpha x^{\alpha-1} e^{-\theta x^{\alpha}}, & x > 0, \\ 0, & 其他, \end{cases}$ 其中 α 已知,且 $\theta > 0, \alpha > 0$.

6. 设 $\hat{\theta}$ 是参数 θ 的无偏估计,且 $D(\hat{\theta}) > 0$. 试证:$\hat{\theta}^2$ 不是 θ^2 的无偏估计.

7. 设 $X_1, X_2, \cdots, X_n$ 是总体 $N(\mu, \sigma^2)$ 的一个样本. 试适当选择常数 C,使 $C \sum_{i=1}^{n-1} (X_{i+1} - X_i)^2$ 是 σ^2 的无偏估计量.

8. 已知总体 $X \sim E(\theta^{-1})$,其中参数 θ 未知,X_1, X_2, X_3, X_4 是总体的样本,θ 的三个估计量分别为

$$\hat{\theta}_1 = \frac{1}{6}(X_1 + X_2) + \frac{1}{3}(X_3 + X_4),$$

$$\hat{\theta}_2 = \frac{1}{5}(X_1 + 2X_2 + 3X_3 + 4X_4),$$

$$\hat{\theta}_3 = \frac{1}{4}(X_1 + X_2 + X_3 + X_4).$$

(1) 指出三个估计量中哪几个是 θ 的无偏估计量，为什么？

(2) 在上述无偏估计量中哪一个较有效，为什么？

9. 随机地从一批钉子中抽取 16 枚，测得其长度（以厘米计）为

　　　2.14，2.10，2.13，2.15，2.13，2.12，2.13，2.10，

　　　2.15，2.12，2.14，2.10，2.13，2.11，2.14，2.11.

设钉子长度服从正态分布 $N(\mu, \sigma^2)$.试分别在下述条件下求 μ 的 90% 置信区间：(1) 已知 $\sigma = 0.01$；(2)σ 未知.

10. 设炮口速度服从正态分布 $N(\mu, \sigma^2)$，随机地取某种炮弹 9 发做试验，测得炮口速度的样本标准差为 11（米／秒），求这种炮弹的炮口速度的方差 σ^2 的置信水平为 95% 的置信区间.

11. 在一群年龄为 4 个月的老鼠中任意抽取雄性、雌性老鼠各 12 只，测得重量（以克计）如下：

雄性	26.0	20.0	18.0	28.5	23.6	20.0	22.5	24.0	24.0	25.0	23.8	24.0
雌性	16.5	17.0	16.0	21.0	23.0	19.5	18.0	18.5	20.0	28.0	19.5	20.5

设雄性、雌性老鼠的重量分别为 $X \sim N(\mu_1, \sigma^2)$，$Y \sim N(\mu_2, \sigma^2)$，其中 μ_1, μ_2, σ^2 均未知，且 X 和 Y 相互独立，试求 $\mu_1 - \mu_2$ 的置信水平为 90% 的置信区间.

12. 两种羊毛织物的拉力试验结果如下（以牛／厘米^2 计）

　　　第一种　　96.6，88.9，93.8，87.5.

　　　第二种　　93.8，95.7，94.5，98.0，91.0，93.8.

设它们分别是两个同方差的正态总体的样本，且两个总体相互独立，试求两总体均值差的 95% 置信区间.

13. 有两位化验员 A, B.他们独立地对某种聚合物的含氮量用相同的方法各做了 10 次测定，其测定值的方差依次为 $s_1^2 = 0.5419$ 和 $s_2^2 = 0.6065$. 设 A, B 的测定值服从正态分布，σ_1^2 和 σ_2^2 分别为其方差，求方差比 σ_1^2/σ_2^2 的 95% 置信区间.

14. 在第 9 题中，已知 $\sigma = 0.01$，求 μ 的 90% 单侧置信下限.

15. 设总体 $X \sim N(\mu, \sigma^2)$,其中 μ, σ^2 均未知,X 的样本值为

11.5, 12.0, 11.6, 11.8, 10.4, 10.8, 12.2, 11.9, 12.4, 12.6,
试求 μ 的置信水平为 0.95 的单侧置信上限.

16. 设置信水平为 $1 - \alpha$,$X_1, X_2, \cdots, X_m$ 是第一个总体 $N(\mu_1, \sigma_1^2)$ 的样本,$Y_1, Y_2, \cdots, Y_n$ 是第二个总体 $N(\mu_2, \sigma_2^2)$ 的样本,其中 σ_1^2, σ_2^2 均已知,两个总体相互独立,$\overline{X}, \overline{Y}$ 分别为第一、二个总体的样本均值,试推导均值差 $\mu_1 - \mu_2$ 的单侧置信上限.

第七章　　假设检验

假设检验是数理统计的一项重要内容,在自然科学和社会科学中都有广泛应用.在总体的分布函数完全未知或者只知其形式但不知其参数的情况下,我们根据理论分析或实践经验提出关于总体的某些假设,例如,假设总体服从指数分布,又如,当已知总体服从正态分布时,假设总体的数学期望等于 μ_0 等.假设检验就是根据样本对所提出的假设作出判断:接受还是拒绝.本章主要介绍假设检验的基本思想、常用的参数假设检验和非参数假设检验方法,并举例介绍假设检验在实际中的应用.

第一节　　假设检验的概念

一、假设检验的基本依据

假设检验的基本依据是**实际推断原理**:小概率事件在一次试验中几乎是不可能发生的.实际推断原理又称为**小概率原理**.

实际推断原理在工作和生活中经常起作用,人们在自觉或不自觉地使用着它.例如,在全世界范围内,飞机失事每年都要发生多起,但乘飞机者还是大有人在,其原因并非乘客不怕死,而是因为飞机失事是一个小概率事件,据统计其发生概率只有几千万分之一,乘客有理由相信自己所乘飞机"几乎不可能"失事,乘机旅行是非常安全的.再例如,建造一座核电站时,并不要求它"绝对安全",只要发生事故的概率很小,就认为是高可靠性的核电站了.

举一个例子来说明实际推断原理的应用:假如有甲、乙两只相同的袋子,装有形状和大小完全相同的球,甲袋中有 1000 粒球,其中 999 粒白球,只有 1 粒红球;乙袋中也有 1000 粒球,但是其中 999 粒红球,只有 1 粒白球.现随机取一只袋子,问这只袋子是甲袋还是乙袋?

不妨假设:"这只袋子是甲袋",我们称之为原假设,记为 H_0,与之相对立的假设是 H_1:"这只袋子是乙袋",我们称之为备择假设.为了检验原假设 H_0

是否正确,从袋中随机取一粒球,发现是红球.于是我们这样考虑:如果原假设是对的,则"取得红球"的概率仅为$\frac{1}{1000}$,是个小概率事件,小概率事件在一次实验中几乎是不可能发生的,现在居然发生了!因此,原假设一定是错的,我们拒绝原假设 H_0,接受备择假设 H_1,推断"这只袋子是乙袋".

这种推理方法不妨称为**概率反证法**,我们将其总结如下:假定在原假设 H_0 成立的条件下,事件 A 是一个小概率事件.我们进行试验,如果在一次试验中 A 居然发生了,则有理由认为原假设 H_0 不成立.反之,如果在一次实验中 A 没有发生,则没有足够的理由拒绝 H_0,于是接受原假设 H_0.这就是假设检验的基本思想.

我们再通过一个例子来详细介绍假设检验的基本思想.

例 1   某企业用一台包装机包装葡萄糖,额定标准为每袋净重 0.5 千克.已知包装机正常工作时,包装的葡萄糖的净重服从正态分布,其均值为 0.5 千克,标准差为 0.015 千克,并且根据长期观察得知,标准差相当稳定.某天开工后,为检验包装机是否正常工作,随机抽取它包装的 9 袋葡萄糖,测得净重为

  0.497,0.506,0.518,0.524,0.506,0.511,0.510,0.515,0.512,
问这天包装机工作是否正常?

解   设这天包装机所包装的葡萄糖的净重为 X,则 $X \sim N(\mu,\sigma^2)$.由于标准差相当稳定,可以认为已知 $\sigma = 0.015$,即 $X \sim N(\mu,0.015^2)$.我们要推断的是总体 X 的均值 μ.

我们知道,即使包装机正常工作,波动性总是存在的,所包装的每包葡萄糖的净重不会都等于 0.5 千克.造成这种差异的原因有 2 种,一是随机因素的影响,二是系统因素的影响.由于随机因素而发生的差异称为随机误差,在生产和生活中是不可避免的,从而是允许存在的,只需将其控制在某个范围内即可.由于系统因素而产生的差异称为系统误差,它的出现意味着系统达不到给定标准,例如生产设备存在缺陷,外部条件不符合要求等,需要加以控制和调整.如果包装机包装的葡萄糖的重量只存在随机误差,而且不超出给定的范围,我们可以判断包装机工作正常;如果我们有理由断定包装的糖重不是 0.5 千克,并且误差较大,其主要原因就是系统误差,即包装机工作不正常.问题的关键是:用什么方法判断包装机工作是否正常呢?

我们已经知道了总体的样本值 $x_1,x_2,\cdots,x_9$,可以算出样本均值

$$\overline{x} = \frac{1}{9}\sum_{i=1}^{9} x_i = 0.511,$$

可以设想:如果包装机工作正常,那么 $\mu = 0.5$,从而 $X \sim N(0.5, 0.015^2)$,于是我们提出原假设 $H_0: \mu = \mu_0 = 0.5$,如果 H_0 成立的话,我们不能强求 $\overline{x} = \mu_0 = 0.5$,这是因为样本存在着随机误差,但是,由于样本均值 $\overline{X}$ 是总体均值 μ 的无偏估计量,$\overline{x}$ 与 μ_0 应该比较接近,如果 $\overline{x}$ 与 μ_0 相差很大,我们就拒绝 H_0,认为包装机工作不正常. 也就是说,当 H_0 为真时,$|\overline{x} - \mu_0|$ 应较小,当 $|\overline{x} - \mu_0|$ 过分大时,我们就怀疑 H_0 的正确性而拒绝它. 怎样判断 $|\overline{x} - \mu_0|$ 是"较小"还是"过分大"呢?这就需要给出一个判断标准. 当 H_0 为真时,因为 $X \sim N(\mu_0, \sigma^2)$,所以

$$\frac{\overline{X} - \mu_0}{\sigma / \sqrt{n}} \sim N(0, 1),$$

对于给定的小概率 α $(0 < \alpha < 1)$,例如 $\alpha = 0.05$,概率

$$P\left\{ \left| \frac{\overline{X} - \mu_0}{\sigma / \sqrt{n}} \right| \geqslant z_{\alpha/2} \right\} = \alpha,$$

其中 $z_{\alpha/2}$ 是标准正态分布的上 $\dfrac{\alpha}{2}$ 分位数,如图 7-1 所示(其中 $\varphi(x)$ 为标准正态分布的概率密度),从而事件 $\left\{ \left| \dfrac{\overline{X} - \mu_0}{\sigma / \sqrt{n}} \right| \geqslant z_{\alpha/2} \right\}$ 是一个小概率事件,查表可得 $z_{\alpha/2} = z_{0.025} = 1.96$,又由 $\overline{x} = 0.511, \mu_0 = 0.5, \sigma = 0.015, n = 9$,可得

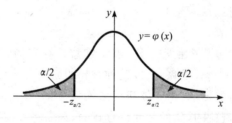

图 7-1

$$\left| \frac{\overline{x} - \mu_0}{\sigma / \sqrt{n}} \right| = \left| \frac{0.511 - 0.5}{0.015 / \sqrt{9}} \right| = 2.2 > 1.96,$$

小概率事件居然发生了!于是拒绝 H_0,即认为这天包装机工作不正常.

本章介绍的各种假设检验问题,包括参数检验与非参数检验,虽然具体方法各不相同,但都是依据上述基本思想.

二、假设检验的概念

在许多实际问题中,需要对总体 X 的分布函数或分布函数中的一些参数

做出某种假设,这种假设称为**统计假设**,简称**假设**,常记作 H_0. 当已知总体 X 的分布形式,例如已知 X 服从正态分布,而 H_0 仅仅涉及分布函数的未知参数时,称之为**参数假设**;当统计假设 H_0 涉及分布函数的形式(例如,假设 $H_0 : X$ 服从指数分布)时,称之为**非参数假设**.

判断统计假设 H_0 是否成立的方法称为**假设检验**,简称**检验**.判断参数假设是否成立的方法称为**参数检验**,判断非参数假设是否成立的方法称为**非参数检验**.

在假设检验中,实际推断原理中的"小概率"α 称为**显著性水平**.

参数检验的一般描述如下:

设总体 X 的分布形式已知,但含有未知参数 $\theta, \theta \in \Theta$,其中 Θ 是一个数集,称为参数空间,根据统计推断的需要提出假设 $H_0 : \theta \in \Theta_0$,其中 Θ_0 是 Θ 的一个非空真子集.我们从总体 X 抽取容量为 n 的样本 $X_1, X_2, \cdots, X_n$,进而根据样本值 $x_1, x_2, \cdots, x_n$ 对 H_0 的正确性进行推断.

假设 $H_0 : \theta \in \Theta_0$ 的对立面是 $H_1 : \theta \in \Theta - \Theta_0$. 称 $H_0 : \theta \in \Theta_0$ 为**原假设**(或**零假设**);称 $H_1 : \theta \in \Theta - \Theta_0$ 为**备择假设**.一个假设检验问题就是依据样本,在原假设 H_0 与备择假设 H_1 之间作出选择.

提出了原假设 H_0 和备择假设 H_1 之后,要确定具体的推断方法去推断 H_0 是否成立,也就是要确定一个合理有效的检验 H_0 是否成立的规则,这个检验规则就是假设检验.在检验规则中,需要给定显著性水平 α,并构造一个适用于检验假设的统计量 J,我们称 J 为**检验统计量**,J 所有可能取到的值构成的集合称为检验统计量的**取值域**.检验规则相当于把取值域分成了 2 个区域,其中拒绝原假设 H_0 的区域称为检验的**拒绝域**(或**否定域**),也称为假设的拒绝域(或否定域),记为 W_1;不拒绝原假设 H_0 的区域称为检验的**接受域**,记为 W_0. 由于检验统计量的取值域是可以事先知道的,因此,确定了拒绝域 W_1 也就相应地确定了接受域 W_0,从而给出检验规则等价于指明这个检验的拒绝域 W_1. 拒绝域的边界点称为**临界值**或**临界点**.

在例 1 中,其原假设和备择假设为

$$H_0 : \mu = 0.5, \quad H_1 : \mu \neq 0.5,$$

显著性水平 $\alpha = 0.05$,检验统计量为 $z = \dfrac{\overline{X} - \mu_0}{\sigma / \sqrt{n}}$,当 H_0 成立时,z 服从标准正态分布,检验规则为:如果检验统计值 $\left| \dfrac{\overline{x} - \mu_0}{\sigma / \sqrt{n}} \right| \geqslant z_{\alpha/2}$,则拒绝 H_0,接受 H_1,即

认为 H_0 不成立，H_1 成立；如果 $\left|\dfrac{\overline{x}-\mu_0}{\sigma/\sqrt{n}}\right| < z_{\alpha/2}$，则接受 H_0. 拒绝域为

$$W_1 = \left\{\left|\dfrac{\overline{x}-\mu_0}{\sigma/\sqrt{n}}\right| \geqslant z_{\alpha/2}\right\},$$

可以简写成

$$\left|\dfrac{\overline{x}-\mu_0}{\sigma/\sqrt{n}}\right| \geqslant z_{\alpha/2},$$

临界值为 $-z_{\alpha/2} = -1.96$ 和 $z_{\alpha/2} = 1.96$. 假设检验的结果为检验统计值落入拒绝域 $W_1 = \left|\dfrac{\overline{x}-\mu_0}{\sigma/\sqrt{n}}\right| \geqslant z_{\alpha/2}$，即实际推断原理中的"小概率事件"发生了，从而拒绝原假设 H_0，接受备择假设 H_1，实际意义为判断包装机工作不正常.

三、两类错误

由于我们推断 H_0 的依据是样本，而样本是在总体中随机选取的，因此假设检验不可能绝对准确，它可能犯两类错误：

第一类错误：当原假设 H_0 成立时，根据样本拒绝了 H_0. 这种错误也称为**弃真**错误. 犯第一类错误的概率不超过显著性水平 α.

第二类错误：当原假设 H_0 不成立时，根据样本没有拒绝 H_0. 这种错误也称为**取伪**错误. 犯第二类错误的概率记为 β.

对于假设检验来说，自然希望犯两类错误的概率 α 和 β 越小越好. 然而，当样本容量 n 确定后，犯两类错误的概率 α 和 β 不可能同时减小，一般来说，α 变小则 β 变大，β 变小则 α 变大. 若想同时减少两类错误概率，必须增加样本容量 n. 在实际应用中，一般控制犯第一类错误的概率，即给定显著性水平 α，使得犯第一类错误的概率不超过 α，常用的 α 有 $0.1,0.05,0.01,0.005,0.001$ 等. 在应用中通常这样处理：如果在显著性水平 $\alpha = 0.05$ 下拒绝了原假设 H_0，则推断 H_0 不成立的理由比较充分；如果在 $\alpha = 0.01$ 下拒绝了 H_0，则推断 H_0 不成立的理由很充分. 这种处理方法并不是严格规定. 总之，显著性水平越小，当拒绝 H_0 时，其理由就越充分.

只控制犯第一类错误的概率而不考虑犯第二类错误的概率，这样的检验称为**显著性检验**，本章主要讨论显著性检验. 当有足够资料时，可以考虑选取适当的 α 和 β，使检验效果达到最佳. 限于篇幅，本书不讨论此问题.

由于在假设检验问题中仅仅控制了弃真概率，而没有控制取伪概率，因此，在实际应用中究竟选哪一个假设作为原假设 H_0，哪一个假设作为备择假

设 H_1,必须认真分析后再确定.一般来说,要分析两类错误带来的后果,例如,我们检验的目的是判断某个求医者是否患有某种致命性疾病,如果把"患有此病"作为原假设 H_0,那么犯第一类错误意味着把有病当作无病,从而可能延误治疗而导致死亡,而犯第二类错误意味着把无病当有病,从而造成经济上的损失及不必要的精神负担;如果把"此人无病"作为原假设 H_0,那么"有病当作无病"是取伪错误,由于假设检验没有控制犯取伪错误的概率,因而犯"有病当无病"错误的概率或许较大,有可能耽误治疗而导致严重后果.一般地,在选择原假设 H_0 时,应根据以下三个原则:

(1)尽量使后果严重的错误成为弃真错误.这是因为显著性检验可以有效地控制犯弃真错误的概率.例如在上例中,应尽量把"此人患有该病"作为原假设 H_0.

(2)当我们希望从样本值获得对某一结论强有力的支持时,尽量把这一结论的否定作为原假设 H_0.例如,某制药公司研制一种新药,希望通过临床试验证明新药确实有效.此时,应提出假设 H_0:此药无效.如果在显著性水平 $\alpha = 0.01$ 下拒绝了 H_0,由于控制了犯第一类错误的概率 $\alpha = 0.01$,所以可以认为该药有效,或称该药效果显著;反之,如果显著性检验的结果没有拒绝 H_0,我们就不认为该药有效,暂不考虑批量生产.实际上,由于显著性检验没有控制犯第二类错误的概率 β,H_0 没有被拒绝并不意味着该药一定无效,只是表明还没有充分的证据推断该药有效.这样做的原因是对新药鉴定取审慎态度,除非有充分证据,否则不轻易判断其有效.

(3)尽量把历史资料提供的结论作为原假设 H_0.它的好处是:当检验结果为拒绝原假设时,由于已经控制住犯第一类错误的概率 α 而使结果很有说服力;当检验结论是不拒绝 H_0 时,尽管没能控制住犯第二类错误的概率,但不妨就接受历史资料提供的结论.

合理地提出原假设,是把实际问题转化成假设检验问题的关键,建议读者深入体会和合理运用上述原则.

第二节　正态总体参数的假设检验

根据假设检验的基本思想和概念,我们把假设检验的步骤总结如下:

(1)根据实际问题的要求,给定显著性水平 α,提出原假设 H_0 和备择假设 H_1;

(2)确定检验统计量及其分布,确定拒绝域;

（3）根据样本值和拒绝域确定是否拒绝 H_0.

一、方差 σ^2 未知时正态总体均值 μ 的检验

设总体 $X \sim N(\mu, \sigma^2)$，其中 μ, σ^2 均未知，$X_1, X_2, \cdots, X_n$ 是 X 的样本，样本均值为 $\overline{X}$，样本方差为 S^2，给定显著性水平 α. 我们检验原假设和备择假设

$$H_0 : \mu = \mu_0, \quad H_1 : \mu \neq \mu_0,$$

由于总体方差 σ^2 未知，我们取 $t = \dfrac{\overline{X} - \mu_0}{S/\sqrt{n}}$ 作为检验统计量. 显然，当原假设为

真时，因为 $\overline{X}$ 是 μ_0 的无偏估计量，所以统计值的绝对值 $|t| = \left| \dfrac{\overline{x} - \mu_0}{s/\sqrt{n}} \right|$ 应较

小，当原假设不真时，绝对值 $|t|$ 有变大的趋势，当 $|t|$ 过分大时拒绝 H_0，拒绝域的形式为

$$\left\{ \left| \frac{\overline{x} - \mu_0}{s/\sqrt{n}} \right| \geqslant C \right\},$$

其中 C 待定. 由于 H_0 为真时，即均值 $\mu = \mu_0$ 时，由第五章第二节定理 4，

$$t = \frac{\overline{X} - \mu_0}{S/\sqrt{n}} \sim t(n-1),$$

故由

$$P\left\{ \left| \frac{\overline{X} - \mu_0}{S/\sqrt{n}} \right| \geqslant C \right\} = \alpha,$$

得 $C = t_{\alpha/2}(n-1)$，如图 7-2 所示（其中 $f(x, n-1)$ 为 $t(n-1)$ 分布的概率密度），从而拒绝域为

$$W_1 = \left\{ \left| \frac{\overline{x} - \mu_0}{s/\sqrt{n}} \right| \geqslant t_{\alpha/2}(n-1) \right\},$$

可简写成

$$\left| \frac{\overline{x} - \mu_0}{s/\sqrt{n}} \right| \geqslant t_{\alpha/2}(n-1),$$

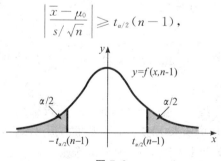

图 7-2

即根据样本值算出 $\left|\dfrac{\overline{x}-\mu_0}{s/\sqrt{n}}\right| \geqslant t_{\alpha/2}(n-1)$ 时拒绝 H_0，接受 H_1；而当 $\left|\dfrac{\overline{x}-\mu_0}{s/\sqrt{n}}\right| < t_{\alpha/2}(n-1)$ 时接受 H_0.

上述假设 $H_0:\mu=\mu_0$，$H_1:\mu\neq\mu_0$ 中，备择假设 $H_1:\mu\neq\mu_0$，意味着 μ 可能大于 μ_0，也可能小于 μ_0，这样的假设称为**双边假设**，并称相应的假设检验为**双边检验**.

在实际问题中，有时我们只关心总体均值是否减小，例如，在试验新工艺是否减少成本时，成本均值 μ 应越小越好. 如果我们能判断在新工艺下成本均值较以往小，则可考虑采用新工艺. 这时我们需要检验假设 $H_0:\mu\geqslant\mu_0$，$H_1:\mu < \mu_0$，这样的假设称为**左边假设**，相应的假设检验称为**左边检验**. 类似地，假设 $H_0:\mu\leqslant\mu_0$，$H_1:\mu>\mu_0$ 称为**右边假设**，相应的假设检验称为**右边检验**.

左边检验和右边检验统称为**单边检验**，单边检验也称为**单尾检验**，双边检验也称为**双尾检验**.

下面我们讨论右边检验：原假设和备择假设为

$$H_0:\mu\leqslant\mu_0, \quad H_1:\mu>\mu_0,$$

取 $t=\dfrac{\overline{X}-\mu_0}{S/\sqrt{n}}$ 作为检验统计量. 当原假设为真时，由于 $\overline{X}$ 是 μ 的无偏估计，而 $\mu\leqslant\mu_0$，所以统计值 $t=\dfrac{\overline{x}-\mu_0}{s/\sqrt{n}}$ 应较小；当原假设不真时，由于 $\mu>\mu_0$，所以统计值 t 有变大的趋势，当 t 过分大时拒绝 H_0，拒绝域的形式应为

$$\left\{\dfrac{\overline{x}-\mu_0}{s/\sqrt{n}}\geqslant C\right\},$$

其中 C 待定. 由于

$$t=\dfrac{\overline{X}-\mu}{S/\sqrt{n}}\sim t(n-1),$$

令 $C=t_\alpha(n-1)$，如图 7-3 所示.

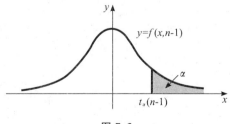

图 7-3

注意到 H_0 为真时,事件

$$\left\{\frac{\overline{X}-\mu_0}{S/\sqrt{n}} \geqslant t_\alpha(n-1)\right\} \subset \left\{\frac{\overline{X}-\mu}{S/\sqrt{n}} \geqslant t_\alpha(n-1)\right\},$$

所以

$$P\left\{\frac{\overline{X}-\mu_0}{S/\sqrt{n}} \geqslant t_\alpha(n-1)\right\} \leqslant P\left\{\frac{\overline{X}-\mu}{S/\sqrt{n}} \geqslant t_\alpha(n-1)\right\} = \alpha,$$

选取拒绝域

$$W_1 = \left\{\frac{\overline{x}-\mu_0}{s/\sqrt{n}} \geqslant t_\alpha(n-1)\right\},$$

则弃真概率

$$P\left\{\frac{\overline{X}-\mu_0}{S/\sqrt{n}} \geqslant t_\alpha(n-1)\right\} \leqslant \alpha.$$

我们可以类似地讨论左边检验. 原假设和备择假设为

$$H_0:\mu \geqslant \mu_0, \quad H_1:\mu < \mu_0,$$

仍然取 $t = \dfrac{\overline{X}-\mu_0}{S/\sqrt{n}}$ 作为检验统计量. 当原假设为真时,由于 $\overline{X}$ 是 μ 的无偏

估计,而 $\mu \geqslant \mu_0$,所以统计值 $t = \dfrac{\overline{x}-\mu_0}{s/\sqrt{n}}$ 应较大;当原假设不真时,由于 $\mu < \mu_0$,

所以统计值 t 有变小的趋势,当 t 过分小时拒绝 H_0,拒绝域的形式应为

$$\left\{\frac{\overline{x}-\mu_0}{s/\sqrt{n}} \leqslant C\right\},$$

其中 C 待定. 由于

$$t = \frac{\overline{X}-\mu}{S/\sqrt{n}} \sim t(n-1),$$

令 $C = -t_\alpha(n-1)$,注意到 H_0 为真时,事件

$$\left\{\frac{\overline{X}-\mu_0}{S/\sqrt{n}} \leqslant -t_\alpha(n-1)\right\} \subset \left\{\frac{\overline{X}-\mu}{S/\sqrt{n}} \leqslant -t_\alpha(n-1)\right\},$$

所以

$$P\left\{\frac{\overline{X}-\mu_0}{S/\sqrt{n}} \leqslant -t_\alpha(n-1)\right\} \leqslant P\left\{\frac{\overline{X}-\mu}{S/\sqrt{n}} \leqslant -t_\alpha(n-1)\right\} = \alpha,$$

选取拒绝域

$$W_1 = \left\{\frac{\overline{x}-\mu_0}{s/\sqrt{n}} \leqslant -t_\alpha(n-1)\right\},$$

则弃真概率

$$P\left\{\frac{\overline{X}-\mu_0}{S/\sqrt{n}}\leqslant -t_a(n-1)\right\}\leqslant \alpha.$$

在上述检验法中,检验统计量服从 t 分布,这样的检验法称为 **t 检验法**. 双边检验、左边检验和右边检验的拒绝域由表 7-1 给出.

表 7-1　正态总体参数检验表

被检参数	条件	假设		检验统计量 J	H_0 中等号成立时 J 的分布	拒绝域
		H_0	H_1			
μ	σ^2 已知	$\mu=\mu_0$	$\mu\neq\mu_0$	$z=\dfrac{\overline{X}-\mu_0}{\sigma/\sqrt{n}}$	$N(0,1)$	$\|z\|\geqslant z_{\alpha/2}$
		$\mu\leqslant\mu_0$	$\mu>\mu_0$			$z\geqslant z_\alpha$
		$\mu\geqslant\mu_0$	$\mu<\mu_0$			$z\leqslant -z_\alpha$
μ	σ^2 未知	$\mu=\mu_0$	$\mu\neq\mu_0$	$t=\dfrac{\overline{X}-\mu_0}{S/\sqrt{n}}$	$t(n-1)$	$\|t\|\geqslant t_{\alpha/2}(n-1)$
		$\mu\leqslant\mu_0$	$\mu>\mu_0$			$t\geqslant t_\alpha(n-1)$
		$\mu\geqslant\mu_0$	$\mu<\mu_0$			$t\leqslant -t_\alpha(n-1)$
σ^2	μ 已知	$\sigma^2=\sigma_0^2$	$\sigma^2\neq\sigma_0^2$	$\chi^2=\dfrac{\sum\limits_{i=1}^{n}(X_i-\mu)^2}{\sigma_0^2}$	$\chi^2(n)$	$\chi^2\leqslant\chi^2_{1-\alpha/2}(n)$ 或 $\chi^2\geqslant\chi^2_{\alpha/2}(n)$
		$\sigma^2\leqslant\sigma_0^2$	$\sigma^2>\sigma_0^2$			$\chi^2\geqslant\chi^2_\alpha(n)$
		$\sigma^2\geqslant\sigma_0^2$	$\sigma^2<\sigma_0^2$			$\chi^2\leqslant\chi^2_{1-\alpha}(n)$
σ^2	μ 未知	$\sigma^2=\sigma_0^2$	$\sigma^2\neq\sigma_0^2$	$\chi^2=\dfrac{(n-1)S^2}{\sigma_0^2}$	$\chi^2(n-1)$	$\chi^2\leqslant\chi^2_{1-\alpha/2}(n-1)$ 或 $\chi^2\geqslant\chi^2_{\alpha/2}(n-1)$
		$\sigma^2\leqslant\sigma_0^2$	$\sigma^2>\sigma_0^2$			$\chi^2\geqslant\chi^2_\alpha(n-1)$
		$\sigma^2\geqslant\sigma_0^2$	$\sigma^2<\sigma_0^2$			$\chi^2\leqslant\chi^2_{1-\alpha}(n-1)$

二、方差 σ^2 已知时正态总体均值 μ 的检验

在第一节例 1 中,我们讨论过正态总体 $X\sim N(\mu,\sigma^2)$,当已知 $\sigma^2=\sigma_0^2$ 时关于假设

$$H_0:\mu=\mu_0,\quad H_1:\mu\neq\mu_0$$

的双边检验. 类似地,当已知 $\sigma^2=\sigma_0^2$ 时也有左边假设

$$H_0:\mu\geqslant\mu_0,\quad H_1:\mu<\mu_0$$

和右边假设

$$H_0 : \mu \leqslant \mu_0, \quad H_1 : \mu > \mu_0.$$

下面假定已知 $\sigma^2 = \sigma_0^2$,讨论均值 μ 的右边检验:

设 $X_1, X_2, \cdots, X_n$ 是 X 的样本,$\overline{X}$ 是样本方差,给定显著性水平 α,提出原假设 $H_0 : \mu \leqslant \mu_0$ 和备择假设 $H_1 : \mu > \mu_0$,取 $z = \dfrac{\overline{X} - \mu_0}{\sigma_0 / \sqrt{n}}$ 作为检验统计量. 由于 $\overline{X}$ 是 μ 的无偏估计,故当 H_0 成立时,$\dfrac{\overline{x} - \mu_0}{\sigma_0 / \sqrt{n}}$ 应较小,而当 H_1 为真时,$\dfrac{\overline{x} - \mu_0}{\sigma_0 / \sqrt{n}}$ 有变大的趋势,故拒绝域的形式为

$$\left\{ \frac{\overline{x} - \mu_0}{\sigma_0 / \sqrt{n}} \geqslant C \right\},$$

其中 C 待定. 因为

$$\frac{\overline{X} - \mu}{\sigma_0 / \sqrt{n}} \sim N(0,1),$$

令 $C = z_\alpha$,注意到当 H_0 成立时,即 $\mu \leqslant \mu_0$ 时,事件

$$\left\{ \frac{\overline{X} - \mu_0}{\sigma_0 / \sqrt{n}} \geqslant z_\alpha \right\} \subset \left\{ \frac{\overline{X} - \mu}{\sigma_0 / \sqrt{n}} \geqslant z_\alpha \right\},$$

所以

$$P\left\{ \frac{\overline{X} - \mu_0}{\sigma_0 / \sqrt{n}} \geqslant z_\alpha \right\} \leqslant P\left\{ \frac{\overline{X} - \mu}{\sigma_0 / \sqrt{n}} \geqslant z_\alpha \right\} = \alpha,$$

选取拒绝域

$$W_1 = \left\{ \frac{\overline{x} - \mu_0}{\sigma_0 / \sqrt{n}} \geqslant z_\alpha \right\},$$

则弃真概率

$$P\left\{ \frac{\overline{X} - \mu_0}{\sigma_0 / \sqrt{n}} \geqslant z_\alpha \right\} \leqslant \alpha.$$

对于左边假设

$$H_0 : \mu \geqslant \mu_0, \quad H_1 : \mu < \mu_0,$$

仍取 $z = \dfrac{\overline{X} - \mu_0}{\sigma_0 / \sqrt{n}}$ 为检验统计量,经过类似的讨论可得拒绝域

$$W_1 = \left\{ \frac{\overline{x} - \mu_0}{\sigma_0 / \sqrt{n}} \leqslant -z_\alpha \right\},$$

即根据样本值算出 $\dfrac{\overline{x} - \mu_0}{\sigma_0 / \sqrt{n}} \leqslant -z_\alpha$ 时拒绝 H_0,而当 $\dfrac{\overline{x} - \mu_0}{\sigma_0 / \sqrt{n}} > -z_\alpha$ 时接受 H_0.

由上述讨论知,当方差已知时,正态总体均值的检验统计量服从正态分布,这样的检验方法称为 z **检验法**. 双边检验、左边检验和右边检验的拒绝域由表 7-1 给出.

三、均值 μ 未知时正态总体方差 σ^2 的检验

设总体 $X \sim N(\mu, \sigma^2)$,其中 μ, σ^2 均未知,$X_1, X_2, \cdots, X_n$ 是 X 的样本,样本方差为 S^2,给定显著性水平 α,要求检验假设

$$H_0 : \sigma^2 = \sigma_0^2, \quad H_1 : \sigma^2 \neq \sigma_0^2,$$

其中 σ_0 为已知常数.

由于 S^2 是 σ^2 的无偏估计,所以当 H_0 为真时,比值 $\dfrac{S^2}{\sigma_0^2}$ 应在 1 附近波动,当 H_0 不成立:如果 $\sigma^2 > \sigma_0^2$ 时,$\dfrac{S^2}{\sigma_0^2}$ 有变大的趋势;如果 $\sigma^2 < \sigma_0^2$ 时,$\dfrac{S^2}{\sigma_0^2}$ 有变小的趋势. 我们取

$$\chi^2 = \frac{(n-1)S^2}{\sigma_0^2}$$

作为检验统计量,当 H_0 为真时,由第五章第二节定理 3,

$$\chi^2 = \frac{(n-1)S^2}{\sigma_0^2} \sim \chi^2(n-1),$$

所以,上述检验问题的拒绝域具有以下形式:

$$\left\{ \frac{(n-1)s^2}{\sigma_0^2} \leqslant C_1 \right\} \bigcup \left\{ \frac{(n-1)s^2}{\sigma_0^2} \geqslant C_2 \right\},$$

其中 $C_1 < C_2$,它们的值由下式确定:

$$P \left\{ \frac{(n-1)S^2}{\sigma_0^2} \leqslant C_1 \right\} + P \left\{ \frac{(n-1)S^2}{\sigma_0^2} \geqslant C_2 \right\} = \alpha,$$

为计算方便起见,习惯上取

$$P \left\{ \frac{(n-1)S^2}{\sigma_0^2} \leqslant C_1 \right\} = \frac{\alpha}{2}, \quad P \left\{ \frac{(n-1)S^2}{\sigma_0^2} \geqslant C_2 \right\} = \frac{\alpha}{2},$$

故得 $C_1 = \chi_{1-\alpha/2}^2(n-1), C_2 = \chi_{\alpha/2}^2(n-1)$,如图 7-4 所示(其中 $f(x, n-1)$ 为 $\chi^2(n-1)$ 分布的概率密度),从而拒绝域

$$W_1 = \left\{ \frac{(n-1)s^2}{\sigma_0^2} \leqslant \chi_{1-\alpha/2}^2(n-1) \right\} \bigcup \left\{ \frac{(n-1)s^2}{\sigma_0^2} \geqslant \chi_{\alpha/2}^2(n-1) \right\},$$

拒绝域 W_1 也可以记为下述形式(下同):

$$\frac{(n-1)s^2}{\sigma_0^2} \leqslant \chi_{1-\alpha/2}^2(n-1) \quad \text{或} \quad \frac{(n-1)s^2}{\sigma_0^2} \geqslant \chi_{\alpha/2}^2(n-1).$$

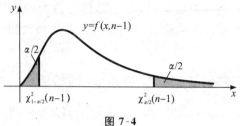

图 7-4

类似地可以讨论左边检验和右边检验.因为检验统计量服从 χ^2 分布,所以上述检验法称为 χ^2 检验法.当均值 μ 未知时,关于方差 σ^2 的双边检验、左边检验和右边检验的拒绝域由表 7-1 给出.

四、均值 μ 已知时正态总体方差 σ^2 的检验

设总体 $X \sim N(\mu, \sigma^2)$,其中 μ 已知,σ^2 未知,$X_1, X_2, \cdots, X_n$ 是 X 的样本,给定显著性水平 α,检验假设

$$H_0 : \sigma^2 = \sigma_0^2, \quad H_1 : \sigma^2 \neq \sigma_0^2,$$

其中 σ_0^2 为已知常数.

此问题与上一问题不同的只是 μ 为已知.虽然我们可以不考虑这一点而仍然沿用上一方法处理,但这种处理由于没有充分利用 μ 已知这一信息而不够精细.事实上,只需将上面的推导稍加修改,把检验统计量 χ^2 中的 S^2 换成 $\dfrac{1}{n} \sum\limits_{i=1}^{n} (X_i - \mu)^2$,把 $n-1$ 换成 n,就可以得到此问题的检验统计量

$$\chi^2 = \frac{\sum\limits_{i=1}^{n} (X_i - \mu)^2}{\sigma_0^2},$$

当 H_0 为真时,容易证明

$$\chi^2 = \frac{\sum\limits_{i=1}^{n} (X_i - \mu)^2}{\sigma_0^2} \sim \chi^2(n),$$

类似地可得到拒绝域

$$W_1 = \left\{ \frac{\sum\limits_{i=1}^{n} (x_i - \mu)^2}{\sigma_0^2} \leqslant \chi_{1-\alpha/2}^2(n) \right\} \bigcup \left\{ \frac{\sum\limits_{i=1}^{n} (x_i - \mu)^2}{\sigma_0^2} \geqslant \chi_{\alpha/2}^2(n) \right\}.$$

当均值 μ 已知时,关于方差 σ^2 的双边检验、左边检验和右边检验的拒绝域

由表 7-1 给出.

下面给出几个例题.

例 1   某企业生产的固体燃料推进器的燃烧率(以厘米／秒计)服从正态分布 $N(\mu_0, \sigma^2)$,其中 $\mu_0 = 40, \sigma = 2$. 现用新方法生产了一批推进器,从中随机取 $n = 25$ 只,测得燃烧率的样本均值为 $\bar{x} = 41.25$. 设在新方法下燃烧率仍服从正态分布,均方差仍为 2,问这批推进器的燃烧率是否较以前生产的推进器的燃烧率有显著提高?取显著性水平 $\alpha = 0.05$.

解   设在新方法下燃烧率 $X \sim N(\mu, \sigma^2)$,按题意需检验假设

$$H_0 : \mu \leqslant \mu_0 = 40, \quad H_1 : \mu > \mu_0 = 40,$$

因为已知方差 $\sigma^2 = 2^2$,显著性水平 $\alpha = 0.05$,所以查表 7-1 可得拒绝域为

$$z = \frac{\bar{x} - \mu_0}{\sigma / \sqrt{n}} \geqslant z_\alpha = z_{0.05} = 1.645,$$

由题意 $n = 25, \bar{x} = 41.25$,从而有

$$z = \frac{\bar{x} - \mu_0}{\sigma / \sqrt{n}} = \frac{41.25 - 40}{2 / \sqrt{25}} = 3.125 > 1.645,$$

故拒绝 H_0,即认为这批推进器的燃烧率有显著提高.

注意   在表 7-1 中,拒绝域 $z \geqslant z_\alpha$ 中的 z 是检验统计值 $\dfrac{\bar{x} - \mu_0}{\sigma / \sqrt{n}}$,而不是检验统计量 $\dfrac{\bar{X} - \mu_0}{\sigma / \sqrt{n}}$. 类似情形不再一一说明.

例 2   某企业生产的螺杆直径(以毫米计)服从正态分布 $N(\mu, \sigma^2)$,其中 μ 与 σ^2 均未知,现从中取 5 根,测得直径为

$$22.3, \quad 21.5, \quad 22.0, \quad 21.8, \quad 21.4,$$

试问螺杆直径的均值 $\mu = 21$ 是否成立?取显著性水平 $\alpha = 0.05$.

解   由题意,要求在显著性水平 $\alpha = 0.05$ 下检验假设

$$H_0 : \mu = 21, \quad H_1 : \mu \neq 21,$$

因为方差 σ^2 未知,所以查表 7-1 可得拒绝域

$$|t| = \frac{|\bar{x} - \mu_0|}{s / \sqrt{n}} \geqslant t_{\alpha/2}(n-1) = t_{0.025}(4) = 2.7764,$$

由样本值算得

$$|t| = \frac{|\bar{x} - \mu_0|}{s / \sqrt{n}} = \frac{|21.8000 - 21|}{\sqrt{0.134997} / \sqrt{5}} = 4.86869 > 2.7764,$$

故拒绝 H_0,即认为螺杆直径的均值不是 21 毫米.

例 3 从某企业生产的一批电子元件中抽取 6 个,测得电阻(以欧姆计)如下:

$$14.0, \quad 13.8, \quad 14.3, \quad 14.2, \quad 14.4, \quad 13.7,$$

设这批元件的电阻服从正态分布 $N(\mu, \sigma^2)$,其中 μ 与 σ^2 均未知. 问这批元件的电阻的方差是否为 0.04?取显著性水平 $\alpha = 0.05$.

解 由题意,要求在显著性水平 $\alpha = 0.05$ 下检验假设

$$H_0 : \sigma^2 = 0.04, \quad H_1 : \sigma^2 \neq 0.04,$$

因为 μ 未知,查表 7-1 可得拒绝域

$$\chi^2 = \frac{(n-1)s^2}{\sigma_0^2} \leqslant \chi_{1-\alpha/2}^2(n-1) = \chi_{0.975}^2(5) = 0.831$$

或

$$\chi^2 = \frac{(n-1)s^2}{\sigma_0^2} \geqslant \chi_{\alpha/2}^2(n-1) = \chi_{0.025}^2(5) = 12.833,$$

由样本值算得

$$\overline{x} = \frac{1}{6}\sum_{i=1}^{6} x_i = 14.067, \quad s^2 = \frac{1}{5}\sum_{i=1}^{6}(x_i - \overline{x})^2 = 0.078667,$$

由于

$$0.831 < \frac{(n-1)s^2}{\sigma_0^2} = \frac{5 \times 0.078667}{0.04} = 9.8333 < 12.833,$$

所以接受 H_0,即可以认为这批元件的电阻的方差为 0.04.

例 4 某型零件的长度(以毫米计)服从正态分布 $N(\mu, \sigma^2)$ $(\mu, \sigma^2$ 均未知). 按照长度要求,零件的平均长度为 500 毫米,均方差不能超过 10 毫米,现从一批零件中随机抽取 9 个,测得长度为

$$497, \quad 507, \quad 510, \quad 475, \quad 484, \quad 488, \quad 524, \quad 491, \quad 515,$$

问这批零件是否符合长度要求?取显著性水平 $\alpha = 0.05$.

解 检验零件是否符合长度要求,既要检验总体均值是否为 500,也要检验总体方差是否不超过 10^2.

(1) 检验假设

$$H_0 : \mu = 500, \quad H_1 : \mu \neq 500,$$

因为方差 σ^2 未知,所以查表 7-1 可得拒绝域

$$|t| = \frac{|\overline{x} - \mu_0|}{s/\sqrt{n}} \geqslant t_{\alpha/2}(n-1) = t_{0.025}(8) = 2.306,$$

由样本值算得

$$|t| = \frac{|\overline{x} - \mu_0|}{s/\sqrt{n}} = \frac{|499 - 500|}{16.03/\sqrt{9}} = 0.187149 < 2.306,$$

故接受 H_0，即认为总体均值是 500 毫米.

（2）检验假设

$$H_0 : \sigma^2 \leqslant 10^2, \quad H_1 : \sigma^2 > 10^2,$$

因为 μ 未知，查表 7-1 可得拒绝域

$$\chi^2 = \frac{(n-1)s^2}{\sigma_0^2} \geqslant \chi_a^2(n-1) = \chi_{0.05}^2(8) = 15.507,$$

由样本值算得

$$\chi^2 = \frac{(n-1)s^2}{\sigma_0^2} = \frac{8 \times 16.03^2}{10^2} = 20.5569 > 15.507,$$

故拒绝 H_0，即认为总体方差超过了 10^2.

综合（1）和（2）可以看出，虽然总体均值符合要求，但是总体方差不符合要求，因此推断这批零件不符合长度要求.

第三节　两个正态总体参数的假设检验

第二节介绍了一个正态总体参数的假设检验，在应用中还会遇到两个正态总体参数的假设检验问题. 均值是随机变量的一个数字特征，它刻画了随机变量平均取值的大小. 例如，如果 X 表示某种产品的产量指标，则 $E(X)$ 表示这种产品的平均产量高低，因此，比较两个总体的均值大小有重要意义. 方差也是随机变量的一个数字特征，它刻画了随机变量取值的分散程度. 例如，如果 X 表示某种产品的质量指标，则 $D(X)$ 描述这种产品的质量稳定性，因此，比较两个总体的方差大小也有重要意义.

一、方差已知时两个正态总体均值的检验

设有两个相互独立的总体 X 和 Y，$X \sim N(\mu_1, \sigma_1^2)$，$Y \sim N(\mu_2, \sigma_2^2)$，其中 μ_1, μ_2 均未知，σ_1^2, σ_2^2 均已知. $X_1, X_2, \cdots, X_m$ 和 $Y_1, Y_2, \cdots, Y_n$ 分别是 X 和 Y 的样本. 给定显著性水平 α，要求检验假设 $H_0 : \mu_1 = \mu_2$，$H_1 : \mu_1 \neq \mu_2$，等价于检验假设 $\mu_1 - \mu_2 = 0$ 是否成立. 选取检验统计量 $z = \dfrac{\overline{X} - \overline{Y}}{\sqrt{\dfrac{\sigma_1^2}{m} + \dfrac{\sigma_2^2}{n}}}$，容易证明，当 H_0

为真时,

$$z = \frac{\overline{X} - \overline{Y}}{\sqrt{\dfrac{\sigma_1^2}{m} + \dfrac{\sigma_2^2}{n}}} \sim N(0,1),$$

类似于第二节,可得拒绝域

$$W_1 = \left\{ \frac{|\overline{x} - \overline{y}|}{\sqrt{\dfrac{\sigma_1^2}{m} + \dfrac{\sigma_2^2}{n}}} \geqslant z_{\alpha/2} \right\}.$$

左边假设 $H_0: \mu_1 \geqslant \mu_2$,$H_1: \mu_1 < \mu_2$ 和右边假设 $H_0: \mu_1 \leqslant \mu_2$,$H_1: \mu_1 > \mu_2$ 的拒绝域也可类似得到,由表 7-2 给出.

表 7-2　两个正态总体均值检验表

条件	假设		检验统计量 J	H_0 中等号成立时 J 的分布	拒绝域
	H_0	H_1			
σ_1^2, σ_2^2 均已知	$\mu_1 = \mu_2$	$\mu_1 \neq \mu_2$	$z = \dfrac{\overline{X} - \overline{Y}}{\sqrt{\dfrac{\sigma_1^2}{m} + \dfrac{\sigma_2^2}{n}}}$	$N(0,1)$	$|z| \geqslant z_{\alpha/2}$
	$\mu_1 \leqslant \mu_2$	$\mu_1 > \mu_2$			$z \geqslant z_\alpha$
	$\mu_1 \geqslant \mu_2$	$\mu_1 < \mu_2$			$z \leqslant -z_\alpha$
σ_1^2, σ_2^2 均未知;$\sigma_1^2 = \sigma_2^2$	$\mu_1 = \mu_2$	$\mu_1 \neq \mu_2$	$t = \dfrac{\overline{X} - \overline{Y}}{S_w \sqrt{\dfrac{1}{m} + \dfrac{1}{n}}}$	$t(m+n-2)$	$|t| \geqslant t_{\alpha/2}(m+n-2)$
	$\mu_1 \leqslant \mu_2$	$\mu_1 > \mu_2$			$t \geqslant t_\alpha(m+n-2)$
	$\mu_1 \geqslant \mu_2$	$\mu_1 < \mu_2$			$t \leqslant -t_\alpha(m+n-2)$
σ_1^2, σ_2^2 均未知	$\mu_1 = \mu_2$	$\mu_1 \neq \mu_2$	$t = \dfrac{\overline{X} - \overline{Y}}{\sqrt{\dfrac{S_1^2}{m} + \dfrac{S_2^2}{n}}}$	$t([\nu])$ (近似)	$|t| \geqslant t_{\alpha/2}([\nu])$
	$\mu_1 \leqslant \mu_2$	$\mu_1 > \mu_2$			$t \geqslant t_\alpha([\nu])$
	$\mu_1 \geqslant \mu_2$	$\mu_1 < \mu_2$			$t \leqslant -t_\alpha([\nu])$
配对问题	$\mu_1 = \mu_2$	$\mu_1 \neq \mu_2$	$t = \dfrac{\overline{Z}}{S / \sqrt{n}}$	$t(n-1)$	$|t| \geqslant t_{\alpha/2}(n-1)$
	$\mu_1 \leqslant \mu_2$	$\mu_1 > \mu_2$			$t \geqslant t_\alpha(n-1)$
	$\mu_1 \geqslant \mu_2$	$\mu_1 < \mu_2$			$t \leqslant -t_\alpha(n-1)$
σ_1^2, σ_2^2 均未知;m, n 都很大	$\mu_1 = \mu_2$	$\mu_1 \neq \mu_2$	$z = \dfrac{\overline{X} - \overline{Y}}{\sqrt{\dfrac{S_1^2}{m} + \dfrac{S_2^2}{n}}}$	$N(0,1)$ (近似)	$|z| \geqslant z_{\alpha/2}$
	$\mu_1 \leqslant \mu_2$	$\mu_1 > \mu_2$			$z \geqslant z_\alpha$
	$\mu_1 \geqslant \mu_2$	$\mu_1 < \mu_2$			$z \leqslant -z_\alpha$

注　$S_w = \sqrt{\dfrac{(m-1)S_1^2 + (n-1)S_2^2}{m+n-2}}$,　$\nu = \dfrac{\left(\dfrac{s_1^2}{m} + \dfrac{s_2^2}{n} \right)^2}{\dfrac{1}{m-1} \left(\dfrac{s_1^2}{m} \right)^2 + \dfrac{1}{n-1} \left(\dfrac{s_2^2}{n} \right)^2}$.

二、方差未知时两个正态总体均值的检验

1. 已知两个总体的方差相等

设有两个相互独立的总体 X 和 Y, $X \sim N(\mu_1, \sigma^2)$, $Y \sim N(\mu_2, \sigma^2)$, 其中 μ_1, μ_2, σ^2 均未知(注意:两个总体的方差相等). $X_1, X_2, \cdots, X_m$ 和 $Y_1, Y_2, \cdots, Y_n$ 分别是 X 和 Y 的样本,两个总体的样本均值分别为 $\overline{X}$ 和 $\overline{Y}$. 给定显著性水平 α, 要求检验假设

$$H_0 : \mu_1 = \mu_2, \quad H_1 : \mu_1 \neq \mu_2,$$

选取检验统计量

$$t = \frac{\overline{X} - \overline{Y}}{S_w \sqrt{\dfrac{1}{m} + \dfrac{1}{n}}},$$

其中

$$S_w = \sqrt{\frac{(m-1)S_1^2 + (n-1)S_2^2}{m+n-2}},$$

当 H_0 为真时,由第五章第二节定理 6,

$$t = \frac{\overline{X} - \overline{Y}}{S_w \sqrt{\dfrac{1}{m} + \dfrac{1}{n}}} \sim t(m+n-2),$$

由此可得拒绝域

$$W_1 = \left\{ \frac{|\overline{x} - \overline{y}|}{s_w \sqrt{\dfrac{1}{m} + \dfrac{1}{n}}} \geqslant t_{\alpha/2}(m+n-2) \right\}.$$

类似地可得单边检验的拒绝域(见表 7-2).

2. 未知两个总体的方差是否相等

设有两个相互独立的总体 X 和 Y, $X \sim N(\mu_1, \sigma_1^2)$, $Y \sim N(\mu_2, \sigma_2^2)$, 其中 μ_1, μ_2, σ_1^2, σ_2^2 均未知. $X_1, X_2, \cdots, X_m$ 和 $Y_1, Y_2, \cdots, Y_n$ 分别是 X 和 Y 的样本,两个总体的样本均值分别为 $\overline{X}$ 和 $\overline{Y}$, 两个总体的样本方差分别为 S_1^2 和 S_2^2. 给定显著性水平 α, 要求检验假设

$$H_0 : \mu_1 = \mu_2, \quad H_1 : \mu_1 \neq \mu_2,$$

选取检验统计量

$$t = \frac{\overline{X} - \overline{Y}}{\sqrt{\dfrac{S_1^2}{m} + \dfrac{S_2^2}{n}}},$$

当 H_0 为真时,由第五章第二节定理 7,近似地成立

$$t = \frac{\overline{X} - \overline{Y}}{\sqrt{\dfrac{S_1^2}{m} + \dfrac{S_2^2}{n}}} \sim t([\nu]),$$

其中

$$\nu = \frac{\left(\dfrac{s_1^2}{m} + \dfrac{s_2^2}{n}\right)^2}{\dfrac{1}{m-1}\left(\dfrac{s_1^2}{m}\right)^2 + \dfrac{1}{n-1}\left(\dfrac{s_2^2}{n}\right)^2},$$

$[\nu]$ 为不超过 ν 的最大整数,由此可以得到拒绝域

$$W_1 = \left\{ \frac{|\overline{x} - \overline{y}|}{\sqrt{\dfrac{s_1^2}{m} + \dfrac{s_2^2}{n}}} \geqslant t_{a/2}([\nu]) \right\}.$$

类似地可得单边检验的拒绝域(见表 7-2).

3. 配对问题

在实际问题中,有时为了比较两种产品、两种仪器、两种方法等的差异,我们常在相同条件下做对比试验,得到成对的样本 $(X_1, Y_1), (X_2, Y_2), \cdots, (X_n, Y_n)$ 及其样本值 $(x_1, y_1), (x_2, y_2), \cdots, (x_n, y_n)$,然后根据样本值做出推断,这一类问题常称作**配对问题**. 令

$$Z_i = X_i - Y_i, \quad i = 1, 2, \cdots, n,$$

把这两个样本之差看作正态总体的样本,记

$$E(Z_i) = E(X_i - Y_i) = \mu, \quad D(Z_i) = D(X_i - Y_i) = \sigma^2(未知),$$

给定显著性水平 α,要求检验统计量

$$H_0: \mu = 0, \quad H_1: \mu \neq 0,$$

由于方差 σ^2 未知,所以选取检验统计量

$$t = \frac{\overline{Z}}{S/\sqrt{n}} \quad \left(\overline{Z} = \frac{1}{n}\sum_{i=1}^{n} Z_i, \quad S^2 = \frac{1}{n-1}\sum_{i=1}^{n} (Z_i - \overline{Z})^2 \right),$$

当 H_0 为真时,由第五章第二节定理 4,

$$t = \frac{\overline{Z}}{S/\sqrt{n}} \sim t(n-1),$$

由此可得拒绝域

$$W_1 = \left\{ \frac{|\overline{z}|}{s/\sqrt{n}} \geqslant t_{a/2}(n-1) \right\}.$$

类似地可得单边检验的拒绝域(见表 7-2). 上述方法称为**配对问题检**

验法.

4. 大样本情形

设有两个相互独立的总体 X 和 Y，$X \sim N(\mu_1, \sigma_1^2)$，$Y \sim N(\mu_2, \sigma_2^2)$，其中参数 $\mu_1, \mu_2, \sigma_1^2, \sigma_2^2$ 均未知，也不能确定 $\sigma_1^2 = \sigma_2^2$ 是否成立. $X_1, X_2, \cdots, X_m$ 和 $Y_1, Y_2, \cdots, Y_n$ 分别是 X 和 Y 的样本，m 和 n 都是很大的正整数（一般要求 $m \geqslant 100, n \geqslant 100$）. 两个总体的样本均值分别为 $\overline{X}$ 和 $\overline{Y}$，两个总体的样本方差分别为 S_1^2 和 S_2^2. 给定显著性水平 α，要求检验假设

$$H_0: \mu_1 = \mu_2, \quad H_1: \mu_1 \neq \mu_2,$$

选取检验统计量

$$z = \frac{\overline{X} - \overline{Y}}{\sqrt{\dfrac{S_1^2}{m} + \dfrac{S_2^2}{n}}},$$

可以证明，当 H_0 成立时，近似地成立

$$z = \frac{\overline{X} - \overline{Y}}{\sqrt{\dfrac{S_1^2}{m} + \dfrac{S_2^2}{n}}} \sim N(0,1),$$

由此可得拒绝域

$$W_1 = \left\{ \frac{|\overline{x} - \overline{y}|}{\sqrt{\dfrac{s_1^2}{m} + \dfrac{s_2^2}{n}}} \geqslant z_{\alpha/2} \right\}.$$

类似可得单边检验的拒绝域，由表 7-2 给出.

例 1 在平炉上进行一项试验以确定改变操作方法的建议是否会增加钢的得率. 试验是在同一平炉上进行的，每炼一炉钢时除操作方法外其他条件都尽可能做到相同. 先用标准方法炼一炉，然后用建议方法炼一炉，以后交替进行，各炼了 10 炉，其得率分别为

标准方法：78.1，72.4，76.2，74.3，77.4，78.4，76.0，75.5，76.7，77.3.

建议方法：79.1，81.0，77.3，79.1，80.0，79.1，79.1，77.3，80.2，82.1.

设两方法钢的得率分别为总体 X 和 Y，$X \sim N(\mu_1, \sigma^2)$，$Y \sim N(\mu_2, \sigma^2)$，其中参数 μ_1, μ_2, σ^2 均未知，问建议方法能否提高钢的得率？取显著性水平 $\alpha = 0.05$.

解 根据题意应检验假设

$$H_0 : \mu_1 \geqslant \mu_2, \quad H_1 : \mu_1 < \mu_2,$$

由于两个样本的方差相等,但 σ^2 未知,显著性水平 $\alpha = 0.05$,查表 7-2 可得拒绝域为

$$\frac{\bar{x} - \bar{y}}{s_W \sqrt{\frac{1}{m} + \frac{1}{n}}} \leqslant -t_\alpha(m+n-2) = -t_{0.05}(18) = -1.7341,$$

由样本值分别求出标准方法和建议方法钢的得率的样本容量、样本均值和样本方差如下:

标准方法: $m = 10$, $\bar{x} = 76.23$, $s_1^2 = 3.325$,

建议方法: $n = 10$, $\bar{y} = 79.43$, $s_2^2 = 2.225$,

由此可得

$$s_W = \sqrt{\frac{(m-1)s_1^2 + (n-1)s_2^2}{m+n-2}} = \sqrt{\frac{(10-1) \times 3.325 + (10-1) \times 2.225}{10+10-2}}$$

$$= \sqrt{2.775},$$

$$t = \frac{\bar{x} - \bar{y}}{s_W \sqrt{\frac{1}{m} + \frac{1}{n}}} = \frac{76.23 - 79.43}{\sqrt{2.775} \times \sqrt{\frac{1}{10} + \frac{1}{10}}} = -4.295 < -1.7341,$$

故拒绝 H_0,即认为建议方法较标准方法增加了钢的得率.

例 2　有两台仪器 A 和 B 用来测量某矿石的含铁量,为鉴定他们的测量结果有无显著差异,挑选了 8 件试块(它们的成分、含铁量、均匀性等各不相同),现在分别用这两台仪器对每一试块测量一次,得到 8 对观测值:

A: 49.0, 52.2, 55.0, 60.2, 63.4, 76.6, 86.5, 48.7.

B: 49.3, 49.0, 51.4, 57.0, 61.1, 68.8, 79.3, 50.1.

问能否认为这两台仪器的测量结果有显著差异?取显著性水平 $\alpha = 0.05$.

解　这是配对问题,8 对观测值之差为

$$-0.3, \quad 3.2, \quad 3.6, \quad 3.2, \quad 2.3, \quad 7.8, \quad 7.2, \quad -1.4,$$

把它们看作一个正态总体的样本值,需检验假设

$$H_0 : \mu = 0, \quad H_1 : \mu \neq 0,$$

由显著性水平 $\alpha = 0.05$,查表 7-2 可得拒绝域为

$$\frac{|\bar{z}|}{s/\sqrt{n}} \geqslant t_{\alpha/2}(n-1) = t_{0.025}(7) = 2.3646,$$

由 8 对观测值之差得

$$\frac{|\bar{z}|}{s/\sqrt{n}} = \frac{3.2}{3.197/\sqrt{8}} = 2.831 > 2.3646,$$

故拒绝 H_0,即认为两台仪器的测量结果有显著差异.

三、均值未知时两个正态总体方差的检验

设有两个相互独立的总体 X 和 Y,$X \sim N(\mu_1, \sigma_1^2)$,$Y \sim N(\mu_2, \sigma_2^2)$,其中参数 $\mu_1, \mu_2, \sigma_1^2, \sigma_2^2$ 均未知.$X_1, X_2, \cdots, X_m$ 和 $Y_1, Y_2, \cdots, Y_n$ 分别是 X 和 Y 的样本,两个总体的样本方差分别为 S_1^2 和 S_2^2,给定显著性水平 α,要求检验假设

$$H_0 : \sigma_1^2 = \sigma_2^2, \quad H_1 : \sigma_1^2 \neq \sigma_2^2.$$

由于 S_1^2 和 S_2^2 分别是 σ_1^2 和 σ_2^2 的无偏估计量,因此我们选取统计量 $F = \dfrac{S_1^2}{S_2^2}$,当 H_0 为真时,由第五章第二节定理 5,

$$F = \frac{S_1^2}{S_2^2} = \frac{S_1^2 / \sigma_1^2}{S_2^2 / \sigma_2^2} \sim F(m-1, n-1),$$

对于显著性水平 α,取临界值 $F_{\alpha/2}(m-1, n-1)$ 和 $F_{1-\alpha/2}(m-1, n-1)$,使得

$$P\{F \leqslant F_{1-\alpha/2}(m-1, n-1)\} = P\{F \geqslant F_{\alpha/2}(m-1, n-1)\} = \frac{\alpha}{2},$$

如图 7-5 所示(其中 $f(x, m-1, n-1)$ 为 $F(m-1, n-1)$ 分布的概率密度).

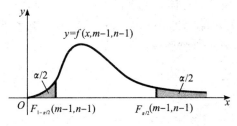

图 7-5

由此可得拒绝域

$$W_1 = \left\{ \frac{s_1^2}{s_2^2} \leqslant F_{1-\alpha/2}(m-1, n-1) \right\} \bigcup \left\{ \frac{s_1^2}{s_2^2} \geqslant F_{\alpha/2}(m-1, n-1) \right\}.$$

类似可得单边检验的拒绝域,由表 7-3 给出.

表 7-3　两个正态总体方差检验表

条件	假设		检验统计量	H_0 中等号成立时 F 的分布	拒绝域
	H_0	H_1			
μ_1,μ_2 已知	$\sigma_1^2 = \sigma_2^2$	$\sigma_1^2 \neq \sigma_2^2$	$F = \dfrac{\dfrac{1}{m}\sum\limits_{i=1}^{m}(X_i-\mu_1)^2}{\dfrac{1}{n}\sum\limits_{i=1}^{n}(Y_i-\mu_2)^2}$	$F(m,n)$	$F \leqslant F_{1-\alpha/2}(m,n)$ 或 $F \geqslant F_{\alpha/2}(m,n)$
	$\sigma_1^2 \leqslant \sigma_2^2$	$\sigma_1^2 > \sigma_2^2$			$F \geqslant F_\alpha(m,n)$
	$\sigma_1^2 \geqslant \sigma_2^2$	$\sigma_1^2 < \sigma_2^2$			$F \leqslant F_{1-\alpha}(m,n)$
μ_1,μ_2 未知	$\sigma_1^2 = \sigma_2^2$	$\sigma_1^2 \neq \sigma_2^2$	$F = \dfrac{S_1^2}{S_2^2}$	$F(m-1,n-1)$	$F \leqslant F_{1-\alpha/2}(m-1,n-1)$ 或 $F \geqslant F_{\alpha/2}(m-1,n-1)$
	$\sigma_1^2 \leqslant \sigma_2^2$	$\sigma_1^2 > \sigma_2^2$			$F \geqslant F_\alpha(m-1,n-1)$
	$\sigma_1^2 \geqslant \sigma_2^2$	$\sigma_1^2 < \sigma_2^2$			$F \leqslant F_{1-\alpha}(m-1,n-1)$

四、均值已知时两个正态总体方差的检验

设有两个相互独立的总体 X 和 Y，$X \sim N(\mu_1,\sigma_1^2)$，$Y \sim N(\mu_2,\sigma_2^2)$，其中 μ_1 和 μ_2 已知，σ_1^2 和 σ_2^2 未知，$X_1,X_2,\cdots,X_m$ 和 $Y_1,Y_2,\cdots,Y_n$ 分别是 X 和 Y 的样本，给定显著性水平 α，要求检验假设

$$H_0:\sigma_1^2 = \sigma_2^2, \quad H_1:\sigma_1^2 \neq \sigma_2^2.$$

由于

$$\frac{1}{m}\sum_{i=1}^{m}(X_i-\mu_1)^2 \quad 和 \quad \frac{1}{n}\sum_{i=1}^{n}(Y_i-\mu_2)^2$$

分别是 σ_1^2 和 σ_2^2 的无偏估计量，所以我们选取检验统计量

$$F = \frac{\dfrac{1}{m}\sum_{i=1}^{m}(X_i-\mu_1)^2}{\dfrac{1}{n}\sum_{i=1}^{n}(Y_i-\mu_2)^2},$$

容易证明，当 H_0 为真时，$F \sim F(m,n)$，对于显著性水平 α，取临界值 $F_{\alpha/2}(m,n)$ 和 $F_{1-\alpha/2}(m,n)$，使得

$$P\{F \leqslant F_{1-\alpha/2}(m,n)\} = P\{F \geqslant F_{\alpha/2}(m,n)\} = \frac{\alpha}{2},$$

由此可得拒绝域

$$W_1 = \left\{ \frac{\frac{1}{m}\sum_{i=1}^{m}(x_i-\mu_1)^2}{\frac{1}{n}\sum_{i=1}^{n}(y_i-\mu_2)^2} \leqslant F_{1-\alpha/2}(m,n) \right\} \bigcup \left\{ \frac{\frac{1}{m}\sum_{i=1}^{m}(x_i-\mu_1)^2}{\frac{1}{n}\sum_{i=1}^{n}(y_i-\mu_2)^2} \geqslant F_{\alpha/2}(m,n) \right\}.$$

类似可得单边检验的拒绝域,由表 7-3 给出.

由于在上述检验中采用的检验统计量服从 F 分布,因此称之为 **F 检验**.

例 3 为了考察由机器 A 和机器 B 生产的钢管的内径(以毫米计),随机抽取机器 A 生产的钢管 18 只,测得样本方差 $s_1^2 = 0.34$;抽取机器 B 生产的钢管 13 只,测得样本方差 $s_2^2 = 0.29$. 设由机器 A 和机器 B 生产的钢管的内径分别服从正态分布 $N(\mu_1,\sigma_1^2)$ 和 $N(\mu_2,\sigma_2^2)$ 且相互独立,其中 $\mu_1,\mu_2,\sigma_1^2,\sigma_2^2$ 均未知,试问两台机器生产的钢管内径的稳定性有无显著性差异(取显著性水平 $\alpha = 0.05$)?

解 由题意,要求检验假设

$$H_0:\sigma_1^2 = \sigma_2^2, \quad H_1:\sigma_1^2 \neq \sigma_2^2,$$

因为 μ_1 和 μ_2 均未知,显著性水平 $\alpha = 0.05$,查表 7-3 可得拒绝域

$$\frac{s_1^2}{s_2^2} \leqslant F_{0.975}(17,12) = \frac{1}{F_{0.025}(12,17)} = \frac{1}{2.82} = 0.35$$

或

$$\frac{s_1^2}{s_2^2} \geqslant F_{0.025}(17,12) = 3.13,$$

由两个样本方差可得

$$0.35 < \frac{s_1^2}{s_2^2} = \frac{0.34}{0.29} = 1.17 < 3.13,$$

故接受 H_0,即认为两台机器生产的钢管内径的稳定性无显著差异.

例 4 为了了解是否及时完成作业对学习成绩的影响,我们随机抽取 216 名同学,其中第一组的 $m = 150$ 名同学及时完成作业,即除特殊情况外,上课当天或第二天完成作业.第二组的 $n = 66$ 名同学没有及时完成作业(大部分同学交作业前完成,极少数有欠交作业情况),根据他们的概率论与数理统计课程考试成绩,经过计算得到两组同学考试成绩的样本均值和样本标准差如下:

$$\overline{x} = 79.3933, \quad s_1 = 12.36628, \quad \overline{y} = 72.1061, \quad s_2 = 16.32471,$$

试问是否及时完成作业对考试成绩有无显著影响?

解 设两组同学的考试成绩分别服从正态分布 $N(\mu_1,\sigma_1^2)$ 和 $N(\mu_2,\sigma_2^2)$,其中 $\mu_1,\mu_2,\sigma_1^2,\sigma_2^2$ 均未知.这是两个正态总体参数的假设检验问题,取显著性

水平 $\alpha = 0.05$.

(1) 两个正态总体方差的假设检验

原假设和备择假设分别为 $H_0:\sigma_1^2 = \sigma_2^2, H_1:\sigma_1^2 \neq \sigma_2^2$. 因为 μ_1 和 μ_2 均未知,查表 7-3 可知检验统计量

$$F = \frac{S_1^2}{S_2^2} \sim F(m-1, n-1),$$

拒绝域为

$$\frac{s_1^2}{s_2^2} \leqslant F_{1-\alpha/2}(m-1, n-1) \quad \text{或} \quad \frac{s_1^2}{s_2^2} \geqslant F_{\alpha/2}(m-1, n-1),$$

其中临界值

$$F_{1-\alpha/2}(m-1, n-1) = F_{1-0.025}(149, 65) = \frac{1}{F_{0.025}(65, 149)}$$

$$= \frac{1}{1.4886} = 0.6718,$$

$$F_{\alpha/2}(m-1, n-1) = F_{0.025}(149, 65) = 1.5403,$$

因为检验统计值

$$F = \frac{s_1^2}{s_2^2} = \frac{12.36628^2}{16.32471^2} = 0.573835 < F_{1-0.025}(149, 65) = 0.6718,$$

所以拒绝 H_0,即两个正态总体的方差有显著差异.

(2) 两个正态总体均值的假设检验

原假设和备择假设为 $H_0:\mu_1 = \mu_2, H_1:\mu_1 \neq \mu_2$. 注意到两个正态总体的方差不相等,查表 7-2 可知,检验统计量

$$t = \frac{\overline{X} - \overline{Y}}{\sqrt{\dfrac{S_1^2}{m} + \dfrac{S_2^2}{n}}} \sim t(\lfloor \nu \rfloor)(\text{近似}),$$

其中

$$\nu = \frac{\left(\dfrac{s_1^2}{m} + \dfrac{s_2^2}{n}\right)^2}{\dfrac{1}{m-1}\left(\dfrac{s_1^2}{m}\right)^2 + \dfrac{1}{n-1}\left(\dfrac{s_2^2}{n}\right)^2} = 99.2081,$$

拒绝域

$$t = \frac{|\overline{x} - \overline{y}|}{\sqrt{\dfrac{s_1^2}{m} + \dfrac{s_2^2}{n}}} \geqslant t_{\alpha/2}(\lfloor \nu \rfloor) = t_{0.025}(99) \approx z_{0.025} = 1.96,$$

因为检验统计值

$$t = \frac{|\bar{x} - \bar{y}|}{\sqrt{\dfrac{s_1^2}{m} + \dfrac{s_2^2}{n}}} = 3.24041 > t_{0.025}(99) \approx 1.96,$$

所以拒绝 H_0, 即两个正态总体的均值有显著差异.

上述结果说明是否及时完成作业对考试成绩有显著影响. 因为 $\bar{x} = 79.3933 > \bar{y} = 72.1061$, 所以及时完成作业的同学的平均考试成绩显著高于没有及时完成作业的同学; 因为 $s_1 = 12.36628 < s_2 = 16.32471$, 所以没有及时完成作业的同学考试成绩更分散, 有两极分化的倾向. 因此, 建议同学们及时完成作业.

第四节　分布拟合检验

前面介绍的各种检验方法, 都是在已知总体分布形式的前提下讨论的, 但在实际中, 往往不知道总体的分布, 只能凭经验或根据某种定性的理论给出总体分布的假设, 这样的假设是否符合实际情况, 还需要根据样本进行检验, 本节介绍总体分布假设的 χ^2 拟合检验法.

设总体 X 的分布函数 $F(x)$ 未知, $X_1, X_2, \cdots, X_n$ 为总体 X 的样本, 给定显著性水平 α, 要求检验假设

$$H_0 : F(x) = F_0(x), \quad H_1 : F(x) \neq F_0(x),$$

其中 $F_0(x)$ 为已知分布函数, H_1 常常省略.

χ^2 拟合检验法的步骤是:

(1) 根据样本值的取值范围, 把总体 X 的一切可能取值构成的集合 $R = (-\infty, +\infty)$ 分成互不相交的 k 个子区间:

$$R_1 = (-\infty, t_1], \quad R_2 = (t_1, t_2], \quad R_3 = (t_2, t_3], \quad \cdots,$$
$$R_{k-1} = (t_{k-2}, t_{k-1}], \quad R_k = (t_{k-1}, +\infty),$$

如果 X 的一切可能取值构成的集合 D 是 R 的真子集, 则取上述区间与 D 的交集作为 k 个子区间. 计算出样本值出现在第 i 个小区间 R_i 中的频数 n_i 和频率 $\dfrac{n_i}{n}$, $i = 1, 2, \cdots, k$, n_i 和 $\dfrac{n_i}{n}$ 分别称为经验频数和经验频率.

(2) 求出当 H_0 为真时总体 X 取值于第 i 个小区间 R_i 的概率

$$p_i = F_0(t_i) - F_0(t_{i-1}), \quad i = 1, 2, \cdots, k,$$

其中

$$0 < p_i < 1, \quad \sum_{i=1}^{k} p_i = 1,$$

p_i 称为理论频率,np_i 称为理论频数.

（3）选取检验统计量

$$\chi^2 = \sum_{i=1}^{k} \frac{(n_i - np_i)^2}{np_i},$$

由上式可以看出,当 $n_i = np_i (i = 1, 2, \cdots, k)$ 时,即经验频数与理论频数完全相等时,则 $\chi^2 = 0$;当 n_i 与 np_i 相差越大时,χ^2 也就越大.因此,χ^2 可作为总体真实分布与 H_0 确定的理论分布之间差异的一种度量,当它的值大于某个临界值时,意味着经验频数与 H_0 确定的理论频数有显著差异,就应该拒绝原假设 H_0,否则可以接受 H_0.

如何确定临界值呢?这就需要求出统计量 χ^2 的分布,皮尔逊证明了如下定理：

皮尔逊定理　设 $F_0(x)$ 是不含未知参数的分布函数,如果 H_0 为真,则当 $n \to \infty$ 时,

$$\chi^2 = \sum_{i=1}^{k} \frac{(n_i - np_i)^2}{np_i}$$

的极限分布为 $\chi^2(k-1)$,即当 n 充分大时,χ^2 渐近于 $\chi^2(k-1)$ 分布.

如果 $F_0(x)$ 含有 l 个未知参数 $\theta_1, \theta_2, \cdots, \theta_l$,这时需用这些参数的最大似然估计代替它们.在这种情况下,费歇尔推广了皮尔逊定理,证明了 χ^2 渐近于 $\chi^2(k-l-1)$ 分布,其中 k 为小区间的个数,l 为待估参数的个数.

一般地,当样本容量 $n \geqslant 50$ 时,就可以认为统计量 χ^2 近似服从 $\chi^2(k-l-1)$.因此,对于给定的显著性水平 α,查表可得临界值 $\chi^2_\alpha(k-l-1)$,使得

$$P\{\chi^2 \geqslant \chi^2_\alpha(k-l-1)\} = \alpha,$$

由此可得拒绝域

$$\left\{ \sum_{i=1}^{k} \frac{(n_i - np_i)^2}{np_i} \geqslant \chi^2_\alpha(k-l-1) \right\}.$$

（4）由样本值计算出统计值 χ^2,若 $\chi^2 \geqslant \chi^2_\alpha(k-l-1)$,则拒绝 H_0,反之,则接受 H_0.

由于总体分布的 χ^2 拟合检验法是在 $n \to \infty$ 时推导出来的,所以使用时应满足 n 足够大及 np_i 不太小这 2 个条件.根据应用经验,要求 $n \geqslant 50$ 且 $np_i \geqslant 5$ $(i = 1, 2, \cdots, k)$,否则应适当增加样本容量或合并小区间,使得 n 和 np_i 满足

要求. 另外, 人们在应用上述检验法时, 通常使小区间的个数 k 满足 $5 \leqslant k \leqslant 10$.

例 1 自 1965 年 1 月 1 日至 1971 年 2 月 9 日共 2231 天中, 全世界记录到里氏震级 4 级和 4 级以上地震计 162 次, 统计如下:

相继 2 次地震间隔天数	$0 \sim 4$	$5 \sim 9$	$10 \sim 14$	$15 \sim 19$	$20 \sim 24$	$25 \sim 29$	$30 \sim 34$	$35 \sim 39$	$\geqslant 40$
出现的频数	50	31	26	17	10	8	6	6	8

试检验相继 2 次地震间隔天数是否服从指数分布? 取显著性水平 $\alpha = 0.05$.

解 根据题意, 要求检验假设

$$H_0 : X \text{ 的概率密度为 } f(x) = \begin{cases} \theta \mathrm{e}^{-\theta x}, & x > 0, \\ 0, & x \leqslant 0. \end{cases}$$

由于概率密度 $f(x)$ 中有一个未知参数 θ, 先由最大似然估计法求得 θ 的估计值

$$\hat{\theta} = \frac{1}{\bar{x}} = \frac{162}{2231} = \frac{1}{13.77},$$

X 是连续型随机变量, 将 X 可能取值的区间 $(0, +\infty)$ 分为 $k = 9$ 个互不重叠的子区间 $R_1, R_2, \cdots, R_9$, 样本值出现在第 $i(i = 1, 2, \cdots, 9)$ 个小区间 R_i 中的频数记为 n_i, 如表 7-4 所示.

表 7-4 例 1 的 χ^2 拟合检验表

i	R_i	n_i	$\hat{p}_i$	$n\hat{p}_i$	$n\hat{p}_i - n_i$	$\dfrac{(n\hat{p}_i - n_i)^2}{n\hat{p}_i}$
1	$(0, 4.5]$	50	0.2788	45.1656	-4.8344	0.5175
2	$(4.5, 9.5]$	31	0.2196	35.5752	4.5752	0.5884
3	$(9.5, 14.5]$	26	0.1527	24.7374	-1.2626	0.0644
4	$(14.5, 19.5]$	17	0.1062	17.2044	0.2044	0.0024
5	$(19.5, 24.5]$	10	0.0739	11.9718	1.9718	0.3248
6	$(24.5, 29.5]$	8	0.0514	8.3268	0.3268	0.0128
7	$(29.5, 34.5]$	6	0.0358	5.7996	-0.2004	0.0069
8	$(34.5, 39.5]$	6	0.0249	4.0338	-0.7808	0.0461
9	$(39.5, +\infty)$	8	0.0568	9.2016		
$\sum$						1.5633

当 H_0 为真时, X 的分布函数的估计式为

$$F(x) = \begin{cases} 1 - \mathrm{e}^{-x/13.77}, & x > 0, \\ 0, & x \leqslant 0. \end{cases}$$

由上式可得概率 $p_i = P\{X \in R_i\}$ 的估计值 $\hat{p}_i$,例如,

$$\hat{p}_1 = F(4.5) - F(0) = 1 - \mathrm{e}^{-4.5/13.77} = 0.2788,$$

$$\hat{p}_2 = F(9.5) - F(4.5) = \mathrm{e}^{-4.5/13.77} - \mathrm{e}^{-9.5/13.77} = 0.2196,$$

计算结果如表 7-4 所示. 其中 R_8, R_9 合并, 这是因为理论频数 $n\hat{p}_8 = 4.0338 < 5$.
因为

$$\chi^2 = \sum_{i=1}^{8} \frac{(n_i - n\hat{p}_i)^2}{n\hat{p}_i} = 1.5633 < \chi_\alpha^2(8 - 1 - 1) = \chi_{0.05}^2(6) = 12.592,$$

故在显著性水平 $\alpha = 0.05$ 下接受 H_0,即认为 X 服从指数分布.

当总体 X 是离散型随机变量时, χ^2 拟合检验法的原假设相当于

H_0:总体 X 的分布律为 $P\{X = a_i\} = p_i, i = 1, 2, \cdots$,

根据每一类理论频数都不小于 5 的原则,将 X 的取值分成 k 类 $A_1, A_2, \cdots, A_k$,
根据样本值 $x_1, x_2, \cdots, x_n$ 计算每一类中的实际频数 n_i. 如果 X 的分布律中有
未知参数,则先根据样本值用最大似然估计法估计这些参数的值,然后计算每
一类的概率 $\hat{p}_i = P\{X \in A_i\}(i = 1, 2, \cdots, k)$ 和 $n\hat{p}_i$,进而计算统计值 χ^2 并推
断 H_0 是否成立.

例 2 在某一实验中,每隔一定时间观测一次由某种铀所放射的到达计
数器上的 α 粒子数 X,共观测了 100 次,得结果如表 7-5 所示.

表 7-5

i	0	1	2	3	4	5	6	7	8	9	10	11
n_i	1	5	16	17	26	11	9	9	2	1	2	1

其中 n_i 为观测到 i 个 α 粒子的次数. 从理论上考虑, X 应服从泊松分布,

$$P\{X = i\} = \frac{\mathrm{e}^{-\lambda}\lambda^i}{i!}, \quad i = 0, 1, 2, \cdots,$$

问这种理论上的推断是否符合实际?取显著性水平 $\alpha = 0.05$.

解 根据题意,要求检验假设

H_0:X 服从泊松分布, $P\{X = i\} = \frac{\mathrm{e}^{-\lambda}\lambda^i}{i!}, i = 0, 1, 2, \cdots$,

因为 H_0 中参数 λ 未知,所以先用最大似然估计法估计它:$\hat{\lambda} = \bar{x} = 4.2$. 当 H_0

为真时,分布律的估计值为

$$\hat{p}_i = P\{X=i\} = \frac{\mathrm{e}^{-4.2} \times 4.2^i}{i!}, \quad i=0,1,2,\cdots,$$

χ^2 的计算由表 7-6 所示.

表 7-6　例 2 的 χ^2 检验表

i	n_i	$\hat{p}_i$	$n\hat{p}_i$	$n\hat{p}_i - n_i$	$\dfrac{(n\hat{p}_i - n_i)^2}{n\hat{p}_i}$
0	1	0.015	1.5	1.8	0.415
1	5	0.063	6.3		
2	16	0.132	13.2	−2.8	0.594
3	17	0.185	18.5	1.5	0.122
4	26	0.194	19.4	−6.6	2.245
5	11	0.163	16.3	5.3	1.723
6	9	0.114	11.4	2.4	0.505
7	9	0.069	6.9	−2.1	0.639
8	2	0.036	3.6		
9	1	0.017	1.7		
10	2	0.007	0.7	0.5	0.0385
11	1	0.003	0.3		
⩾12	0	0.002	0.2		
$\sum$					6.2815

由于

$$\chi^2 = \sum_{i=1}^{8} \frac{(n_i - n\hat{p}_i)^2}{n\hat{p}_i} = 6.2815 < \chi_\alpha^2(8-1-1) = \chi_{0.05}^2(6) = 12.592,$$

故在显著性水平 $\alpha = 0.05$ 下接受 H_0,即认为理论上的推断符合实际.

第五节　　应用实例

假设检验的应用极其广泛,下面是两个实际案例,供读者参考.

一、F 检验在处理机油光谱分析数据中的应用

光谱分析技术是监测机械技术状态和进行故障诊断的一种重要手段,它的基本原理是:当机械运转时,由于运动零件互相摩擦,导致机油中混有各种元素磨粒,利用光谱仪可以测出磨粒的浓度.一台正常工作的机械,其摩擦零件的磨损速率基本不变,机油中磨粒浓度保持在某一个范围内,当机械磨损异常时,机油中磨粒浓度升高,跳出这个范围.根据这个原理,对机油光谱分析数据进行适当处理,可以有效地进行磨损状态监测和故障诊断,尽量减少损失.

国内外对机油光谱分析数据的处理,主要使用临界值(或称标准值)方法.从我国的实际应用情况来看,该方法存在一些缺点,在某些情况下不能使用.为了解决这个问题,我们提出一个处理机油光谱分析数据的新方法.这个方法不是以确定临界值为基础,而是通过跟踪每台机械机油磨粒浓度变化情况,以判断光谱分析数据是否出现显著差异来推断磨损是否异常.

当机械正常工作时,其机油磨粒浓度 X 是一个随机变量,大量的数据证实,X 服从正态分布,即 $X \sim N(\mu, \sigma^2)$,其中 μ, σ^2 均未知.假如我们对某台机械进行监测,已经积累了 n 个光谱分析数据 $x_1, x_2, \cdots, x_n$,并且根据机械工作情况已经知道当测取这些数据时机械工作正常,后来又测得 k 个数据 $x_{n+1}, x_{n+2}, \cdots, x_{n+k}$,我们的目的是通过这 $n+k$ 个数据

$$x_1, x_2, \cdots, x_n, x_{n+1}, \cdots, x_{n+k},$$

来判断在测取 x_{n+k} 时机械磨损是否正常.

根据机油磨粒浓度与磨损状态的关系,我们决定采用检验两个正态总体的方差来诊断故障.假定 $X_1, X_2, \cdots, X_n$ 是总体 X 样本,$X \sim N(\mu_1, \sigma_1^2)$,$X_{n+1}, X_{n+2}, \cdots, X_{n+k}$ 是总体 Y 的样本,$Y \sim N(\mu_2, \sigma_2^2)$,并且 X, Y 相互独立,$\mu_1, \sigma_1^2, \mu_2, \sigma_2^2$ 均未知.原假设 $H_0: \sigma_1^2 \geqslant \sigma_2^2$,备择假设 $H_1: \sigma_1^2 < \sigma_2^2$.根据数据(样本值)$x_1, x_2, \cdots, x_n$ 和 $x_{n+1}, x_{n+2}, \cdots, x_{n+k}$,算出检验统计值

$$F = \frac{(n-1)\sum\limits_{i=1}^{k}(x_{n+i} - \overline{x_2})^2}{(k-1)\sum\limits_{i=1}^{n}(x_i - \overline{x_1})^2} = \frac{s_2^2}{s_1^2} \quad \left(\overline{x_1} = \frac{1}{n}\sum_{i=1}^{n}x_i, \ \overline{x_2} = \frac{1}{k}\sum_{i=1}^{k}x_{n+i}\right),$$

给定显著性水平 α,求出 $F_\alpha(k-1, n-1)$.当 $F < F_\alpha(k-1, n-1)$ 时,在显著性水平 α 下接受 H_0,推断机械工作正常;当 $F \geqslant F_\alpha(k-1, n-1)$ 时,在显著性水平 α 下拒绝 H_0,接受 H_1,推断机械发生异常磨损.

为什么我们检验机油磨粒浓度的方差而不检验均值呢?这是因为检验两

个正态总体均值是否存在显著差异时,需根据两个总体方差已知、方差未知但相等、方差未知且不相等,选择不同的检验统计量,在实际问题中,很难确定这三个条件,因此诊断效果得不到保证.检验方差有明显的实际意义:当 k 较大时(例如 $k \geqslant 3$),机械已经经过较长时间的运行,完全可以断定在测取 x_1, x_2, $\cdots, x_n$ 时机械运行正常(如果机械在某段时间处于异常状态,去掉相应数据即可),在以后运行过程中,如果机械一直工作正常,相当于两个样本来自同一个总体,样本方差没有显著差异;一旦机械出现异常磨损,马上会出现较大的数据,从而样本方差 s_2^2 变大,检验统计值 F 相应增大,两个样本方差出现显著差异,因此拒绝 H_0,推断机械发生异常磨损.

在实际应用中,要选择适当的 n 和 k.为了保证正确率,n 和 k 不宜过小,但也不是越大越好.因为当 n 太大时,意味着机械工作时间很长,难以保证现在机油磨粒浓度的变化规律与很久之前的规律完全一样,因而可能引起正确率下降.当 k 太大时,最新数据所占比例太小,也可能导致不能及时发现异常磨损.我们认为,在一般机械的故障诊断中,取 $6 \leqslant n \leqslant 20, 3 \leqslant k \leqslant 6$,较为适宜.

下面给出一个诊断实例.表 7-7 给出了某内燃机原始机油光谱分析数据,单位为 ppm.

表 7-7

数据号	Fe	Pb	Cr	Mo	Al	Mn
1	29.8	3.4	0.6	0.2	6.2	0.8
2	32.1	5.1	1.1	2.4	6.2	0.8
3	32.4	4.0	0.9	2.3	6.0	0.8
4	24.7	4.7	0.6	2.1	4.7	0.7
5	29.4	5.6	1.3	3.8	5.8	0.7
6	33.3	4.1	0.0	4.0	6.5	0.6
7	33.1	4.0	1.1	3.7	9.2	0.6
8	37.4	6.5	1.0	5.4	12.7	0.6
9	32.0	3.7	1.1	2.2	8.9	0.9
10	45.7	5.9	0.9	5.8	17.4	0.8

取 $n = 6, k = 4$,选取常用的显著性水平 $\alpha = 0.05$,查表得 $F_{0.05}(3, 5) = 5.41$,表 7-8 给出了计算和推断结果.

表 7-8

	Fe	Pb	Cr	Mo	Al	Mn
s_1^2	9.814	0.6457	0.2110	1.887	0.4000	0.00667
s_2^2	38.68	1.916	0.00917	2.743	15.70	0.02250
F	3.941	2.967	0.043	1.454	39.25	3.373
结论	正常	正常	正常	正常	异常	正常

由表 7-8 可知,在显著性水平 $\alpha = 0.05$ 下,Al 的磨粒浓度异常,而其余均正常.因为该内燃机的摩擦副均由两种以上元素构成,所以如果机械发生异常磨损,应有两种以上的元素磨粒浓度异常.因此,我们还不能马上断定机械已经发生异常磨损,应该继续观察.表 7-9 给出了第 11 组机油光谱分析数据.

表 7-9

数据号	Fe	Pb	Cr	Mo	Al	Mn
11	50.2	7.1	1.6	7.8	19.2	1.1

取 $n = 7, k = 4$,仍然选用显著性水平 $\alpha = 0.05$,查表得 $F_{0.05}(3,6) = 4.76$.表 7-10 给出了计算和推断结果.

表 7-10

	Fe	Pb	Cr	Mo	Al	Mn
s_1^2	9.311	0.5714	0.1933	1.790	1.889	0.00810
s_2^2	75.64	2.200	0.09670	5.373	21.70	0.04330
F	8.124	3.850	0.500	3.002	11.49	5.346
结论	异常	正常	正常	正常	异常	异常

由表 7-10 可知,在显著性水平 $\alpha = 0.05$ 下,认为 Fe,Al 和 Mn 的磨粒浓度出现显著差异,因此推断该内燃机已经发生异常磨损,根据摩擦副材料构成分析,是缸套活塞组出现故障,此结论与实际情况完全一致.

提示　此文将两个正态总体方差的右边检验应用于处理机油光谱分析数据中,其主要创新在于:(1)从直观上来看,似乎应该检验两个总体的均值,但是实际上检验方差效果更好.(2)一般书中两个样本常取自 2 台机器或 2 种方法,假定分别来自两个总体,而此文样本取自同一台机械,且第二个样本中的数据可以部分是在机械正常磨损时测取的,另一部分是在机械异常磨损时测取的. 事实上, 第二个样本 $x_{n+1}, x_{n+2}, \cdots, x_{n+k}$ 中的数据, 可能全部是在机械工作正常时测取的, 相当于两个样本来自同一个总体, 方差没有显著差异, 从而推断机械磨损正常; 也可能一部分数据在机械正常磨损时测取, 其余数据在机械异常磨损时测取, 数据有大有小, 样本方差 s_2^2 显著变大, 两个样本方差出现显著差异, 从而推断机械发生异常磨损. 把理论方法与实际问题恰当地结合起来, 是应用成功的关键.

二、系统故障诊断的平均标准值

诊断参数是与系统的技术状态密切相关而且便于检测的数量指标. 当系统技术状态正常时, 其诊断参数 X 是一个随机变量, 在很多场合下服从正态分布, 即 $X \sim N(\mu, \sigma^2)$. 取 $x_0 = \mu + k\sigma$ 作为诊断参数的标准值, 过去常选用的 k 值为 3, 即所谓 "3σ 规则". 当实测值超过标准值时进行故障报警, 反之则认为系统的技术状态正常. 这就是系统故障诊断的标准值方法.

实际应用中发现, 用标准值方法诊断故障容易发生 "漏断": 有时在系统技术状态异常的情况下, 实测值仍然低于标准值 x_0, 从而错误地推断系统正常, 这就是 "漏断".

我们研究发现, 漏断的一个重要原因是故障类型不同. 故障诊断的对象通常为渐进型故障, 渐进型故障分为快速渐进型和慢速渐进型两类. 当系统发生快速渐进型故障时, 诊断参数发生大的跳变, 用标准值方法可以诊断故障, 当系统发生慢速渐进型故障时, 诊断参数虽然也发生变化, 但改变量并不太大, 标准值方法就无能为力了. 慢速渐进型故障发展过程较长, 不会很快导致系统丧失功能, 在此期间一般要经过若干次检测. 下面讨论慢速渐进型故障的诊断方法.

假定系统处于正常状态时, 诊断参数 $X \sim N(\mu, \sigma^2)$. 我们抽取样本 X_1, $X_2, \cdots, X_n$, 得到样本均值 $\overline{X} = \dfrac{1}{n}\sum\limits_{i=1}^{n} X_i$. 如果在抽取样本时系统处于正常状态, 则

$$X_i \sim N(\mu, \sigma^2), \quad i = 1, 2, \cdots, n,$$

可以证明, 统计量 $z = \dfrac{\sqrt{n}\,(\overline{X} - \mu)}{\sigma}$ 服从标准正态分布, 取定显著性水平 α, 令 z_α 为满足

$$\int_{z_\alpha}^{+\infty} \frac{1}{\sqrt{2\pi}} e^{-\frac{x^2}{2}} \, dx = \alpha$$

的数,它是标准正态分布的上 α 分位点,可以在标准正态分布表中查到,根据实际推断原理和系统故障时诊断参数的变化趋势,就可以利用样本均值 $\overline{X} = \frac{1}{n}\sum_{i=1}^{n}X_i$ 对系统进行故障诊断.我们称这种诊断方法为平均标准值方法,具体方法如下:

1. 确定诊断参数 X 的分布

假定当系统正常工作时,诊断参数 $X \sim N(\mu,\sigma^2)$,X 的数学期望 μ 和方差 σ^2 需由历史数据估计.设有 m 个历史数据 $x_1,x_2,\cdots,x_m$,μ 和 σ^2 的估计式为

$$\hat{\mu} = \frac{1}{m}\sum_{i=1}^{m}x_i, \qquad \hat{\sigma^2} = \frac{1}{m-1}\sum_{i=1}^{m}(x_i - \hat{\mu})^2.$$

2. 确定误断概率 α

在故障诊断中,我们希望出现误断(将正常推断为异常)和漏断(将异常推断为正常)的概率尽可能地小,最好全为零,但是难以实现.通常控制误断概率,这就是显著性水平 α.在实际应用中,要根据实际情况选取适当的 α.如果漏断将要造成较大损失,可选取较大的 α,反之则选取较小的 α.经常选取的 α 有 $0.1,0.05,0.01,0.005,0.001$ 等.

3. 确定数据个数 n

为了保证准确性,要选择适当的数据个数(样本容量)n.当 n 太大时,数据中可能包含较多正常数据,异常数据比例小会造成漏断.如果 n 太小,也可能对慢速渐进型故障发生漏断.为了提高诊断准确度,可以选用若干数据个数 $n_1,n_2,\cdots,n_l$ 分别进行诊断.顺便指出,当 $n = 1$ 时,平均标准值就退化为普通标准值.

4. 制订平均标准值

设有总体 X 的样本 $X_1,X_2,\cdots,X_n$ 和样本值 $x_1,x_2,\cdots,x_n$,记

$$\overline{X} = \frac{1}{n}\sum_{i=1}^{n}X_i, \quad \overline{x} = \frac{1}{n}\sum_{i=1}^{n}x_i.$$

因为诊断参数 $X \sim N(\mu,\sigma^2)$,其中 μ,σ^2 已知,所以统计量 $z = \frac{\sqrt{n}(\overline{X}-\mu)}{\sigma}$ 服从标准正态分布.根据系统故障时诊断参数 X 的变化趋势,制订如下平均标准值:

(1)当系统故障时诊断参数实测值增大.当

$$z = \frac{\sqrt{n}\,(\bar{x} - \mu)}{\sigma} < z_a \quad \text{即} \quad \bar{x} < \mu + \frac{\sigma z_a}{\sqrt{n}}$$

时,判定系统正常;当 $\bar{x} \geqslant \mu + \dfrac{\sigma z_a}{\sqrt{n}}$ 时,判定系统异常. $\mu + \dfrac{\sigma z_a}{\sqrt{n}}$ 称为第一种平均标准值.

（2）当系统故障时诊断参数实测值减小.当

$$z = \frac{\sqrt{n}\,(\bar{x} - \mu)}{\sigma} > -z_a \quad \text{即} \quad \bar{x} > \mu - \frac{\sigma z_a}{\sqrt{n}}$$

时判定系统正常;当 $\bar{x} \leqslant \mu - \dfrac{\sigma z_a}{\sqrt{n}}$ 时,判定系统异常. $\mu - \dfrac{\sigma z_a}{\sqrt{n}}$ 称为第二种平均标准值.

（3）当系统故障时诊断参数实测值上下波动（有时增大有时减小）.当

$$|z| = \left| \frac{\sqrt{n}\,(\bar{x} - \mu)}{\sigma} \right| < z_{a/2}$$

时,判定系统正常,当

$$\bar{x} \leqslant \mu - \frac{\sigma z_{a/2}}{\sqrt{n}} \quad \text{或} \quad \bar{x} \geqslant \mu + \frac{\sigma z_{a/2}}{\sqrt{n}}$$

时,判定系统异常. $\mu \pm \dfrac{\sigma z_{a/2}}{\sqrt{n}}$ 称为第三种平均标准值.

由上述 3 种平均标准值可得系统异常判定准则,如表 7-11 所示.

表 7-11

系统异常时诊断参数变化趋势	系统异常判定准则
实测值增大	$\bar{x} \geqslant \mu + \dfrac{\sigma z_a}{\sqrt{n}}$
实测值减小	$\bar{x} \leqslant \mu - \dfrac{\sigma z_a}{\sqrt{n}}$
实测值上下波动	$\bar{x} \leqslant \mu - \dfrac{\sigma z_{a/2}}{\sqrt{n}}$ 或 $\bar{x} \geqslant \mu + \dfrac{\sigma z_{a/2}}{\sqrt{n}}$

　　诊断参数的平均标准值初步确定后,应对过去的异常数据进行验证,根据验证结果调整 α.例如,对于第一种平均标准值,当漏断率偏大时可以增大 α,反之减小 α,一般要反复几次才能得到满意的结果.

　　下面给出一个诊断实例.根据历史资料知道,某动力系统润滑油中 Fe、

Pb、Cr、Mo、Al、Mn 的磨粒含量服从正态分布,它们的数学期望 μ 和均方差 σ 由表 7-12 所示.

表 7-12

	Fe	Pb	Cr	Mo	Al	Mn
数学期望 μ	33.6	3.8	0.91	2.4	7.5	0.80
均方差 σ	7.2	1.5	0.61	1.2	3.0	0.29

因为当动力系统出现磨损故障时,相应元素磨粒浓度增大,所以采用第一种平均标准值.取显著性水平 $\alpha = 0.001$,查表得 $z_{0.001} = 3.09$,取数据个数 $n = 5$,对一台动力系统进行监测,得到的数据由表 7-13 所示.

表 7-13

数据号	Fe	Pb	Cr	Mo	Al	Mn
1	49.6	4.5	1	5.2	15.1	1
2	49.2	4.6	0.7	5.8	12.9	1
3	50.2	4.8	1.62	5.4	11.9	1
4	45.9	2.6	0.74	4.2	10.3	0.9
5	46.4	4	0.77	4	11.2	1.1

利用表 7-12 和表 7-13 的数据,根据第一种平均标准值公式 $\mu + \dfrac{\sigma z_\alpha}{\sqrt{n}}$ 和表 7-11 给出的系统异常判定准则,可得诊断结果如表 7-14 所示.

表 7-14

	Fe	Pb	Cr	Mo	Al	Mn
$\overline{x}$	48.26	4.10	0.97	4.92	12.30	1.00
$\mu + \dfrac{\sigma z_\alpha}{\sqrt{n}}$	43.55	5.87	1.75	4.06	11.65	1.20
结论	异常	正常	正常	异常	异常	正常

由表 7-14 可知,在显著性水平 $\alpha = 0.001$ 下,判定 Fe、Mo、Al 的均值出现显著差异,推断该动力系统发生异常磨损.现场检修结果证实诊断结果正确.

进一步计算表明,用普通标准值方法不能诊断出该故障.根据表 7-12 数据容易计算出 $\alpha = 0.001$ 和"3σ 规则"下的普通标准值($n = 1$),其结果如表

7-15 所示.

表 7-15

	Fe	Pb	Cr	Mo	Al	Mn
3σ 规则	55.20	8.30	2.74	6.00	16.50	1.67
$\alpha = 0.001$	55.85	8.44	2.79	6.11	16.77	1.70

对照表 7-13 和表 7-15 可知,每个实测值均低于相应的标准值,因此使用普通标准值将发生漏断错误. 这个实例说明,平均标准值方法有助于减少漏断率.

思考题　上述平均标准值方法对应于假设检验中的什么方法?

第六节　数学软件在假设检验中的应用

一、Mathematica 在假设检验中的应用

在进行假设检验时,我们可以根据表 7-1、表 7-2 和表 7-3 给出拒绝域,利用数学软件 Mathematica 进行具体计算.

例1　(第三节例3)为了考察由机器 A 和机器 B 生产的钢管的内径(以毫米计),随机抽取机器 A 生产的钢管 18 只,测得样本方差 $s_1^2 = 0.34$;抽取机器 B 生产的钢管 13 只,测得样本方差 $s_2^2 = 0.29$. 设由机器 A 和机器 B 生产的钢管的内径分别服从正态分布 $N(\mu_1, \sigma_1^2)$ 和 $N(\mu_2, \sigma_2^2)$ 且相互独立,其中 μ_1, μ_2, σ_1^2, σ_2^2 均未知,试问两台机器生产的钢管内径的稳定性有无显著性差异(取显著性水平 $\alpha = 0.05$)?

解　由题意,要求检验假设
$$H_0 : \sigma_1^2 = \sigma_2^2, \quad H_1 : \sigma_1^2 \neq \sigma_2^2,$$
因为 μ_1 和 μ_2 均未知,显著性水平 $\alpha = 0.05$,查表 7-3 可得拒绝域
$$\frac{s_1^2}{s_2^2} \leqslant F_{0.975}(17, 12) \quad 或 \quad \frac{s_1^2}{s_2^2} \geqslant F_{0.025}(17, 12),$$
Mathematica 的输入和输出语句如下:

```
In[1]: = <<Statistics`ContinuousDistributions`
         a = 0.05;m = 18;n = 13;s12 = 0.34;s22 = 0.29;
         fdist = FRatioDistribution[m − 1, n − 1];
         zljz = Quantile[fdist, a/2];
```

　　　　　　　yljz = Quantile[fdist,1 − a/2];
　　　　　　　f = s12/s22;
　　　　　　　{zljz,f,yljz}
　　　　　　　f <= zljz || f ⩾ yljz
　　Out[7] = {0.353997,1.17241,3.12864}
　　Out[8] = False
其中

　　　f:表示检验统计值 $f = \dfrac{s_1^2}{s_2^2}$,

　　　zljz:表示左边的临界值 $F_{0.975}(17,12) = 0.353997$,

　　　yljz:表示右边的临界值 $F_{0.025}(17,12) = 3.12864$,

　　　f <= zljz || f ⩾ yljz:表示拒绝域"$f ⩽ F_{0.975}(17,12)$ 或 $f ⩾ F_{0.025}(17,12)$",

　　　False:表示"f <= zljz || f ⩾ yljz"不成立,即检验统计值没有落入拒绝域.

　　故接受 H_0,即认为两台机器生产的钢管内径的稳定性无显著差异.

　　例 2　(第二节例 2)某企业生产的螺杆直径(以毫米计)服从正态分布 $N(\mu,\sigma^2)$,其中 μ 与 σ^2 均未知,现从中取 5 根,测得直径为

　　　　　　22.3,　21.5,　22.0,　21.8,　21.4,

试问螺杆直径的均值 $\mu = 21$ 是否成立?取显著性水平 $\alpha = 0.05$.

　　解　由题意,要求检验假设

$$H_0:\mu = 21,　　H_1:\mu \neq 21,$$

因为方差 σ^2 未知,显著性水平 $\alpha = 0.05$,$n = 5$,所以查表 7-1 可得拒绝域

$$|t| = \frac{|\overline{x} - \mu_0|}{s/\sqrt{n}} \geqslant t_{a/2}(n-1),$$

Mathematica 的输入和输出语句如下:

　　In[1]:= <<Statistics`ContinuousDistributions`
　　　　　　a = 0.05;u0 = 21;n = 5;
　　　　　　tdist = StudentTDistribution[n − 1];
　　　　　　ybz = {22.3,21.5,22.0,21.8,21.4};
　　　　　　xg = Sum[ybz[[i]],{i,1,n}]/n;
　　　　　　s2 = Sum[(ybz[[i]] − xg)^2,{i,1,n}]/(n − 1);
　　　　　　ljz = Quantile[tdist,1 − a/2];
　　　　　　t = (xg − u0) n^(1/2)/s2^(1/2);
　　　　　　{Abs[t],ljz}

　　　　Abs[t] ≥ ljz

Out[9] = {4.86864,2.77645}

Out[10] = True

其中

Abs[t]：表示检验统计值 $|t| = \dfrac{|\bar{x} - \mu_0|}{s/\sqrt{n}} = 4.86864$，

ljz：表示临界值 $t_{0.025}(4) = 2.77645$，

Abs[t] ≥ ljz：表示拒绝域"$|t| \geqslant t_{0.025}(4)$"，

True：表示"Abs[t] ≥ ljz"成立，即检验统计值落入拒绝域.

故拒绝 H_0，即认为螺杆直径的均值不是 21 毫米.

二、SPSS 在假设检验中的应用

首先介绍 p 值（probability value）的概念.

在例 2 中，检验统计值 $|t| = \dfrac{|\bar{x} - \mu_0|}{s/\sqrt{n}} = 4.86864$，当取显著性水平 $\alpha = 0.05$ 时，$t_{\alpha/2}(n-1) = t_{0.025}(4) = 2.77645$，拒绝了 H_0. 不难验证，如果取显著性水平 $\alpha = 0.01$，查表可得 $t_{0.005}(4) = 4.6041$，仍然可以拒绝 H_0；但是，如果取 $\alpha = 0.005$，则 $t_{0.0025}(4) = 6.75825$，就不能拒绝 H_0 了. 我们希望找到能够拒绝 H_0 的最小的显著性水平 α.

定义 1　对于给定的样本值，双边检验中原假设可被拒绝的最小显著性水平称为假设检验的双边 p 值.

例如，设总体 $X \sim N(\mu, \sigma^2)$，其中 μ, σ^2 均未知，$X_1, X_2, \cdots, X_n$ 和 $x_1, x_2, \cdots, x_n$ 分别为 X 的样本和样本值，给定显著性水平 α，检验假设 $H_0: \mu = \mu_0$，$H_1: \mu \neq \mu_0$. 采用检验统计量 $t = \dfrac{\bar{X} - \mu_0}{S/\sqrt{n}}$，检验统计值 $t_0 = \dfrac{\bar{x} - \mu_0}{s/\sqrt{n}}$，因为当 H_0：$\mu = \mu_0$ 为真时，$t \sim t(n-1)$，则双边 p 值 $p = P\{|t| \geqslant |t_0|\} = 2P\{t \geqslant |t_0|\}$，几何意义如图 7-6 所示（其中 $f(x, n-1)$ 表示 $t(n-1)$ 分布的概率密度）.

由上述分析可知，检验统计值 $|t_0| = \dfrac{|\bar{x} - \mu_0|}{s/\sqrt{n}}$ 就是 $t(n-1)$ 分布的上一半双边 p 值分位数，即 $|t_0| = t_{p/2}(n-1)$，注意到双

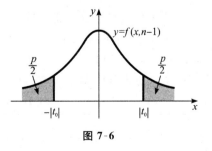

图 7-6

边检验的拒绝域为 $|t_0| \geqslant t_{\alpha/2}(n-1)$，因此，当 $t_{p/2}(n-1) \geqslant t_{\alpha/2}(n-1)$，即 $p \leqslant \alpha$ 时拒绝原假设 H_0. 由此得到 t 检验的双边检验准则：

双边检验准则　　如果显著性水平为 α，双边 p 值为 p，则当 $p \leqslant \alpha$ 时拒绝原假设 H_0，当 $p > \alpha$ 时接受 H_0.

类似地可以得到 t 检验的单边检验准则：

右边检验准则　　如果显著性水平为 α，检验统计值为 t，双边 p 值为 p，则当 $t > 0$，且 $p \leqslant 2\alpha$ 时拒绝原假设 H_0，否则接受 H_0.

左边检验准则　　如果显著性水平为 α，检验统计值为 t，双边 p 值为 p，则当 $t < 0$，且 $p \leqslant 2\alpha$ 时拒绝原假设 H_0，否则接受 H_0.

在利用 SPSS 进行假设检验时，上述检验准则可以用于以下 3 种情形.

1. 方差 σ^2 未知时正态总体均值 μ 的检验

例 3　　试用 SPSS 求解本节例 2.

解　　由题意，要求在显著性水平 $\alpha = 0.05$ 下检验假设 $H_0: \mu = 21, H_1: \mu \neq 21$. 首先启动 SPSS，定义变量，输入数据，然后进行以下操作：

(1) 点击"Analyze → Compare Means → One-Sample T Test"，屏幕上弹出一个对话窗口，如图 7-7 所示.

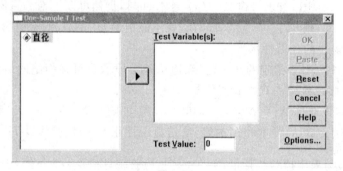

图 7-7

(2) 从左框中选取要分析的变量(本例为直径)，通过箭头放入右框(Test Variable(s))，在右框下方的"Test Value"右方的框中输入总体均值假设 μ_0(本例 $\mu_0 = 21$).

(3) 点击"OK"，输出检验结果：

表 7-16　**One-Sample Statistics**

	N	Mean	Std. Deviation	Std. Error Mean
直径	5	21.8000	.36742	.16432

表 7-17　One-Sample Test

	Test Value = 21					
	t	df	Sig. (2-tailed)	Mean Difference	95% Confidence Interval of the Difference	
					Lower	Upper
直径	4.869	4	.008	.8000	.3438	1.2562

在表7-16(One — Sample Statistics)中,给出了下列信息:

样本容量为5　("N""5"),

样本均值 $\overline{x} = 21.8000$　("Mean""21.8000"),

样本均方差 $s = 0.36742$　("Std. Deviation"".36742").

在表 7-17(One-Sample Test)中,给出了下列信息:

原假设 $H_0 : \mu = 21$　("Test Value = 21"),

统计量 $t \sim t(4)$　("df(自由度)""4"),

统计值 $t = 4.869$　("t""4.869"),

双边 p 值 $p = 0.008$　("Sig. (2-tailed)"".008").

因为双边 p 值 $p = 0.008 < \alpha = 0.05$,根据**双边检验准则**,我们拒绝 H_0,即螺杆直径的均值与 21 有显著差异.

2. 方差未知时两个正态总体均值的检验

例 4　在平炉上进行一项试验以确定改变操作方法的建议是否会增加钢的得率.试验是在同一平炉上进行的.每炼一炉钢时除操作方法外其他条件都尽可能做到相同.先用标准方法炼一炉,然后用建议方法炼一炉,以后交替进行,各炼了 10 炉,其得率分别为

标准方法:78.1,72.4,76.2,74.3,77.4,78.4,76.0,75.5,76.7,77.3;

建议方法:79.1,81.0,77.3,79.1,80.0,79.1,79.1,77.3,80.2,82.1.

设两方法钢的得率分别为总体 X 和 Y,$X \sim N(\mu_1, \sigma_1^2)$,$Y \sim N(\mu_2, \sigma_2^2)$,其中参数 $\mu_1, \mu_2, \sigma_1^2, \sigma_2^2$ 均未知,问建议方法能否提高钢的得率?取显著性水平 $\alpha = 0.05$.

解　根据题意应检验右边假设

$$H_0 : \mu_1 \geqslant \mu_2, \quad H_1 : \mu_1 < \mu_2,$$

首先启动 SPSS,定义变量,输入数据如图 7-8 所示.

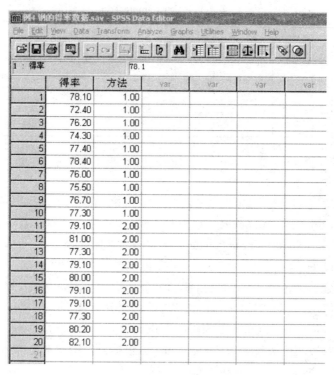

图 7-8

然后进行以下操作：

（1）点击"Analyze → Compare Means → Independent－Samples T Test"，屏幕上弹出一个对话窗口，如图 7-9 所示.

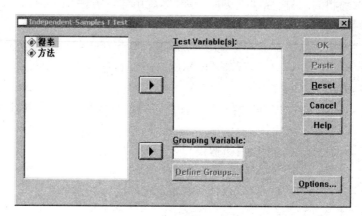

图 7-9

（2）从左框中选取要分析的变量"得率"，通过箭头，放入右上框（Test Variable(s)），选取变量"方法"放入右下框（Grouping Variable），点击 Define Groups 按钮，弹出一个对话框，如图 7-10 所示，要求输入两个组的变量值，本例把"1"输入 Group 1，把"2"输入 Group 2，点击 Continue 按钮，回到主窗口.

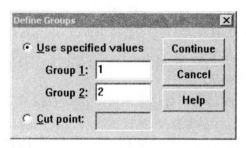

图 7-10

（3）点击"OK"，输出检验结果：

表 7-18 Group Statistics

	方法	N	Mean	Std. Deviation	Std. Error Mean
得率	1.00	10	76.2300	1.82334	.57659
	2.00	10	79.4300	1.49149	.47165

表 7-19 Independent Samples Test

		Levene's Test for Equality of Variances		t-test for Equality of Means						
		F	Sig.	t	df	Sig. (2 − tailed)	Mean Difference	Std. Error Difference	95% Confidence Interval of the Difference	
									Lower	Upper
得率	Equal variances assumed	.256	.619	−4.296	18	.000	−3.2000	.74492	−4.76503	−1.63497
	Equal variances not assumed			−4.296	17.319	.000	−3.2000	.74492	−4.76945	−1.63055

在表 7-18（Group Statistics）中，给出了下列信息：方法 1（标准方法）和方法 2（建议方法）的样本容量、样本均值和样本均方差.

在表 7-19（Independent Samples Test）中，给出了下列信息：

①Levene's Test for Equality of Variances 一栏，检验两个总体方差是否

相等,给定显著性水平 α,当 Sig $\leqslant \alpha$ 时表示方差有显著差异,均值检验需看 Equal variances not assumed 一行;当 Sig $> \alpha$ 时表示方差没有显著差异,均值检验需看 Equal variances assumed 一行.

本例取显著性水平 $\alpha = 0.05$,Sig $= 0.619 > \alpha = 0.05$,均值检验需看 Equal variances assumed 一行.

②t-test for Equality of Means 一栏,看 Equal variances assumed 一行,因为统计值 t $= -4.296 < 0$,且双边 p 值("Sig. (2-tailed)")$p = 0.000 < 2\alpha = 0.1$,根据左边检验准则,我们拒绝 $H_0 : \mu_1 \geqslant \mu_2$,即认为建议方法提高了钢的得率.

3. 配对问题检验法

例 5 (第三节例 2)有两台仪器 A 和 B 用来测量某类矿石的含铁量,为鉴定他们的测量结果有无显著差异,挑选了 8 件试块(它们的成分、含铁量、均匀性等各不相同),现在分别用这两台仪器对每一试块测量一次,得到 8 对观测值:

A: 49.0, 52.2, 55.0, 60.2, 63.4, 76.6, 86.5, 48.7.

B: 49.3, 49.0, 51.4, 57.0, 61.1, 68.8, 79.3, 50.1.

问能否认为这两台仪器的测量结果有显著差异(取显著性水平 $\alpha = 0.05$)?

解 这是配对问题,需检验双边假设

$$H_0 : \mu = \mu_1 - \mu_2 = 0, \quad H_1 : \mu \neq 0.$$

首先启动 SPSS,定义变量,输入数据,如图 7-11 所示.

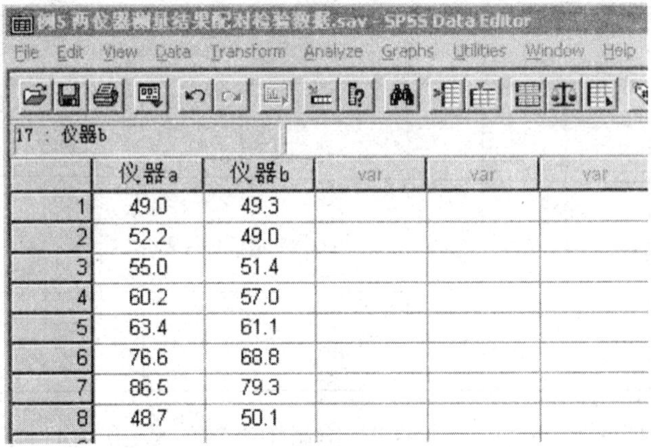

图 7-11

242

然后进行以下操作：

（1）点击"Analyze → Compare Means → Paired-Sample T Test"，屏幕上弹出 Paired-Sample T Test 对话窗口，如图 7-12 所示.

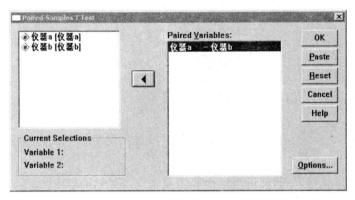

图 7-12

（2）从左框中选取要分析的一对变量（本例为仪器 a 和仪器 b），通过箭头，放入右框（Paired Variables），在 Paired Variables 框中，出现"仪器 a—仪器 b".点击 Options 按钮，弹出一个对话框，可以填入 $1-\alpha$ 的值，例如 95％ 和 99％ 等，本例填入 95％，然后点击 Continue 按钮，返回主窗口.

（3）点击"OK"，输出检验结果：

表 7-20   **Paired Samples Statistics**

		Mean	N	Std. Deviation	Std. Error Mean
Pair 1	仪器 a	61.45	8	13.665	4.831
	仪器 b	58.25	8	10.975	3.880

表 7-21   **Paired Samples Test**

	Paired Differences					t	df	Sig. (2-tailed)
	Mean	Std. Deviation	Std. Error Mean	95％ Confidence Interval of the Difference				
				Lower	Upper			
Pair 1 仪器 a—仪器 b	3.20	3.197	1.130	.53	5.87	2.831	7	.025

两个表给出了如下信息：

(1) 表 7-20(Paired Samples Statistics) 给出了两组数据的样本均值、样本容量和样本均方差.

(2) 表 7-21(Paired Samples Test) 给出了 8 对数据之差的样本均值 $\bar{z} = 3.20$, 样本均方差 $s = 3.197$, 统计值 $t = 2.831$, 检验统计量服从自由度为 7 的 t 分布, 双边 p 值("Sig. (2-tailed)") $p = 0.025$. 因为 $p = 0.025 < \alpha = 0.05$, 根据双边检验准则, 我们拒绝 $H_0 : \mu = 0$, 即两台仪器的测量结果有显著差异.

上面定义了双边 p 值, 类似地可以定义单边 p 值. 下面给出更一般的 p 值定义.

定义 2 对于给定的样本值, 原假设可被拒绝的最小显著性水平称为假设检验的 p 值.

在假设检验中, 我们也可以不使用显著性水平, 而使用下述检验准则(人们在实践中经常使用, 但不是严格规定)：

如果假设检验的 p 值 $p > 0.1$, 不拒绝 H_0；如果 $0.1 \geqslant p > 0.05$, 通常不拒绝 H_0(若拒绝 H_0, 其理由不够充分)；如果 $0.05 \geqslant p > 0.01$, 通常拒绝 H_0(理由比较充分)；如果 $p \leqslant 0.01$, 拒绝 H_0(理由很充分).

下面举例说明 SPSS 在分布拟合检验中的应用.

例 6 随机抽取了某年 2 月份新生儿(男)50 名, 测得体重(单位:g) 如下：

2520	3460	2600	3320	3120	3400	2900	2420	3280	3100
2980	3160	3100	3460	2740	3060	3700	3460	3500	1600
3100	3700	3280	2800	3120	3800	3740	2940	3580	2980
3700	3460	2940	3300	2980	3480	3220	3060	3400	2680
3340	2500	2960	2900	4600	2780	3340	2500	3300	3640

试用 SPSS 判断新生儿(男)体重服从什么分布.

解 检验总体是否服从某常用分布(正态分布、均匀分布、泊松分布、指数分布), SPSS 使用的是柯尔莫戈洛夫(Kolmogorov)— 斯米尔诺夫(Smirnov) 检验, 简称 k-s 检验. 其基本原理是：根据总体的样本值 $x_1, x_2, \cdots, x_n$, 计算样本分布函数 $F_n(x)$ 与某已知分布函数 $F(x)$ 的差异, 当差异较大时拒绝原假设 H_0:总体的分布函数为 $F(x)$, 否则接受 H_0. 具体用法如下：

首先启动 SPSS, 定义变量, 输入数据(全部数据存放在一列), 然后进行以下操作：

(1)点击"Analyze → Nonparametric Tests → 1-Sample k-s",屏幕上弹出一个对话窗口,如图 7-13 所示.

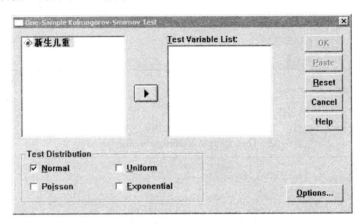

图 7-13

(2)从左框中选取要分析的变量(本例为新生儿重),通过箭头放入右框(Test Variables List),在下方的"Test Distribution"框中有四项选择:Normal(正态分布)、Uniform(均匀分布)、Poisson(泊松分布)、Exponential(指数分布),本例全部选中,这相当于依次检验四个原假设:

①H_0:总体服从正态分布;

②H_0:总体服从均匀分布;

③H_0:总体服从泊松分布;

④H_0:总体服从指数分布.

然后点击 Options 按钮,出现一个对话框,选择输出的统计值和缺失值的处理方式.本例采用默认方式,点击 Continue 按钮,回到主对话框.

(3)点击"OK",输出检验结果:

表 7-22　One-Sample Kolmogorov-Smirnov Test

		新生儿重
N		50
Normal Parameters	Mean	3160.0000
	Std. Deviation	465.46005
Most Extreme Differences	Absolute	.088
	Positive	.073

续表

		新生儿重
	Negative	−.088
Kolmogorov-Smirnov Z		.624
Asymp. Sig. (2-tailed)		.831

a Test distribution is Normal.

b Calculated from data.

表 7-23　One-Sample Kolmogorov-Smirnov Test 2

		新生儿重
N		50
Uniform Parameters	Minimum	1600.00
	Maximum	4600.00
Most Extreme Differences	Absolute	.260
	Positive	.247
	Negative	−.260
Kolmogorov-Smirnov Z		1.838
Asymp. Sig. (2-tailed)		.002

a Test distribution is Uniform.

b Calculated from data.

表 7-24　One-Sample Kolmogorov-Smirnov Test 3

		新生儿重
N		50
Poisson Parameter	Mean	3160.0000
Most Extreme Differences	Absolute	.443
	Positive	.362
	Negative	−.443
Kolmogorov-Smirnov Z		3.131
Asymp. Sig. (2-tailed)		.000

a Test distribution is Poisson.

b Calculated from data.

表 7-25 **One-Sample Kolmogorov-Smirnov Test 4**

		新生儿重
N		50
Exponential parameter.	Mean	3160.0000
Most Extreme Differences	Absolute	.515
	Positive	.280
	Negative	−.515
Kolmogorov-Smirnov Z		3.642
Asymp. Sig. (2-tailed)		.000

a Test Distribution is Exponential.

b Calculated from data.

① 表 7-22(One-Sample Kolmogorov-Smirnov Test) 是关于正态分布的检验结果(可由表后的"a Test distribution is Normal"看出),因为 p 值 (Asymp. Sig. (2-tailed))0.831 > 0.1,我们接受 H_0,认为总体 X 服从正态分布. 注意到样本均值(Mean) 为 3160,样本标准差(Std. Deviation) 为 465.46005,可以认为总体 $X \sim N(3160, 465.46005^2)$.

② 表 7-23(One-Sample Kolmogorov-Smirnov Test 2) 是关于均匀分布的检验结果(可由表后的"a Test distribution is Uniform"看出),因为 p 值 0.002 < 0.01,我们拒绝 H_0,认为总体分布与均匀分布有显著差异;

③ 表 7-24(One-Sample Kolmogorov-Smirnov Test 3) 是关于泊松分布的检验结果(可由表后的"a Test distribution is Poisson"看出),因为 p 值 0.000 < 0.01,我们拒绝 H_0,认为总体分布与泊松分布有显著差异;

④ 表 7-25(One-Sample Kolmogorov-Smirnov Test 4) 是关于指数分布的检验结果(可由表后的"a Test Distribution is Exponential"看出),因为 p 值 0.000 < 0.01,我们拒绝 H_0,认为总体分布与指数分布有显著差异.

上述检验结果说明 2 月份新生儿(男)体重服从(或近似服从)正态分布.

习 题 七

1. 某自动机生产一种铆钉,尺寸误差 $X \sim N(\mu, 1)$,该机正常工作与否的标志是均值 $\mu = 0$ 是否成立. 现抽取容量为 $n = 10$ 的样本,测得尺寸误差的样

本均值 $\bar{x} = 1.01$,试问在显著性水平 $\alpha = 0.05$ 下,该自动机工作是否正常?

2. 为测量某批矿砂的镍含量,从矿砂中抽取容量为 5 的样本,样本值(以百分比计)为

$$3.25, \quad 3.27, \quad 3.24, \quad 3.26, \quad 3.24,$$

设镍含量服从正态分布,问在 $\alpha = 0.01$ 下能否接受假设:这批矿砂镍含量的均值为 3.25.

3. 要求岩石密度的测量误差 $X \sim N(0, \sigma^2)$,其中 σ^2 为未知参数. 在某次岩石密度的测定过程中,检查了 12 块标本,计算出测量误差的平均值 $\bar{x} = 0.1$,标准差 $s = 0.2$,对于显著性水平 $\alpha = 0.05$,试判断密度测量误差的均值是否满足要求.

4. 要求某种元件平均寿命不得低于 1000 小时,今从一批这种元件中随机抽取 25 件,测得其寿命的平均值为 950 小时,已知该种元件寿命服从标准差 $\sigma = 100$ 小时的正态分布. 试在显著性水平 $\alpha = 0.05$ 下确定该批元件是否合格?

5. 下面列出的是某工厂随机选取的 20 只部件的装配时间(以分计):

9.80, 10.4, 10.6, 9.60, 9.70, 9.90, 10.9, 11.1, 9.60, 10.2,

10.3, 9.60, 9.90, 11.2, 10.6, 9.80, 10.5, 10.1, 10.5, 9.70,

设装配时间服从正态分布. 问是否可以认为装配时间的均值显著地大于 10(取显著性水平 $\alpha = 0.05$)?

6. 测定某种溶液中含水率,它的 10 个测定值给出标准差 $s = 0.037\%$,设溶液含水率服从正态分布,方差为 σ^2,试在显著性水平 $\alpha = 0.05$ 下检验假设

$$H_0: \sigma \geqslant 0.04\%, \quad H_1: \sigma < 0.04\%.$$

7. 某种导线,要求其电阻(以欧姆计)的标准差不得超过 0.005. 今在生产的一批导线中抽取 9 根,测得标准差 $s = 0.007$,设这种导线的电阻服从正态分布,问在显著性水平 $\alpha = 0.05$ 下能否认为这批导线的标准差显著偏大?

8. 有 2 台车床生产同一型号的滚珠,根据经验可以认为这 2 台车床生产的滚珠的直径都服从正态分布,要比较 2 台车床所生产的滚珠的直径的方差. 现从这 2 台车床的产品中分别抽出 8 个和 9 个,测得滚珠的直径如下:

甲车床产品 15.0, 14.5, 15.2, 15.5, 14.8, 15.1, 15.2, 14.8.

乙车床产品 15.2, 15.0, 14.8, 15.2, 15.0, 15.0, 14.8, 15.1, 14.8.

问乙车床产品的方差是否比甲车床产品的小?取显著性水平 $\alpha = 0.05$.

9. 甲、乙两企业生产的钢丝抗拉强度分别为 $X \sim N(\mu_1, \sigma_1^2), Y \sim N(\mu_2, \sigma_2^2)$,各取 50 根作拉力强度试验,得样本均值 $\bar{x} = 1208, \bar{y} = 1282$,已知 $\sigma_1 =$

$80, \sigma_2 = 94$,问甲、乙两企业生产的钢丝的抗拉强度是否有显著差异(显著性水平 $\alpha = 0.05$)?

10. 有 A 和 B 两批古钱币,分别从中取出 9 枚和 7 枚,测得含银量(以百分比计):

A: 5.9, 6.2, 6.4, 6.6, 6.8, 6.9, 7.0, 7.2, 7.7.

B: 5.6, 5.5, 5.8, 5.1, 5.8, 6.2, 5.3.

已知这两批古钱币的含银量分别服从正态分布 $N(\mu_1, \sigma_1^2), N(\mu_2, \sigma_2^2)$,其中 $\mu_1, \sigma_1^2, \mu_2, \sigma_2^2$ 均未知,试检验假设(显著性水平 $\alpha = 0.05$)

$$H_0: \mu_1 = \mu_2, \quad H_1: \mu_1 \neq \mu_2.$$

11. 今有 2 台机床加工同一种零件,分别抽取 6 个和 9 个零件,测得其口径后经计算得

$$\sum_{i=1}^{6} x_i = 204.6, \quad \sum_{i=1}^{6} x_i^2 = 6978.93,$$

$$\sum_{i=1}^{9} y_i = 372.8, \quad \sum_{i=1}^{9} y_i^2 = 15280.17.$$

假定零件口径服从正态分布,试问这 2 台机床加工的零件口径的方差有无显著差异(显著性水平 $\alpha = 0.05$)?

12. 有 2 条生产线生产某种仪器,分别在 2 条生产线生产的仪器中取容量为 $n_1 = 60$ 和 $n_2 = 40$ 的样本,测得仪器重量的样本方差分别为 $s_1^2 = 15.46, s_2^2 = 9.66$. 设 2 条生产线生产的仪器重量分别服从 $N(\mu_1, \sigma_1^2), N(\mu_2, \sigma_2^2)$,试在显著性水平 $\alpha = 0.05$ 下检验假设

$$H_0: \sigma_1^2 \leqslant \sigma_2^2; \quad H_1: \sigma_1^2 > \sigma_2^2.$$

13. 一个工厂的 2 个化验室每天同时从工厂的冷却水中取样,测量水中含氯量(以 ppm 计),下面是 7 天的纪录

化验室甲: 1.15, 1.86, 0.75, 1.82, 1.14, 1.65, 1.90.

化验室乙: 1.00, 1.90, 0.90, 1.80, 1.20, 1.70, 1.95.

设水中含氯量的测量值服从正态分布,问 2 个化验室测量值之间有无显著差异($\alpha = 0.01$)?

14. 为了试验 2 种谷物种子的优劣,选取了 10 块土质不同的土地,并将每块土地分为面积相同的两部分,分别种植这 2 种种子,人工管理等条件都一样,下面给出了各块土地上的产量.

种子 A: 23, 35, 29, 42, 39, 29, 37, 34, 35, 28.

种子 B: 26, 39, 35, 40, 38, 24, 36, 27, 41, 27.

设产量服从正态分布,问以这 2 种种子种植的谷物的产量是否有显著差异($\alpha = 0.05$)?

15. 分别从 2 批电子器件中抽取 6 件,测得电阻(以欧姆计) 分别为

A 批: 0.140, 0.138, 0.143, 0.142, 0.144, 0.137.

B 批: 0.135, 0.140, 0.142, 0.136, 0.138, 0.140.

设这 2 批电子器件的电阻分别为 $X \sim N(\mu_1, \sigma_1^2)$ 和 $Y \sim N(\mu_2, \sigma_2^2)$,且两总体相互独立.

(1) 检验假设(显著性水平 $\alpha = 0.2$)
$$H_0 : \sigma_1^2 = \sigma_2^2, \quad H_1 : \sigma_1^2 \neq \sigma_2^2.$$

(2) 在(1)的基础上检验假设(显著性水平 $\alpha = 0.05$)
$$H'_0 : \mu_1 = \mu_2, \quad H'_1 : \mu_1 \neq \mu_2.$$

16. 检查了一本书的 100 页,记录各页中的印刷错误的个数,其结果如下:

错误个数 i	0	1	2	3	4	5	6	$\geqslant 7$
含 i 个错误的页数	36	40	19	2	0	2	1	0

问能否认为一页的印刷错误个数服从泊松分布(取 $\alpha = 0.05$).

17. 在一批灯泡中抽取 300 只作寿命试验(以小时计),其结果如下:

寿命 t	$t < 100$	$100 \leqslant t < 200$	$200 \leqslant t < 300$	$t \geqslant 300$
灯泡数	121	78	43	58

取显著性水平 $\alpha = 0.05$,试检验假设

H_0:灯泡寿命服从指数分布,密度函数 $f(x) = \begin{cases} 0.005 e^{-0.005t}, & t > 0, \\ 0, & t \leqslant 0. \end{cases}$

18. 下面给出了某学校 6 年级 84 名女生的身高(以厘米计),试检验这些数据是否来自正态总体(显著性水平 $\alpha = 0.1$).

158	141	148	132	138	154	142	150	146	155
150	140	147	148	144	150	149	145	149	158
143	141	144	144	126	140	144	142	141	140
145	135	147	146	141	136	140	146	142	137
148	154	137	139	143	140	131	143	141	149
148	135	148	152	143	144	141	143	147	146
150	132	142	142	143	153	149	146	149	138
142	149	142	137	134	144	146	147	140	142
140	137	152	145						

19. 假定 6 个整数 1,2,3,4,5,6 被随机地选取,重复 60 次独立试验中出现

1,2,3,4,5,6 的次数分别为 13,19,11,8,5,4. 问在显著性水平 $\alpha = 0.05$ 下是否可以认为下列假设成立:

$$H_0:\ P\{X = 1\} = P\{X = 2\} = \cdots = P\{X = 6\} = \frac{1}{6}.$$

20. 设有两个相互独立的总体 X 和 Y, $X \sim N(\mu_1, \sigma_1^2)$, $Y \sim N(\mu_2, \sigma_2^2)$, 其中 $\mu_1, \mu_2, \sigma_1^2, \sigma_2^2$ 均未知. $X_1, X_2, \cdots, X_m$ 和 $Y_1, Y_2, \cdots, Y_n$ 分别是 X 和 Y 的样本, 两个总体的样本方差分别为 S_1^2 和 S_2^2, 给定显著性水平 α, 要求检验假设 $H_0:\sigma_1^2 \leqslant \sigma_2^2, H_1:\sigma_1^2 > \sigma_2^2$, 试求出拒绝域.

第八章　　方差分析和线性回归分析

本章介绍在实际工程中应用非常广泛的两个统计模型 —— 单因素方差分析和一元线性回归分析.

第一节　　单因素方差分析

一、模型的描述

在自然科学和社会科学中,研究对象的数量指标往往与若干个因素有关,因素常用 $A,B,C,\cdots$ 表示,每个因素又有若干个状态可供选择,每个状态称为该因素的一个水平,因素 A 的 r 个水平常用 $A_1,A_2,\cdots,A_r$ 表示. 例如,某地区玉米平均亩产量这个数量指标与品种、肥料两个因素有关,而品种这个因素又有甲种玉米、乙种玉米和丙种玉米这三个水平可选,肥料有氮肥、钾肥、磷肥和复合肥四个水平可选. 再例如,某产品的产量这一数量指标,与设备、工人、原料这三个因素有关,工人这一因素又有初级工、中级工、高级工三个水平可选,设备又有数控设备和普通设备两个水平可选,原料又有五种配方可选.

若考察一个因素 A 的 r 个水平 $A_1,A_2,\cdots,A_r$ 对数量指标的影响,我们必须研究这 r 个水平对数量指标的影响是基本相同的还是有显著差异. 因为数量指标在水平 $A_i(i=1,2,\cdots,r)$ 下的值的全体构成一个总体 X_i,所以要研究 A 的 r 个水平对数量指标的影响是否有显著差异,等价于研究总体 $X_1,X_2,\cdots,X_r$ 是否有显著差异,因此,我们保持其他因素固定不变,在 A 的每个水平 A_i 下进行试验,得到样本 $X_{i1},X_{i2},\cdots,X_{in_i}(i=1,2,\cdots,r)$. 其他因素保持不变,只在一个因素的各水平下进行的试验称为**单因素实验**. 通过对样本的分析确定总体 $X_1,X_2,\cdots,X_r$ 是否有显著差异. 若无显著差异,则使费用低又易实施的那个水平为最佳水平;若有显著差异,则称因素 A 是显著的. **单因素方差分析**正是能对数据进行科学分析从而解决这类问题的方法.

设因素 A 有 r 个水平 $A_1,A_2,\cdots,A_r$,在水平 $A_i(i=1,2,\cdots,r)$ 下数量指

标的全体构成的总体 $X_i \sim N(\mu_i, \sigma^2)$，$X_1, X_2, \cdots, X_r$ 相互独立，在 A_i 下的样本为 $X_{i1}, X_{i2}, \cdots, X_{in_i}$，相应的样本值为 $x_{i1}, x_{i2}, \cdots, x_{in_i}$. 假设及有关符号如表 8-1 所示.

表 8-1

水平	A_1	A_2	$\cdots$	A_r
样本	X_{11} X_{12} $\vdots$ X_{1n_1}	X_{21} X_{22} $\vdots$ X_{2n_2}	$\cdots$ $\cdots$ $\vdots$ $\cdots$	X_{r1} X_{r2} $\vdots$ X_{rn_r}
样本和	$X_1.$	$X_2.$	$\cdots$	$X_r.$
样本均值	$\overline{X_1}$	$\overline{X_2}$	$\cdots$	$\overline{X_r}$

表中统计量 $X_{i.} = \sum_{j=1}^{n_i} X_{ij} (i = 1, 2, \cdots, r)$ 表示在水平 A_i 下的样本和，相应的统计值为 $x_{i.} = \sum_{j=1}^{n_i} x_{ij}$；统计量 $\overline{X_i} = \frac{1}{n_i} \sum_{j=1}^{n_i} X_{ij} (i = 1, 2, \cdots, r)$ 表示在水平 A_i 下的样本均值，相应的统计值为 $\overline{x_i} = \frac{1}{n_i} \sum_{j=1}^{n_i} x_{ij}$. 显然，$X_{i.} = n_i \overline{X_i}, i = 1, 2, \cdots, r$.

记 $\varepsilon_{ij} = X_{ij} - \mu_i$，则 $X_{ij} = \mu_i + \varepsilon_{ij}, \varepsilon_{ij} \sim N(0, \sigma^2), i = 1, 2, \cdots, r, j = 1, 2, \cdots, n_i$，称 ε_{ij} 为试验误差. 数学模型为

$$\begin{cases} X_{ij} = \mu_i + \varepsilon_{ij}, \\ \varepsilon_{ij} \sim N(0, \sigma^2), \end{cases} \quad i = 1, 2, \cdots, r, j = 1, 2, \cdots, n_i,$$

其中 $\mu_1, \mu_2, \cdots, \mu_r, \sigma^2$ 为未知参数，且 $\varepsilon_{11}, \varepsilon_{12}, \cdots, \varepsilon_{1n_1}, \varepsilon_{21}, \varepsilon_{22}, \cdots, \varepsilon_{2n_2}, \cdots, \varepsilon_{r1}, \varepsilon_{r2}, \cdots, \varepsilon_{rn_r}$ 相互独立. 这一数学模型称为**单因素试验方差分析的数学模型**. 我们的任务是检验假设

$$H_0: \mu_1 = \mu_2 = \cdots = \mu_r, \quad H_1: \mu_1, \mu_2, \cdots, \mu_r \text{ 不全相等.}$$

二、统计分析

令 $n = \sum_{i=1}^{r} n_i$，引入两个统计量

$$\overline{X} = \frac{1}{n} \sum_{i=1}^{r} \sum_{j=1}^{n_r} X_{ij}, \quad S_T = \sum_{i=1}^{r} \sum_{j=1}^{n_r} (X_{ij} - \overline{X})^2,$$

分别称为**样本总均值和总离差平方和**，显然，总离差平方和 S_T 反映了所有样

本的波动程度,S_T 较大,说明样本的波动程度较大;S_T 较小,说明样本的波动程度较小.

定理 1(总离差平方和分解定理)　总离差平方和

$$S_T = \sum_{i=1}^{r} \sum_{j=1}^{n_i} (X_{ij} - \overline{X_i})^2 + \sum_{i=1}^{r} n_i (\overline{X_i} - \overline{X})^2.$$

证　$S_T = \sum\limits_{i=1}^{r} \sum\limits_{j=1}^{n_i} (X_{ij} - \overline{X})^2 = \sum\limits_{i=1}^{r} \sum\limits_{j=1}^{n_i} \left[(X_{ij} - \overline{X_i}) + (\overline{X_i} - \overline{X}) \right]^2$

$$= \sum_{i=1}^{r} \sum_{j=1}^{n_i} (X_{ij} - \overline{X_i})^2 + 2 \sum_{i=1}^{r} \sum_{j=1}^{n_i} (X_{ij} - \overline{X_i})(\overline{X_i} - \overline{X}) +$$
$$\sum_{i=1}^{r} \sum_{j=1}^{n_i} (\overline{X_i} - \overline{X})^2$$

$$= \sum_{i=1}^{r} \sum_{j=1}^{n_i} (X_{ij} - \overline{X_i})^2 + 2 \sum_{i=1}^{r} \left[(\overline{X_i} - \overline{X}) \sum_{j=1}^{n_i} (X_{ij} - \overline{X_i}) \right] +$$
$$\sum_{i=1}^{r} n_i (\overline{X_i} - \overline{X})^2$$

$$= \sum_{i=1}^{r} \sum_{j=1}^{n_i} (X_{ij} - \overline{X_i})^2 + 2 \sum_{i=1}^{r} \left[(\overline{X_i} - \overline{X}) \left(\sum_{j=1}^{n_i} X_{ij} - n_i \overline{X_i} \right) \right] +$$
$$\sum_{i=1}^{r} n_i (\overline{X_i} - \overline{X})^2$$

$$= \sum_{i=1}^{r} \sum_{j=1}^{n_i} (X_{ij} - \overline{X_i})^2 + 2 \sum_{i=1}^{r} \left[(\overline{X_i} - \overline{X})(n_i \overline{X_i} - n_i \overline{X_i}) \right] +$$
$$\sum_{i=1}^{r} n_i (\overline{X_i} - \overline{X})^2$$

$$= \sum_{i=1}^{r} \sum_{j=1}^{n_i} (X_{ij} - \overline{X_i})^2 + \sum_{i=1}^{r} n_i (\overline{X_i} - \overline{X})^2.$$

定理证毕.

令

$$S_E = \sum_{i=1}^{r} \sum_{j=1}^{n_i} (X_{ij} - \overline{X_i})^2, \quad S_A = \sum_{i=1}^{r} n_i (\overline{X_i} - \overline{X})^2,$$

显然,在 S_E 的表达式中,$X_{ij} - \overline{X_i}$ 表示在水平 $A_i(i=1,2,\cdots,r)$ 下由随机误差引起的差异,S_E 称为**误差平方和或组内平方和**. 在 S_A 的表达式中,$\overline{X_i} - \overline{X}$ 表示水平 $A_i(i=1,2,\cdots,r)$ 下的样本均值与样本总均值的差异,S_A 称为因素 A 的**效应平方和或组间平方和**.

定理 2 $\dfrac{S_E}{\sigma^2} \sim \chi^2(n-r)$, $E(S_E) = (n-r)\sigma^2$.

证 因为在水平 $A_i(i=1,2,\cdots,r)$ 下的总体 $X_i \sim N(\mu_i,\sigma^2)$,由第五章第二节定理 3,

$$\frac{\sum\limits_{j=1}^{n_i}(X_{ij}-\overline{X_i})^2}{\sigma^2} \sim \chi^2(n_i-1).$$

又因为 $X_1,X_2,\cdots,X_r$ 相互独立,所以

$$\frac{\sum\limits_{j=1}^{n_1}(X_{1j}-\overline{X_1})^2}{\sigma^2},\quad \frac{\sum\limits_{j=1}^{n_2}(X_{2j}-\overline{X_2})^2}{\sigma^2},\quad \cdots,\quad \frac{\sum\limits_{j=1}^{n_r}(X_{rj}-\overline{X_r})^2}{\sigma^2}$$

相互独立,由 χ^2 分布的可加性,

$$\frac{S_E}{\sigma^2} = \sum_{i=1}^{r}\frac{\sum\limits_{j=1}^{n_i}(X_{ij}-\overline{X_i})^2}{\sigma^2} \sim \chi^2\left(\sum_{i=1}^{r}(n_i-1)\right),$$

注意到 $\sum\limits_{i=1}^{r}(n_i-1) = \sum\limits_{i=1}^{r}n_i - r = n-r$,所以 $\dfrac{S_E}{\sigma^2} \sim \chi^2(n-r)$.

注意到 $\chi^2(n-r)$ 分布的数学期望为 $n-r$,故 $E(S_E) = (n-r)\sigma^2$.
定理证毕.

定理 3 $(1)E(S_A) = (r-1)\sigma^2 + \sum\limits_{i=1}^{r}n_i(\mu_i-\mu)^2$,其中 $\mu = \dfrac{1}{n}\sum\limits_{i=1}^{r}n_i\mu_i$.

$(2)S_A$ 与 S_E 相互独立.

(3) 当 $H_0:\mu_1 = \mu_2 = \cdots = \mu_r$ 为真时,$\dfrac{S_A}{\sigma^2} \sim \chi^2(r-1)$.

证明从略.

定理 4 当 $H_0:\mu_1 = \mu_2 = \cdots = \mu_r$ 为真时,$F = \dfrac{S_A/(r-1)}{S_E/(n-r)} \sim F(r-1,n-r)$.

证 由定理 2 可知 $\dfrac{S_E}{\sigma^2} \sim \chi^2(n-r)$,由定理 3 可知,当 $H_0:\mu_1 = \mu_2 = \cdots = \mu_r$ 为真时,$\dfrac{S_A}{\sigma^2} \sim \chi^2(r-1)$,且 S_A 与 S_E 相互独立,根据 F 分布的定义,

$$F = \frac{S_A/(r-1)}{S_E/(n-r)} = \frac{\dfrac{S_A}{\sigma^2}/(r-1)}{\dfrac{S_E}{\sigma^2}/(n-r)} \sim F(r-1,n-r).$$

定理证毕.

现在可以给出

$$H_0 : \mu_1 = \mu_2 = \cdots = \mu_r, \quad H_1 : \mu_1 , \mu_2 , \cdots , \mu_r \text{ 不全相等}$$

的检验法了.

我们选取检验统计量 $F = \dfrac{S_A / (r-1)}{S_E / (n-r)}$,当 H_0 为真时,由定理 4,

$$F = \frac{S_A / (r-1)}{S_E / (n-r)} \sim F(r-1, n-r),$$

无论 H_0 是否为真,由定理 2 可知,F 的分母 $S_E / (n-r)$ 的数学期望为 σ^2;由定理 3 可知,F 的分子 $S_A / (r-1)$ 的数学期望为 $\sigma^2 + \dfrac{1}{r-1} \sum\limits_{i=1}^{r} n_i (\mu_i - \mu)^2$.因此,当"$H_0 : \mu_1 = \mu_2 = \cdots = \mu_r$"为真时,$F$ 的分母 $S_E / (n-r)$ 的数学期望为 σ^2,F 的分子 $S_A / (r-1)$ 的数学期望也为 σ^2;当"$H_1 : \mu_1 , \mu_2 , \cdots , \mu_r$ 不全相等"为真时,分母的数学期望不变,分子的数学期望

$$\sigma^2 + \frac{1}{r-1} \sum_{i=1}^{r} n_i (\mu_i - \mu)^2 > \sigma^2,$$

因此 F 的取值有变大的趋势,当增大到某临界值及以上时,我们就拒绝 H_0.对于给定的显著性水平 α,可查表得到临界值 $F_\alpha (r-1, n-r)$,使得 $P\{F \geqslant F_\alpha (r-1, n-r)\} = \alpha$,如图 8-1 所示(其中 $f(x, r-1, n-r)$ 为 $F(r-1, n-r)$ 分布的概率密度).

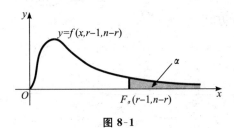

图 8-1

由此可得拒绝域

$$F = \frac{s_A / (r-1)}{s_E / (n-r)} \geqslant F_\alpha (r-1, n-r),$$

其中 s_A , s_E 分别为统计量 S_A , S_E 的统计值.

我们把上述方法列成表 8-2,称为方差分析表.

表 8-2　方差分析表

方差来源	平方和	自由度	均方和	检验统计值 F
组间	s_A	$r-1$	$\dfrac{s_A}{r-1}$	$\dfrac{s_A/(r-1)}{s_E/(n-r)}$
组内	s_E	$n-r$	$\dfrac{s_E}{n-r}$	
总和	s_T	$n-1$		

上述检验法称为方差分析法. 在应用此方法时,经常用到计算 s_A 与 s_E 的简便公式:

$$s_T = \sum_{i=1}^{r} \sum_{j=1}^{n_i} x_{ij}^2 - n\overline{x}^2 = \sum_{i=1}^{r} \sum_{j=1}^{n_i} x_{ij}^2 - \frac{T^2}{n},$$

$$s_A = \sum_{i=1}^{r} n_i \overline{x}_i^2 - n\overline{x}^2 = \sum_{i=1}^{r} \frac{x_{i\cdot}^2}{n_i} - \frac{T^2}{n},$$

$$s_E = s_T - s_A.$$

其中 $T = \sum\limits_{i=1}^{r} \sum\limits_{j=1}^{n_i} x_{ij} = n\overline{x}$,表示所有样本的和.

例 1　某企业用 4 种不同材料生产了 4 批节能灯,假设每批灯的寿命服从正态分布且方差相等,在每批灯中随机取若干只观测其使用寿命(以 10 小时计),观测数据如表 8-3 所示.

表 8-3

序号 ＼ 材料	甲	乙	丙	丁
1	1600	1580	1460	1510
2	1610	1640	1550	1520
3	1650	1640	1600	1530
4	1680	1700	1620	1570
5	1700	1750	1640	1600
6	1720		1660	1680
7	1800		1740	
8			1820	

问这四批节能灯的平均使用寿命有无显著差异(显著性水平 $\alpha = 0.05$)

解 由题意这四批节能灯使用寿命的方差相等,假设这四批节能灯使用寿命的均值分别为 $\mu_1, \mu_2, \mu_3, \mu_4$,需要检验

$$H_0 : \mu_1 = \mu_2 = \mu_3 = \mu_4, \quad H_1 : \mu_1, \mu_2, \mu_3, \mu_4 \text{ 不全相等.}$$

查表可得 $F_a(r-1, n-r) = F_{0.05}(3, 22) = 3.05$. 由表 8-3 中数据可得

$$s_T = \sum_{i=1}^{4} \sum_{j=1}^{n_i} x_{ij}^2 - \frac{T^2}{26} = 195711.5,$$

$$s_A = \sum_{i=1}^{4} \frac{x_{i\cdot}^2}{n_i} - \frac{T^2}{26} = 44360.7,$$

$$s_E = s_T - s_A = 151350.8,$$

于是可得表 8-4

表 8-4 方差分析表

方差来源	平方和	自由度	均方和	检验统计值 F
组间	$s_A = 44360.7$	3	$\frac{s_A}{3} = 14786.9$	$\frac{s_A/3}{s_E/22} = 2.149$
组内	$s_E = 151350.8$	22	$\frac{s_E}{22} = 6879.6$	
总和	$s_T = 195711.5$	25		

因为检验统计值 $F = 2.149 < F_{0.05}(3, 22) = 3.05$,故在显著性水平 $\alpha = 0.05$ 下推断这四批节能灯的平均使用寿命没有显著差异.

第二节 一元线性回归分析

人们在工作和生活中,经常发现若干个变量之间存在着某种确定性关系或非确定性关系.确定性关系是指变量之间具有某种函数关系,非确定性关系并不具有严格的函数关系,而是一种相关关系.例如:人的身高与体重;降雨量与农作物的产量;水、水泥、砂、石的配合比与混凝土的抗压强度等.由于这些变量之间受某些随机因素的影响,不可能具有确定性的函数关系,仅存在着某种相关关系.

回归分析是研究一个变量与其他若干个变量之间的相关关系的数学方

法,它是在一组试验或观测数据的基础上,寻找被随机性掩盖了的变量之间的相关关系.粗略地讲,可以理解为用一种确定的函数关系去近似描述较为复杂的相关关系,这个函数称为**回归函数(或回归方程)**,亦称经验公式.

本节仅讨论一元线性回归问题,即两个变量之间的线性回归问题.

一、散点图

如果变量 x 的值可以人为选定或精确测定,我们称 x 为**控制变量或自变量**,设对于每个给定的 x,随机变量 Y 的取值不是唯一确定的,但是与 x 有相关关系.例如,人的年龄是自变量,当年龄给定之后,人的身高可以取不同的数值,从而是随机变量,但是身高与年龄有相关关系.设对 (x,Y) 作 n 次观测,得到 n 对数据

$$(x_1,y_1),\quad (x_2,y_2),\quad \cdots,\quad (x_n,y_n),$$

把这 n 个点描在一个平面直角坐标系里,得到的图形称为**散点图**.散点图可以帮助我们粗略地了解 x 与 Y 之间的关系.

例 1 为了研究居民住宅区因火灾造成的损失数额 Y(以千元计)与该住宅到最近的消防站的距离 x(以千米计)之间的关系,某企业收集了 15 起火灾事故的损失额及火灾发生地与最近的消防站的距离,如表 8-5 所示.

表 8-5

x	3.4	1.8	4.6	2.3	3.1	5.5	0.7	3.0	2.6	4.3	2.1	1.1	6.1	4.8	3.8
Y	26.2	17.8	31.3	23.1	27.5	36.0	14.1	22.3	19.6	31.3	24.0	17.3	43.2	36.4	26.1

作散点图(如图 8-2 所示):

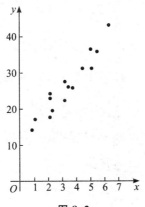

图 8-2

从图中可以看出 Y 与 x 有线性相关关系.

二、一元线性回归方程

设 x 是自变量,对于每个给定的 x,随机变量 Y 的取值不是唯一确定的,它可以分解为两部分,一部分反映 x 对 Y 的线性影响,是 Y 的"主要部分",另一部分反映随机因素对 Y 的影响,称为"随机误差部分".即 x 和 Y 之间有关系

$$Y = ax + b + \varepsilon,$$

其中 a,b 为常数,称为**回归系数**,假定随机误差 $\varepsilon \sim N(0,\sigma^2)$,则

$$E(Y) = ax + b, \quad D(Y) = \sigma^2,$$

因此,在给定 x 的条件下, $Y \sim N(ax+b,\sigma^2)$.对于自变量 x 取定的不完全相同的值 $x_1,x_2,\cdots,x_n$,设 $Y_1,Y_2,\cdots,Y_n$ 是相对应的随机变量,我们假设

$$Y_i = ax_i + b + \varepsilon_i, i = 1,2,\cdots,n,$$

其中 $\varepsilon_i \sim N(0,\sigma^2)$, $i = 1,2,\cdots,n$,且 $\varepsilon_1,\varepsilon_2,\cdots,\varepsilon_n$ 相互独立,从而 $Y_1,Y_2,\cdots,Y_n$ 相互独立,但是它们未必同分布,我们称

$$(x_1,Y_1), \quad (x_2,Y_2), \quad \cdots, \quad (x_n,Y_n)$$

为样本,样本值为

$$(x_1,y_1), \quad (x_2,y_2), \quad \cdots, \quad (x_n,y_n),$$

为了应用方便,引入以下记号:

$$\overline{x} = \frac{1}{n}\sum_{i=1}^{n} x_i, \quad \overline{y} = \frac{1}{n}\sum_{i=1}^{n} y_i,$$

$$l_{xx} = \sum_{i=1}^{n} (x_i - \overline{x})^2 = \sum_{i=1}^{n} x_i^2 - n\overline{x}^2,$$

$$l_{xy} = \sum_{i=1}^{n} (x_i - \overline{x})(y_i - \overline{y}) = \sum_{i=1}^{n} x_i y_i - n\overline{x}\,\overline{y},$$

$$l_{yy} = \sum_{i=1}^{n} (y_i - \overline{y})^2 = \sum_{i=1}^{n} y_i^2 - n\overline{y}^2.$$

我们称 $q_i = y_i - ax_i - b(i = 1,2,\cdots,n)$ 为**离差**,称

$$Q(a,b) = \sum_{i=1}^{n} q_i^2 = \sum_{i=1}^{n} (y_i - ax_i - b)^2$$

为**离差平方和**,使离差平方和 $Q(a,b)$ 达到最小的 a 和 b 的值称为回归系数的**最小二乘估计**,分别记为 $\hat{a}$ 和 $\hat{b}$,并称

$$\hat{y} = \hat{a}x + \hat{b}$$

为 y 关于 x 的**一元线性回归方程**,简称**线性回归方程**.下面我们求 $\hat{a}$ 和 $\hat{b}$:令

$$\begin{cases} \dfrac{\partial Q(a,b)}{\partial a} = -2\sum_{i=1}^{n}(y_i - ax_i - b)x_i = 0, \\[3mm] \dfrac{\partial Q(a,b)}{\partial b} = -2\sum_{i=1}^{n}(y_i - ax_i - b) = 0, \end{cases}$$

化简得

$$\begin{cases} a\sum_{i=1}^{n}x_i^2 + b\sum_{i=1}^{n}x_i = \sum_{i=1}^{n}x_iy_i, \\[3mm] a\sum_{i=1}^{n}x_i + nb = \sum_{i=1}^{n}y_i, \end{cases}$$

即

$$\begin{cases} a\sum_{i=1}^{n}x_i^2 + nb\overline{x} = \sum_{i=1}^{n}x_iy_i, \\[3mm] a\overline{x} + b = \overline{y}, \end{cases}$$

这是关于 a,b 的二元一次线性方程组,解之得

$$\begin{cases} \hat{a} = \dfrac{\displaystyle\sum_{i=1}^{n}x_iy_i - n\overline{x}\,\overline{y}}{\displaystyle\sum_{i=1}^{n}x_i^2 - n\overline{x}^2} = \dfrac{l_{xy}}{l_{xx}}, \\[6mm] \hat{b} = \overline{y} - \hat{a}\overline{x}. \end{cases}$$

例 2　（续例 1）求 y 关于 x 的线性回归方程.

解　由表 8-5 中数据可得

$$\overline{x} = \frac{1}{15}\sum_{i=1}^{15}x_i = 3.28, \quad \overline{y} = \frac{1}{15}\sum_{i=1}^{15}y_i = 26.413,$$

$$l_{xx} = \sum_{i=1}^{15}x_i^2 - 15\overline{x}^2 = 196.16 - 161.376 = 34.784,$$

$$l_{xy} = \sum_{i=1}^{15}x_iy_i - 15\overline{x}\,\overline{y} = 1470.65 - 1299.52 = 171.13,$$

$$l_{yy} = \sum_{i=1}^{15}y_i^2 - 15\overline{y}^2 = 11376.48 - 10464.70 = 911.78,$$

回归系数的估计值

$$\begin{cases} \hat{a} = \dfrac{l_{xy}}{l_{xx}} = \dfrac{171.13}{34.784} = 4.9198, \\[4mm] \hat{b} = \overline{y} - \hat{a}\overline{x} = 26.413 - 4.9198 \times 3.28 = 10.276, \end{cases}$$

所求线性回归方程为 $\hat{y} = 4.9198x + 10.276$.

三、一元线性回归方程的显著性检验

线性回归方法比较简单,因此在实际中经常被采用. 事实上,在一个较小的范围内,曲线总可以用直线近似地代替. 所以,只要在一个适当的范围内,通常可以考虑线性回归. 然而,按照最小二乘法,对于任何一组观测数据,不管它们有没有线性相关关系,总可以得到一个线性回归方程,它是否反映了所讨论的变量之间的变化规律?是否具有实用意义?要解决这样的问题,就需要对线性回归方程进行显著性检验.

由方程 $Y = ax + b + \varepsilon$ 可知,若 x 与 Y 不相关,即 x 取值对 Y 不发生影响,则 $a = 0$;若 $a \neq 0$,x 的取值必然要影响 Y 的取值. 因此,如果所建立的线性回归方程 $\hat{y} = \hat{a}x + \hat{b}$ 有意义,当然 $a \neq 0$. 我们将构造一个检验统计量,用它来检验假设

$$H_0 : a = 0, \quad H_1 : a \neq 0,$$

如果拒绝了 $H_0 : a = 0$,则认为线性回归方程有意义,称线性回归方程是显著的.

我们引入随机变量

$$Q = \sum_{i=1}^{n} (Y_i - \hat{y}_i)^2, \quad U = \frac{L_{xY}^2}{l_{xx}},$$

分别称为误差平方和和回归平方和,其中

$$L_{xY} = \sum_{i=1}^{n} (x_i - \overline{x})(Y_i - \overline{Y}) = \sum_{i=1}^{n} x_i Y_i - n\overline{x}\,\overline{Y}.$$

假设 $\varepsilon_i \sim N(0, \sigma^2)(i = 1, 2, \cdots, n)$,且 $\varepsilon_1, \varepsilon_2, \cdots, \varepsilon_n$ 相互独立,可以证明(证明略去):

(1) $\dfrac{Q}{\sigma^2} \sim \chi^2(n-2)$,$S^2 = \dfrac{Q}{n-2}$ 是 σ^2 的无偏估计量.

(2) Q 和 U 相互独立.

(3) 当 $H_0 : a = 0$ 为真时,$\dfrac{U}{\sigma^2} \sim \chi^2(1)$.

利用上述结论,容易证明:

定理 1 当 $H_0 : a = 0$ 为真时,$F = \dfrac{U}{S^2} \sim F(1, n-2)$.

我们取 F 作为检验统计量,显然,当线性回归方程真实地反映了 Y 与 x 的

关系时,检验统计值有变大的趋势,当增大到某临界值及以上时,我们就拒绝 H_0.对于给定的显著性水平 α,可查表得到临界值 $F_\alpha(1,n-2)$,当检验统计值 $F \geqslant F_\alpha(1,n-2)$ 时,拒绝 H_0,在显著性水平 α 下认为线性回归方程有意义,或称线性回归方程是显著的.当检验统计值 $F < F_\alpha(1,n-2)$ 时,认为在显著性水平 α 下线性回归方程没有意义,可能有以下原因:

(1) Y 与 x 没有线性相关关系(但可能有其他相关关系);

(2) 除 x 外,还有其他重要因素影响 Y 的取值;

(3) x 变动范围太小,使 x 与 Y 的线性相关关系没有充分表现出来.

在检验线性回归方程的显著性时,如果 $F \geqslant F_{0.05}(1,n-2)$ 时,通常称线性回归方程是显著的;如果 $F \geqslant F_{0.01}(1,n-2)$ 时,通常称线性回归方程是高度显著.另外,为了简化计算,在求统计量 S^2 的统计值 s^2 时,可以利用下列公式(证明略去):

$$s^2 = \frac{1}{n-2}\sum_{i=1}^{n}(y_i - \hat{y}_i)^2 = \frac{l_{yy} - l_{xy}^2/l_{xx}}{n-2}.$$

例 3 (续例 2)检验例 2 中所求线性回归方程的显著性(显著性水平 $\alpha = 0.01$).

解 查表可得 $F_\alpha(1,n-2) = F_{0.01}(1,13) = 9.07$,由例 2 中数据可得检验统计值

$$F = \frac{l_{xy}^2/l_{xx}}{(l_{yy} - l_{xy}^2/l_{xx})/(n-2)} = \frac{171.13^2/34.784}{(911.78 - 171.13^2/34.784)/13}$$
$$= 156.68,$$

因为 $F = 156.68 > F_{0.01}(1,13) = 9.07$,所以线性回归方程 $\hat{y} = 4.9198x + 10.276$ 是高度显著的.

四、预测问题

对于给定的自变量 $x = x_0$,对应的 Y_0 是一个随机变量,虽然利用线性回归方程可以求得 $\hat{y}_0 = \hat{a}x_0 + \hat{b}$,但它只是 Y_0 的期望值 $ax_0 + b$ 的一个点估计.对于给定的置信水平 $1-\alpha$,我们希望求出 Y_0 的置信水平为 $1-\alpha$ 的置信区间,我们称这个置信区间为**预测区间**.

定理 2 如果 $\varepsilon_i \sim N(0,\sigma^2)$,$Y_i = ax_i + b + \varepsilon_i (i = 1,2,\cdots,n)$,$\varepsilon_1,\varepsilon_2,\cdots$,$\varepsilon_n$ 相互独立,则

$$T = \frac{Y_0 - \hat{y}_0}{\sqrt{1 + \dfrac{1}{n} + \dfrac{(x_0 - \overline{x})^2}{l_{xx}}}\,S} \sim t(n-2).$$

证明从略.

对于给定的置信水平 $1-\alpha$,查表可得 $t_{\alpha/2}(n-2)$,满足 $P\{|T|\leqslant t_{\alpha/2}(n-2)\}=1-\alpha$,根据定理 2 可求出 Y_0 的置信水平为 $1-\alpha$ 的预测区间为

$$(\hat{y_0}-rSt_{\alpha/2}(n-2),\quad \hat{y_0}+rSt_{\alpha/2}(n-2)),$$

其中

$$\hat{y_0}=\hat{a}x_0+\hat{b},\quad r=\sqrt{1+\frac{1}{n}+\frac{(x_0-\overline{x})^2}{l_{xx}}}.$$

样本值和置信水平 $1-\alpha$ 给定后,预测区间的长度 $2rst_{\alpha/2}(n-2)$ 是 x_0 的函数,当 $x_0=\overline{x}$ 时预测区间最短;当 $|x_0-\overline{x}|$ 增加时,预测区间的长度也增加.

如果 x_0 的取值不属于区间

$$(\min\{x_1,x_2,\cdots,x_n\},\quad \max\{x_1,x_2,\cdots,x_n\}),$$

这样的预测称为**外推预测**,其准确性难以保证,使用时应非常谨慎.

例 4 （续例 3）如果一民宅与消防队的距离为 3.5 千米,试求损失额的点估计和置信水平为 0.95 的预测区间.

解　损失额的点估计为 $\hat{y_0}=\hat{a}x_0+\hat{b}=4.9198\times 3.5+10.276=27.495$.

置信水平 $1-\alpha=0.95$,查表得 $t_{\alpha/2}(n-2)=t_{0.025}(13)=2.1604$,根据例 2 中数据可得

$$r=\sqrt{1+\frac{1}{n}+\frac{(x_0-\overline{x})^2}{l_{xx}}}=\sqrt{1+\frac{1}{15}+\frac{(3.5-3.28)^2}{34.784}}=1.0335,$$

$$s=\sqrt{\frac{1}{n-2}\sum_{i=1}^{n}(y_i-\hat{y_i})^2}=\sqrt{\frac{l_{yy}-l_{xy}^2/l_{xx}}{n-2}}$$

$$=\sqrt{\frac{911.78-171.13^2/34.784}{13}}=2.3181,$$

将上述数据代入

$$(\hat{y_0}-rst_{\alpha/2}(n-2),\quad \hat{y_0}+rst_{\alpha/2}(n-2)),$$

得损失额的置信水平为 0.95 的预测区间 $(22.319,32.671)$.

第三节　SPSS 的应用

一、SPSS 在方差分析中的应用

例 1　试用 SPSS 求解本章第一节例 1.

解　首先启动 SPSS,定义变量,输入数据(如图 8-3 所示).

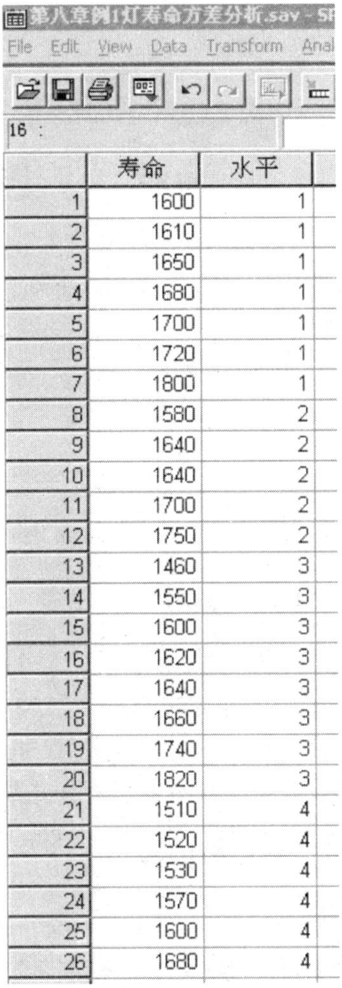

	寿命	水平
1	1600	1
2	1610	1
3	1650	1
4	1680	1
5	1700	1
6	1720	1
7	1800	1
8	1580	2
9	1640	2
10	1640	2
11	1700	2
12	1750	2
13	1460	3
14	1550	3
15	1600	3
16	1620	3
17	1640	3
18	1660	3
19	1740	3
20	1820	3
21	1510	4
22	1520	4
23	1530	4
24	1570	4
25	1600	4
26	1680	4

图 8-3

然后进行以下操作：

(1) 点击"Analyze → Compare Means → One-Way ANOVA"，屏幕上弹出主对话窗口，如图 8-4 所示.

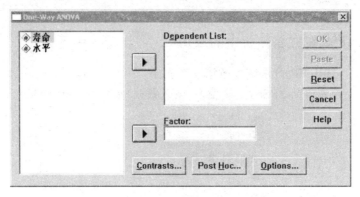

图 8-4

(2) 从左框中选取变量"寿命"，通过箭头放入右上框(Dependent List：)，再从左框中选取变量"水平"，通过箭头放入右下框(Factor：)，然后点击右上角按钮"Ok"，输出结果如表 8-6 所示.

表 8-6

ANOVA

寿命

	Sum of Squares	df	Mean Square	F	Sig.
Between Groups	44360.71	3	14786.902	2.149	.123
Within Groups	151350.8	22	6879.583		
Total	195711.5	25			

由表 8-6 可知，检验统计值 $F = 2.149$，p 值(Sig.) 为 0.123，由于 p 值大于 0.05，故推断这四批节能灯的使用寿命没有显著差异.

二、SPSS 在线性回归分析中的应用

例 2　试用 SPSS 求解本章第二节例 $2 \sim$ 例 4.

解　首先启动 SPSS，定义变量，输入数据(如图 8-5 所示). 注意将 $x_0 = 3.5$ 输入"距离 x"的最后一行(第 16 行)，而将"损失 y"的最后一行(第 16 行)空置.

	损失y	距离x	var	var	var
1	26.2	3.4			
2	17.8	1.8			
3	31.3	4.6			
4	23.1	2.3			
5	27.5	3.1			
6	36.0	5.5			
7	14.1	.7			
8	22.3	3.0			
9	19.6	2.6			
10	31.3	4.3			
11	24.0	2.1			
12	17.3	1.1			
13	43.2	6.1			
14	36.4	4.8			
15	26.1	3.8			
16	.	3.5			
17					

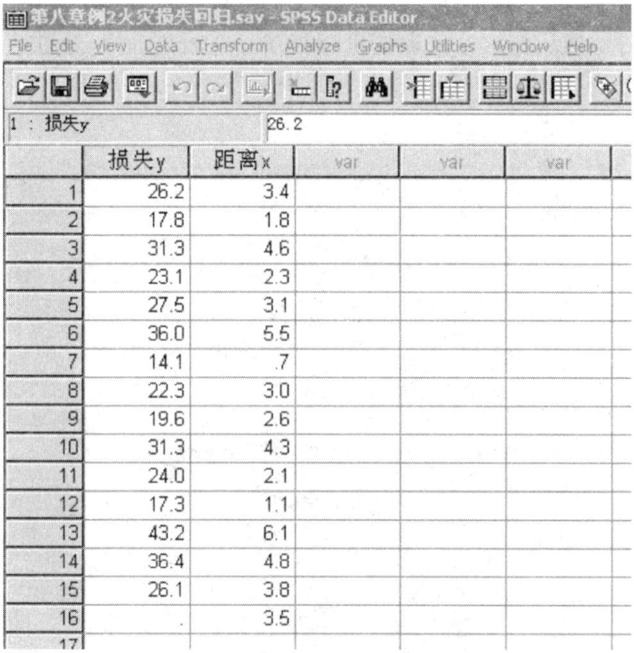

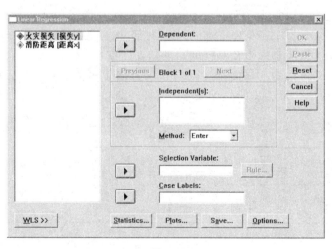

图 8-5

然后进行以下操作：

(1) 点击"Analyze→Regression→Linear"，屏幕上弹出主对话窗口，如图 8-6 所示.

图 8-6

（2）从左框中选取变量"火灾损失［损失 y］"，通过箭头放入右上框（Dependent：），再从左框中选取变量"消防距离［距离 x］"，通过箭头放入右中框（Independent(s)：），然后点击中下部按钮"Save…"，屏幕上弹出一个对话窗口，如图 8-7 所示.

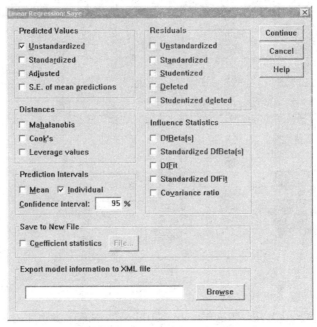

图 8-7

（3）勾选窗口左上角框（Predicted Values）内的"Unstandardized"（目的是输出点估计 $\hat{y}$），再勾选窗口左中部框（Prediction Intervals）内的"Individual"（目的是输出预测区间），然后在此框右下角填入 100 × 置信水平（本例为 95），点击右上角按钮"Continue"，返回主对话窗口，点击"OK"，输出5 个表，其中第三个表为回归方程的显著性检验表，如表 8-7 所示

表 8-7

ANOVAb

	Model	Sum of Squares	df	Mean Square	F	Sig.
1	Regression	841.766	1	841.766	156.886	.000a
	Residual	69.751	13	5.365		
	Total	911.517	14			

a. Predictors：(Constant)，消防距离

b. Dependent Variable：火灾损失

由表 8-7 可知，检验统计值 $F=156.886$，p 值(Sig.)为 0.000，由于 p 值小于 0.01，所以线性回归方程是高度显著的.

第四个表为回归系数表，如表 8-8 所示

表 8-8

Coefficients[a]

Model		Unstandardized Coeffcients		Standardzed Coefficients	t	Sig.
		B	Std. Error	Beta		
1	(Constant)	10.278	1.420		7.237	.000
	消防距离	4.919	.393	.961	12.525	.000

a. Dependent Variable：火灾损失

由表 8-8 可知(表的第三行第二列)，回归系数的估计值 $\hat{a}=4.919$，$\hat{b}=10.278$，故所求线性回归方程为 $\hat{y}=4.919x+10.278$.

然后，再打开数据文件，你会发现数据文件增加了 3 列，如图 8-8 所示.

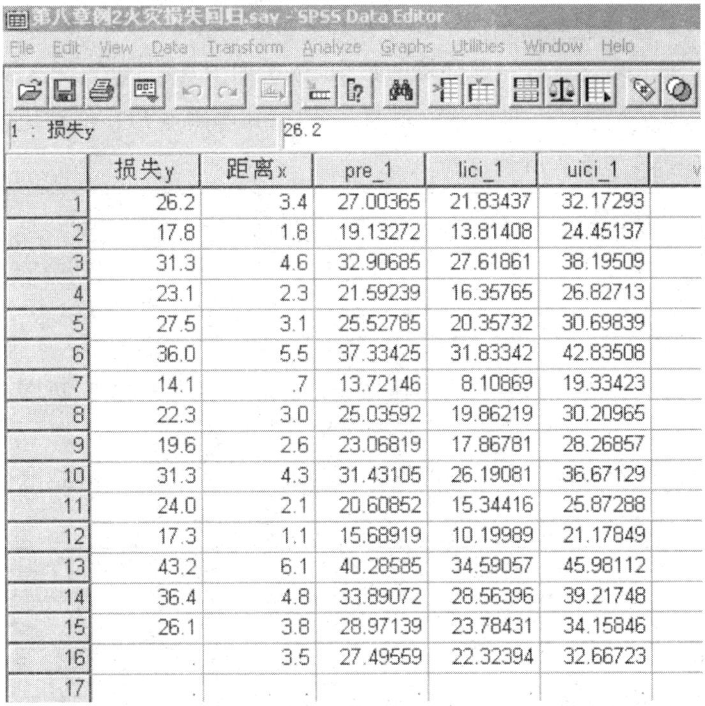

	损失y	距离x	pre_1	lici_1	uici_1
1	26.2	3.4	27.00365	21.83437	32.17293
2	17.8	1.8	19.13272	13.81408	24.45137
3	31.3	4.6	32.90685	27.61861	38.19509
4	23.1	2.3	21.59239	16.35765	26.82713
5	27.5	3.1	25.52785	20.35732	30.69839
6	36.0	5.5	37.33425	31.83342	42.83508
7	14.1	.7	13.72146	8.10869	19.33423
8	22.3	3.0	25.03592	19.86219	30.20965
9	19.6	2.6	23.06819	17.86781	28.26857
10	31.3	4.3	31.43105	26.19081	36.67129
11	24.0	2.1	20.60852	15.34416	25.87288
12	17.3	1.1	15.68919	10.19989	21.17849
13	43.2	6.1	40.28585	34.59057	45.98112
14	36.4	4.8	33.89072	28.56396	39.21748
15	26.1	3.8	28.97139	23.78431	34.15846
16	.	3.5	27.49559	22.32394	32.66723
17	.	.	.	.	.

图 8-8

数据文件增加的 3 列的最后一行,分别给出了当民宅与消防队的距离为 3.5 千米时,损失额的点估计 $\hat{y}|_{x=3.5} = 27.49559$("pre_1"列的最后一行),置信水平为 0.95 的双侧置信下限 $\underline{y} = 22.32394$("lici_1"列的最后一行),双侧置信上限 $\bar{y} = 32.66723$("uici_1"列的最后一行).因此,损失额的置信水平为 0.95 的预测区间为 $(22.32394, 32.66723)$.

习 题 八

1. 由三位教师,对同一个班的作文试卷评分,分数记录如下:

教师	分数												
A_1	73	89	82	43	80	73	65	62	47	95	60	77	
A_2	88	78	48	91	54	85	74	77	50	78	65	76	96	80
A_3	68	80	55	93	72	71	87	42	61	68	53	79	15

设每位老师的试卷评分服从等方差的正态分布,给定显著性水平 $\alpha = 0.05$,试分析三位教师给出的平均分数有无显著差异?

2. 为测定某企业对周围环境的污染,选了四个观测点 A_1, A_2, A_3, A_4,在每一观测点各测定四次空气中 SO_2 的含量,已知各测点 SO_2 的平均含量 $\bar{x_i}$ 及样本标准差 s_i,如下表所示:

观测点	A_1	A_2	A_3	A_4
$\bar{x_i}$	0.031	0.100	0.079	0.058
s_i	0.009	0.014	0.010	0.011

假设每一观测点 SO_2 的含量服从正态分布而且方差相等,试问在显著性水平 $\alpha = 0.05$ 下,各观测点 SO_2 平均含量有无显著差异.

3. 在研究硫酸铜在水中的溶解度 y 与温度 x(℃)的关系时,取得 9 组数据:

温度 x	0	10	20	30	40	50	60	70	80
溶解度 y	14.0	17.5	21.2	26.1	29.2	33.3	40.0	48.0	54.8

求线性回归方程 $\hat{y} = \hat{a}x + \hat{b}$,并在显著性水平 $\alpha = 0.05$ 下检验线性回归

方程是否显著.

4. 为了考察温度对某产品产量的影响,测得下列 10 组数据:

温度 x(℃)	20	25	30	35	40	45	50	55	60	65
产量 y(kg)	13.2	15.1	16.4	17.1	17.9	18.7	19.6	21.2	22.5	24.3

　　求线性回归方程 $\hat{y} = \hat{a}x + \hat{b}$,并在显著性水平 $\alpha = 0.05$ 下检验线性回归方程的显著性;预测当 $x = 42$(℃)时产量的估计值及置信水平为 95% 的预测区间.

附表1　泊松分布表

$$P(X = k) = \frac{\lambda^k e^{-\lambda}}{k!}, \quad k = 0,1,2,\cdots$$

k	λ							
	0.1	0.2	0.3	0.4	0.5	0.6	0.7	0.8
0	0.904837	0.818731	0.740818	0.670320	0.606531	0.548812	0.496585	0.449329
1	0.090484	0.163746	0.222245	0.268128	0.303265	0.329287	0.347610	0.359463
2	0.004524	0.016375	0.033337	0.053626	0.075816	0.098786	0.121663	0.143785
3	0.000151	0.001092	0.003334	0.007150	0.012636	0.019757	0.028388	0.038343
4	0.000004	0.000055	0.000250	0.000715	0.001580	0.002964	0.004968	0.007669
5		0.000002	0.000015	0.000057	0.000158	0.000356	0.000696	0.001227
6			0.000001	0.000004	0.000013	0.000036	0.000081	0.000164
7					0.000005	0.000003	0.000008	0.000019
8							0.000001	0.000002

k	λ							
	0.9	1.0	1.5	2.0	2.5	3.0	3.5	4.0
0	0.406570	0.367879	0.223130	0.135335	0.082085	0.049787	0.030197	0.018316
1	0.365913	0.367879	0.334695	0.270671	0.205212	0.149361	0.105691	0.073263
2	0.164661	0.183940	0.251021	0.270671	0.256516	0.224042	0.184959	0.146525
3	0.049398	0.061313	0.125510	0.180447	0.213763	0.224042	0.215785	0.195367
4	0.011115	0.015328	0.047067	0.090224	0.133602	0.168031	0.188812	0.195367
5	0.002001	0.003066	0.014120	0.036089	0.066801	0.100819	0.132169	0.156293
6	0.000300	0.000511	0.003530	0.012030	0.027834	0.050409	0.077098	0.104196
7	0.000039	0.000073	0.000756	0.003437	0.009941	0.021604	0.038549	0.059540
8	0.000004	0.000009	0.000142	0.000859	0.003106	0.008102	0.016865	0.029770
9		0.000001	0.000024	0.000191	0.000863	0.002701	0.006559	0.013231
10			0.000004	0.000038	0.000216	0.000810	0.002296	0.005292
11				0.000007	0.000049	0.000221	0.000730	0.001925
12				0.000001	0.000010	0.000055	0.000213	0.000642
13					0.000002	0.000013	0.000057	0.000197
14						0.000003	0.000014	0.000056
15						0.000001	0.000003	0.000015
16							0.000001	0.000004
17								0.000001

续表

k	λ						
	4.5	5.0	6.0	7.0	8.0	9.0	10.0
0	0.011109	0.006738	0.002479	0.000912	0.000335	0.000123	0.000045
1	0.049990	0.033690	0.014873	0.006383	0.002684	0.001111	0.000454
2	0.112479	0.084224	0.044618	0.022341	0.010735	0.004998	0.002270
3	0.168718	0.140374	0.089235	0.052129	0.028626	0.014994	0.007567
4	0.189808	0.175467	0.133853	0.091226	0.057252	0.033737	0.018917
5	0.170827	0.175467	0.160623	0.127717	0.091604	0.060727	0.037833
6	0.128120	0.146223	0.160623	0.149003	0.122138	0.091090	0.063055
7	0.082363	0.104445	0.137677	0.149003	0.139587	0.117116	0.090079
8	0.046329	0.065278	0.103258	0.130377	0.139587	0.131756	0.112599
9	0.023165	0.036266	0.068838	0.101405	0.124077	0.131756	0.125110
10	0.010424	0.018133	0.041303	0.070983	0.099262	0.118580	0.125110
11	0.004264	0.008242	0.022529	0.045171	0.072190	0.097020	0.113736
12	0.001599	0.003434	0.011264	0.026350	0.048127	0.072765	0.094780
13	0.000554	0.001321	0.005199	0.014188	0.029616	0.050376	0.072908
14	0.000178	0.000472	0.002228	0.007094	0.016924	0.032384	0.052077
15	0.000053	0.000157	0.000891	0.003311	0.009026	0.019431	0.034718
16	0.000015	0.000049	0.000334	0.001448	0.004513	0.010930	0.021669
17	0.000004	0.000014	0.000118	0.000596	0.002124	0.005786	0.012764
18	0.000001	0.000004	0.000039	0.000232	0.000944	0.002893	0.007091
19		0.000001	0.000012	0.000085	0.000397	0.001370	0.003732
20			0.000004	0.000030	0.000159	0.000617	0.001886
21			0.000001	0.000010	0.000061	0.000264	0.000889
22				0.000003	0.000022	0.000108	0.000404
23				0.000001	0.000008	0.000042	0.000176
24					0.000003	0.000016	0.000073
25					0.000001	0.000006	0.000029
26						0.000002	0.000011
27						0.000001	0.000004
28							0.000001
29							0.000001

附表 2　标准正态分布函数表

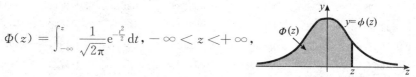

$$\Phi(z) = \int_{-\infty}^{z} \frac{1}{\sqrt{2\pi}} e^{-\frac{t^2}{2}} dt, \ -\infty < z < +\infty,$$

z	0	1	2	3	4	5	6	7	8	9
0.0	0.5000	0.5040	0.5080	0.5120	0.5160	0.5199	0.5239	0.5279	0.5319	0.5359
0.1	0.5398	0.5438	0.5478	0.5517	0.5557	0.5596	0.5636	0.5675	0.5714	0.5753
0.2	0.5793	0.5832	0.5871	0.5910	0.5948	0.5987	0.6026	0.6064	0.6103	0.6141
0.3	0.6179	0.6217	0.6255	0.6293	0.6331	0.6368	0.6406	0.6443	0.6480	0.6517
0.4	0.6554	0.6591	0.6628	0.6664	0.6700	0.6736	0.6772	0.6808	0.6844	0.6879
0.5	0.6915	0.6950	0.6985	0.7019	0.7054	0.7088	0.7123	0.7157	0.7190	0.7224
0.6	0.7257	0.7291	0.7324	0.7357	0.7389	0.7422	0.7454	0.7486	0.7517	0.7549
0.7	0.7580	0.7611	0.7642	0.7673	0.7703	0.7734	0.7764	0.7794	0.7823	0.7852
0.8	0.7881	0.7910	0.7939	0.7967	0.7995	0.8023	0.8051	0.8078	0.8106	0.8133
0.9	0.8159	0.8186	0.8212	0.8238	0.8264	0.8289	0.8315	0.8340	0.8365	0.8389
1.0	0.8413	0.8438	0.8461	0.8485	0.8508	0.8531	0.8554	0.8577	0.8599	0.8621
1.1	0.8643	0.8665	0.8686	0.8708	0.8729	0.8749	0.8770	0.8790	0.8810	0.8830
1.2	0.8849	0.8869	0.8888	0.8907	0.8925	0.8944	0.8962	0.8980	0.8997	0.9015
1.3	0.9032	0.9049	0.9066	0.9082	0.9099	0.9115	0.9131	0.9147	0.9162	0.9177
1.4	0.9192	0.9207	0.9222	0.9236	0.9251	0.9265	0.9279	0.9292	0.9306	0.9319
1.5	0.9332	0.9345	0.9357	0.9370	0.9382	0.9394	0.9406	0.9418	0.9430	0.9441
1.6	0.9452	0.9463	0.9474	0.9485	0.9495	0.9505	0.9515	0.9525	0.9535	0.9545
1.7	0.9554	0.9564	0.9573	0.9582	0.9591	0.9599	0.9608	0.9616	0.9625	0.9633
1.8	0.9641	0.9649	0.9656	0.9664	0.9671	0.9678	0.9686	0.9693	0.9700	0.9706
1.9	0.9713	0.9719	0.9726	0.9732	0.9738	0.9744	0.9750	0.9756	0.9762	0.9767
2.0	0.9772	0.9778	0.9783	0.9788	0.9793	0.9798	0.9803	0.9808	0.9812	0.9817
2.1	0.9821	0.9826	0.9830	0.9834	0.9838	0.9842	0.9846	0.9850	0.9854	0.9857
2.2	0.9861	0.9865	0.9868	0.9871	0.9875	0.9878	0.9881	0.9884	0.9887	0.9890
2.3	0.9893	0.9896	0.9898	0.9901	0.9904	0.9906	0.9909	0.9911	0.9913	0.9916
2.4	0.9918	0.9920	0.9922	0.9925	0.9927	0.9929	0.9931	0.9932	0.9934	0.9936
2.5	0.9938	0.9940	0.9941	0.9943	0.9945	0.9946	0.9948	0.9949	0.9951	0.9952
2.6	0.9953	0.9955	0.9956	0.9957	0.9959	0.9960	0.9961	0.9962	0.9963	0.9964
2.7	0.9965	0.9966	0.9967	0.9968	0.9969	0.9970	0.9971	0.9972	0.9973	0.9974
2.8	0.9974	0.9975	0.9976	0.9977	0.9977	0.9978	0.9979	0.9980	0.9980	0.9981
2.9	0.9981	0.9982	0.9983	0.9983	0.9984	0.9984	0.9985	0.9985	0.9986	0.9986
3.	0.9987	0.9990	0.9993	0.9995	0.9997	0.9998	0.9998	0.9999	0.9999	1.0000

注　最后一行为 $\Phi(3.0), \Phi(3.1), \Phi(3.2), \cdots, \Phi(3.9)$.

附表3　χ^2 分布的上 α 分位数表

$$P\{\chi^2 > \chi_\alpha^2(n)\} = \int_{\chi_\alpha^2(n)}^{+\infty} f(x,n)\mathrm{d}x = \alpha$$

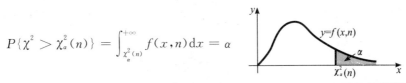

n	α = 0.995	0.99	0.975	0.95	0.90	0.75
1	—	—	0.001	0.004	0.016	0.102
2	0.010	0.020	0.051	0.103	0.211	0.575
3	0.072	0.115	0.216	0.352	0.584	1.213
4	0.207	0.297	0.484	0.711	1.064	1.923
5	0.412	0.554	0.831	1.145	1.610	2.675
6	0.676	0.872	1.237	1.635	2.204	3.455
7	0.989	1.239	1.690	2.167	2.833	4.255
8	1.344	1.646	2.180	2.733	3.490	5.071
9	1.735	2.088	2.700	3.325	4.168	5.899
10	2.156	2.558	3.247	3.940	4.865	6.737
11	2.603	3.053	3.816	4.575	5.578	7.584
12	3.074	3.571	4.404	5.226	6.304	8.438
13	3.565	4.107	5.009	5.892	7.042	9.299
14	4.075	4.660	5.629	6.571	7.790	10.165
15	4.601	5.229	6.262	7.261	8.547	11.037
16	5.142	5.812	6.908	7.962	9.312	11.912
17	5.697	6.408	7.564	8.672	10.085	12.792
18	6.265	7.015	8.231	9.390	10.865	13.675
19	6.844	7.633	8.907	10.117	11.651	14.562
20	7.434	8.260	9.591	10.851	12.443	15.452
21	8.034	8.897	10.238	11.591	13.240	16.344
22	8.643	9.542	10.982	12.338	14.042	17.240
23	9.260	10.196	11.689	13.091	14.848	18.137
24	9.886	10.856	12.401	13.848	15.659	19.037
25	10.520	11.524	13.120	14.611	16.473	19.939
26	11.160	12.198	13.844	15.379	17.292	20.843
27	11.808	12.879	14.573	16.151	18.114	21.749
28	12.461	13.565	15.308	16.928	18.939	22.657
29	13.121	14.257	16.047	17.708	19.768	23.567
30	13.787	14.954	16.791	18.493	20.599	24.478
31	14.458	15.656	17.539	19.281	21.434	25.390
32	15.134	16.362	18.291	20.072	22.271	26.304
33	15.815	17.074	19.047	20.867	23.110	27.219
34	16.501	17.789	19.806	21.664	23.952	28.136
35	17.192	18.509	20.569	22.465	24.797	29.054
36	17.887	19.233	21.336	23.269	25.643	29.973
37	18.586	19.960	22.106	24.075	26.492	30.893
38	19.289	20.691	22.878	24.884	24.343	31.815
39	19.996	21.426	23.654	25.695	28.196	32.737
40	20.707	22.164	24.433	26.509	29.051	33.660
41	21.421	22.906	25.215	27.326	29.907	34.585
42	22.138	23.650	25.999	28.144	30.765	35.510
43	22.859	24.398	26.785	28.965	31.625	36.436
44	23.584	25.148	27.575	29.787	32.487	37.363
45	24.311	25.901	28.366	30.612	33.350	38.291

续表

n	$a = 0.25$	0.10	0.05	0.025	0.01	0.005
1	1.323	2.706	3.841	5.024	6.635	7.879
2	2.773	4.605	5.991	7.378	9.210	10.597
3	4.108	6.251	7.815	9.348	11.345	12.838
4	5.385	7.779	9.488	11.143	13.277	14.860
5	6.626	9.236	11.071	12.833	15.086	16.750
6	7.841	10.645	12.592	14.449	16.812	18.548
7	9.037	12.017	14.067	16.013	18.475	20.278
8	10.219	13.362	15.507	17.535	20.090	21.955
9	11.389	14.684	16.919	19.023	21.666	23.589
10	12.549	15.987	18.307	20.483	23.209	25.188
11	13.701	17.275	19.675	21.920	24.725	26.757
12	14.845	18.549	21.026	23.337	26.217	28.299
13	15.984	19.812	22.362	24.736	27.688	29.819
14	17.117	21.064	23.685	26.119	29.141	31.319
15	18.245	22.307	24.996	27.488	30.578	32.801
16	19.369	23.542	26.296	28.845	32.000	34.267
17	20.489	24.769	27.587	30.191	33.409	35.718
18	21.605	25.989	28.869	31.526	34.805	37.156
19	22.718	27.204	30.144	32.852	36.191	38.582
20	23.828	28.412	31.410	34.170	37.466	39.997
21	24.935	29.615	32.671	35.479	38.932	41.401
22	26.039	30.813	33.924	36.781	40.289	42.796
23	27.141	32.007	35.172	38.076	41.638	44.181
24	28.241	33.196	36.415	39.364	42.980	45.559
25	29.339	34.382	37.652	40.646	44.314	46.928
26	30.435	35.563	38.885	41.923	45.642	48.290
27	31.528	36.741	40.113	43.194	46.963	49.645
28	32.620	37.916	41.337	44.461	48.278	50.993
29	33.711	39.087	42.557	45.722	49.588	52.336
30	34.800	40.256	43.773	46.979	50.892	53.672
31	35.887	41.422	44.985	48.232	52.191	55.003
32	36.973	42.585	46.194	49.480	53.486	56.328
33	38.058	43.745	47.400	50.725	54.776	57.648
34	39.141	44.903	48.602	51.966	56.061	58.964
35	40.223	46.059	49.802	53.203	57.342	60.275
36	41.304	47.212	50.998	54.437	58.619	61.581
37	42.383	48.363	52.192	55.668	59.892	62.883
38	43.462	49.513	53.384	56.896	61.162	64.181
39	44.539	50.660	54.572	58.120	62.428	65.476
40	45.616	51.805	55.758	59.342	63.691	66.766
41	46.692	52.949	56.942	60.561	64.950	68.053
42	47.766	54.090	58.124	61.777	66.206	69.336
43	48.840	55.230	59.304	62.990	67.459	70.616
44	49.913	56.369	60.481	64.201	68.710	71.893
45	50.985	57.505	61.656	65.410	69.957	73.166

注　当 $n > 45$ 时，$\chi_a^2(n) \approx \frac{1}{2}(z_a + \sqrt{2n-1})^2$，其中 z_a 是标准正态分布的上 α 分位数.

附表 4 t 分布的上 α 分位数表

$$P\{t > t_\alpha(n)\} = \int_{t_\alpha(n)}^{+\infty} f(x, n)\mathrm{d}x = \alpha$$

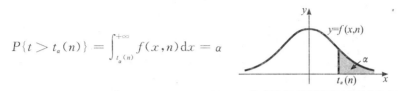

n	α = 0.25	0.10	0.05	0.025	0.01	0.005
1	1.0000	3.0777	6.3138	12.7062	31.8207	63.6574
2	0.8165	1.8856	2.9200	4.3027	6.9646	9.9248
3	0.7649	1.6377	2.3534	3.1824	4.5407	5.8409
4	0.7407	1.5332	2.1318	2.7764	3.7469	4.6041
5	0.7267	1.4759	2.0150	2.5706	3.3649	4.0322
6	0.7176	1.4398	1.9432	2.4469	3.1427	3.7074
7	0.7111	1.4149	1.8946	2.3646	2.9980	3.4995
8	0.7064	1.3968	1.8595	2.3060	2.8965	3.3554
9	0.7027	1.3830	1.8331	2.2622	2.8214	3.2498
10	0.6998	1.3722	1.8125	2.2281	2.7638	3.1693
11	0.6974	1.3634	1.7959	2.2010	2.7181	3.1058
12	0.6955	1.3562	1.7823	2.1788	2.6810	3.0545
13	0.6938	1.3502	1.7709	2.1604	2.6503	3.0123
14	0.6924	1.3450	1.7613	2.1448	2.6245	2.9768
15	0.6912	1.3406	1.7531	2.1315	2.6025	2.9467
16	0.6901	1.3368	1.7459	2.1199	2.5835	2.9208
17	0.6892	1.3334	1.7396	2.1098	2.5669	2.8982
18	0.6884	1.3304	1.7341	2.1009	2.5524	2.8784
19	0.6876	1.3277	1.7291	2.0930	2.5395	2.8609
20	0.6870	1.3253	1.7247	2.0860	2.5280	2.8453
21	0.6864	1.3232	1.7207	2.0796	2.5177	2.8314
22	0.6858	1.3212	1.7171	2.0739	2.5083	2.8188
23	0.6853	1.3195	1.7139	2.0687	2.4999	2.8073
24	0.6848	1.3178	1.7109	2.0639	2.4922	2.7969
25	0.6844	1.3163	1.7081	2.0595	2.4851	2.7874
26	0.6840	1.3150	1.7056	2.0555	2.4786	2.7787
27	0.6837	1.3137	1.7033	2.0518	2.4727	2.7707
28	0.6834	1.3125	1.7011	2.0484	2.4671	2.7633
29	0.6830	1.3114	1.6991	2.0452	2.4620	2.7564
30	0.6828	1.3104	1.6973	2.0423	2.4573	2.7500
31	0.6825	1.3095	1.6955	2.0395	2.4528	2.7440
32	0.6822	1.3086	1.6939	2.0369	2.4487	2.7385
33	0.6820	1.3077	1.6924	2.0345	2.4448	2.7333
34	0.6818	1.3070	1.6909	2.0322	2.4411	2.7284
35	0.6816	1.3062	1.6896	2.0301	2.4377	2.7238
36	0.6814	1.3055	1.6883	2.0281	2.4345	2.7195
37	0.6812	1.3049	1.6871	2.0262	2.4314	2.7154
38	0.6810	1.3042	1.6860	2.0244	2.4286	2.7116
39	0.6808	1.3036	1.6849	2.0227	2.4258	2.7079
40	0.6807	1.3031	1.6839	2.0211	2.4233	2.7045
41	0.6805	1.3025	1.6829	2.0195	2.4208	2.7012
42	0.6804	1.3020	1.6820	2.0181	2.4185	2.6981
43	0.6802	1.3016	1.6811	2.0167	2.4163	2.6951
44	0.6801	1.3011	1.6802	2.0154	2.4141	2.6923
45	0.6800	1.3006	1.6794	2.0141	2.4121	3.6896

注　当 $n > 45$ 时，$t_\alpha(n) \approx z_\alpha$，其中 z_α 是标准正态分布的上 α 分位数.

附表5　F分布的上α分位数表

$$P\{F > F_\alpha(n_1, n_2)\} = \int_{F_\alpha(n_1,n_2)}^{+\infty} f(x, n_1, n_2)\,dx = \alpha$$

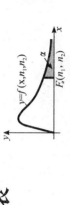

$\alpha = 0.10$

n_2＼n_1	1	2	3	4	5	6	7	8	9	10	12	15	20	24	30	40	60	120	∞
1	39.86	49.50	53.59	55.83	57.24	58.20	58.91	59.44	59.86	60.19	60.71	61.22	61.74	62.00	62.26	62.53	62.79	63.06	63.33
2	8.53	9.00	9.16	9.24	9.29	9.33	9.35	9.37	9.38	9.39	9.41	9.42	9.44	9.45	9.46	9.47	9.47	9.48	9.49
3	5.54	5.46	5.39	5.34	5.31	5.28	5.27	5.25	5.24	5.23	5.22	5.20	5.18	5.18	5.17	5.16	5.15	5.14	5.13
4	4.54	4.32	4.19	4.11	4.05	4.01	3.98	3.95	3.94	3.92	3.90	3.87	3.84	3.83	3.82	3.80	3.79	3.78	3.76
5	4.06	3.78	3.62	3.52	3.45	3.40	3.37	3.34	3.32	3.30	3.27	3.24	3.21	3.19	3.17	3.16	3.14	3.12	3.10
6	3.78	3.46	3.29	3.18	3.11	3.05	3.01	2.98	2.96	2.94	2.90	2.87	2.84	2.82	2.80	2.78	2.76	2.74	2.72
7	3.59	3.26	3.07	2.96	2.88	2.83	2.78	2.75	2.72	2.70	2.67	2.63	2.59	2.58	2.56	2.54	2.51	2.49	2.47
8	3.46	3.11	2.92	2.81	2.73	2.67	2.62	2.59	2.56	2.54	2.50	2.46	2.42	2.40	2.38	2.36	2.34	2.32	2.29
9	3.36	3.01	2.81	2.69	2.61	2.55	2.51	2.47	2.44	2.42	2.38	2.34	2.30	2.28	2.25	2.23	2.21	2.18	2.16
10	3.29	2.92	2.73	2.61	2.52	2.46	2.41	2.38	2.35	2.32	2.28	2.24	2.20	2.18	2.16	2.13	2.11	2.08	2.06
11	3.23	2.86	2.66	2.54	2.45	2.39	2.34	2.30	2.27	2.25	2.21	2.17	2.12	2.10	2.08	2.05	2.03	2.00	1.97
12	3.18	2.81	2.61	2.48	2.39	2.33	2.28	2.24	2.21	2.19	2.15	2.10	2.06	2.04	2.01	1.99	1.96	1.93	1.90
13	3.14	2.76	2.56	2.43	2.35	2.28	2.23	2.20	2.16	2.14	2.10	2.05	2.01	1.98	1.96	1.93	1.90	1.88	1.85
14	3.10	2.73	2.52	2.39	2.31	2.24	2.19	2.15	2.12	2.10	2.05	2.01	1.96	1.94	1.91	1.89	1.86	1.83	1.80
15	3.07	2.70	2.49	2.36	2.27	2.21	2.16	2.12	2.09	2.06	2.02	1.97	1.92	1.90	1.87	1.85	1.82	1.79	1.76
16	3.05	2.67	2.46	2.33	2.24	2.18	2.13	2.09	2.06	2.03	1.99	1.94	1.89	1.87	1.84	1.81	1.78	1.75	1.72
17	3.03	2.64	2.44	2.31	2.22	2.15	2.10	2.06	2.03	2.00	1.96	1.91	1.86	1.84	1.81	1.78	1.75	1.72	1.69
18	3.01	2.62	2.42	2.29	2.20	2.13	2.08	2.04	2.00	1.98	1.93	1.89	1.84	1.81	1.78	1.75	1.72	1.69	1.66
19	2.99	2.61	2.40	2.27	2.18	2.11	2.06	2.02	1.98	1.96	1.91	1.86	1.81	1.79	1.76	1.73	1.70	1.67	1.63
20	2.97	2.59	2.38	2.25	2.16	2.09	2.04	2.00	1.96	1.94	1.89	1.84	1.79	1.77	1.74	1.71	1.68	1.64	1.61
21	2.96	2.57	2.36	2.23	2.14	2.08	2.02	1.98	1.95	1.92	1.87	1.83	1.78	1.75	1.72	1.69	1.66	1.62	1.59
22	2.95	2.56	2.35	2.22	2.13	2.06	2.01	1.97	1.93	1.90	1.86	1.81	1.76	1.73	1.70	1.67	1.64	1.60	1.57
23	2.94	2.55	2.34	2.21	2.11	2.05	1.99	1.95	1.92	1.89	1.84	1.80	1.74	1.72	1.69	1.66	1.62	1.59	1.55
24	2.93	2.54	2.33	2.19	2.10	2.04	1.98	1.94	1.91	1.88	1.83	1.78	1.73	1.70	1.67	1.64	1.61	1.57	1.53
25	2.92	2.53	2.32	2.18	2.09	2.02	1.97	1.93	1.89	1.87	1.82	1.77	1.72	1.69	1.66	1.63	1.59	1.56	1.52
26	2.91	2.52	2.31	2.17	2.08	2.01	1.96	1.92	1.88	1.86	1.81	1.76	1.71	1.68	1.65	1.61	1.58	1.54	1.50
27	2.90	2.51	2.30	2.17	2.07	2.00	1.95	1.91	1.87	1.85	1.80	1.75	1.70	1.67	1.64	1.60	1.57	1.53	1.49
28	2.89	2.50	2.29	2.16	2.06	2.00	1.94	1.90	1.87	1.84	1.79	1.74	1.69	1.66	1.63	1.59	1.56	1.52	1.48
29	2.89	2.50	2.28	2.15	2.06	1.99	1.93	1.89	1.86	1.83	1.78	1.73	1.68	1.65	1.62	1.58	1.55	1.51	1.47
30	2.88	2.49	2.28	2.14	2.05	1.98	1.93	1.88	1.85	1.82	1.77	1.72	1.67	1.64	1.61	1.57	1.54	1.50	1.46
60	2.84	2.44	2.23	2.09	2.00	1.93	1.87	1.83	1.79	1.76	1.71	1.66	1.61	1.57	1.54	1.51	1.47	1.42	1.38
120	2.79	2.39	2.18	2.04	1.95	1.87	1.82	1.77	1.74	1.71	1.66	1.60	1.54	1.51	1.48	1.44	1.40	1.35	1.29
∞	2.75	2.35	2.13	1.99	1.90	1.82	1.77	1.72	1.68	1.65	1.60	1.55	1.48	1.45	1.41	1.37	1.32	1.26	1.17
	2.71	2.30	2.08	1.94	1.85	1.77	1.72	1.67	1.63	1.60	1.55	1.49	1.42	1.38	1.34	1.30	1.24	1.17	1.00

续表

$\alpha = 0.05$

n_2 \ n_1	1	2	3	4	5	6	7	8	9	10	12	15	20	24	30	40	60	120	∞
1	161.4	199.5	215.7	224.6	230.2	234.0	236.8	238.9	240.5	241.9	243.9	245.9	248.0	249.1	250.1	251.1	252.2	253.3	254.3
2	18.51	19.00	19.16	19.25	19.30	19.33	19.35	19.37	19.38	19.40	19.41	19.43	19.45	19.45	19.46	19.47	19.48	19.49	19.50
3	10.13	9.55	9.28	9.12	9.01	8.94	8.89	8.85	8.81	8.79	8.74	8.70	8.66	8.64	8.62	8.59	8.57	8.55	8.53
4	7.71	6.94	6.59	6.39	6.26	6.16	6.09	6.04	6.00	5.96	5.91	5.86	5.80	5.77	5.75	5.72	5.69	5.66	5.63
5	6.61	5.79	5.41	5.19	5.05	4.95	4.88	4.82	4.77	4.74	4.68	4.62	4.56	4.53	4.50	4.46	4.43	4.40	4.36
6	5.99	5.14	4.76	4.53	4.39	4.28	4.21	4.15	4.10	4.06	4.00	3.94	3.87	3.84	3.81	3.77	3.74	3.70	3.67
7	5.59	4.74	4.35	4.12	3.97	3.87	3.79	3.73	3.68	3.64	3.57	3.51	3.44	3.41	3.38	3.34	3.30	3.27	3.23
8	5.32	4.46	4.07	3.84	3.69	3.58	3.50	3.44	3.39	3.35	3.28	3.22	3.15	3.12	3.08	3.04	3.01	2.97	2.93
9	5.12	4.26	3.86	3.63	3.48	3.37	3.29	3.23	3.18	3.14	3.07	3.01	2.94	2.90	2.86	2.83	2.79	2.75	2.71
10	4.96	4.10	3.71	3.48	3.33	3.22	3.14	3.07	3.02	2.98	2.91	2.85	2.77	2.74	2.70	2.66	2.62	2.58	2.54
11	4.84	3.98	3.59	3.36	3.20	3.09	3.01	2.95	2.90	2.85	2.79	2.72	2.65	2.61	2.57	2.53	2.49	2.45	2.40
12	4.75	3.89	3.49	3.26	3.11	3.00	2.91	2.85	2.80	2.75	2.69	2.62	2.54	2.51	2.47	2.43	2.38	2.34	2.30
13	4.67	3.81	3.41	3.18	3.03	2.92	2.83	2.77	2.71	2.67	2.60	2.53	2.46	2.42	2.38	2.34	2.30	2.25	2.21
14	4.60	3.74	3.34	3.11	2.96	2.85	2.76	2.70	2.65	2.60	2.53	2.46	2.39	2.35	2.31	2.27	2.22	2.18	2.13
15	4.54	3.68	3.29	3.06	2.90	2.79	2.71	2.64	2.59	2.54	2.48	2.40	2.33	2.29	2.25	2.20	2.16	2.11	2.07
16	4.49	3.63	3.24	3.01	2.85	2.74	2.66	2.59	2.54	2.49	2.42	2.35	2.28	2.24	2.19	2.15	2.11	2.06	2.01
17	4.45	3.59	3.20	2.96	2.81	2.70	2.61	2.55	2.49	2.45	2.38	2.31	2.23	2.19	2.15	2.10	2.06	2.01	1.96
18	4.41	3.55	3.16	2.93	2.77	2.66	2.58	2.51	2.46	2.41	2.34	2.27	2.19	2.15	2.11	2.06	2.02	1.97	1.92
19	4.38	3.52	3.13	2.90	2.74	2.63	2.54	2.48	2.42	2.38	2.31	2.23	2.16	2.11	2.07	2.03	1.98	1.93	1.88
20	4.35	3.49	3.10	2.87	2.71	2.60	2.51	2.45	2.39	2.35	2.28	2.20	2.12	2.08	2.04	1.99	1.95	1.90	1.84
21	4.32	3.47	3.07	2.84	2.68	2.57	2.49	2.42	2.37	2.32	2.25	2.18	2.10	2.05	2.01	1.96	1.92	1.87	1.81
22	4.30	3.44	3.05	2.82	2.66	2.55	2.46	2.40	2.34	2.30	2.23	2.15	2.07	2.03	1.98	1.94	1.89	1.84	1.78
23	4.28	3.42	3.03	2.80	2.64	2.53	2.44	2.37	2.32	2.27	2.20	2.13	2.05	2.01	1.96	1.91	1.86	1.81	1.76
24	4.26	3.40	3.01	2.78	2.62	2.51	2.42	2.36	2.30	2.25	2.18	2.11	2.03	1.98	1.94	1.89	1.84	1.79	1.73
25	4.24	3.39	2.99	2.76	2.60	2.49	2.40	2.34	2.28	2.24	2.16	2.09	2.01	1.96	1.92	1.87	1.82	1.77	1.71
26	4.23	3.37	2.98	2.74	2.59	2.47	2.39	2.32	2.27	2.22	2.15	2.07	1.99	1.95	1.90	1.85	1.80	1.75	1.69
27	4.21	3.35	2.96	2.73	2.57	2.46	2.37	2.31	2.25	2.20	2.13	2.06	1.97	1.93	1.88	1.84	1.79	1.73	1.67
28	4.20	3.34	2.95	2.71	2.56	2.45	2.36	2.29	2.24	2.19	2.12	2.04	1.96	1.91	1.87	1.82	1.77	1.71	1.65
29	4.18	3.33	2.93	2.70	2.55	2.43	2.35	2.28	2.22	2.18	2.10	2.03	1.94	1.90	1.85	1.81	1.75	1.70	1.64
30	4.17	3.32	2.92	2.69	2.53	2.42	2.33	2.27	2.21	2.16	2.09	2.01	1.93	1.89	1.84	1.79	1.74	1.68	1.62
40	4.08	3.23	2.84	2.61	2.45	2.34	2.25	2.18	2.12	2.08	2.00	1.92	1.84	1.79	1.74	1.69	1.64	1.58	1.51
60	4.00	3.15	2.76	2.53	2.37	2.25	2.17	2.10	2.04	1.99	1.92	1.84	1.75	1.70	1.65	1.59	1.53	1.47	1.39
120	3.92	3.07	2.68	2.45	2.29	2.17	2.09	2.02	1.96	1.91	1.83	1.75	1.66	1.61	1.55	1.50	1.43	1.35	1.25
∞	3.84	3.00	2.60	2.37	2.21	2.10	2.01	1.94	1.88	1.83	1.75	1.67	1.57	1.52	1.46	1.39	1.32	1.22	1.00

续表

$\alpha = 0.025$

n_1 \ n_2	1	2	3	4	5	6	7	8	9	10	12	15	20	24	30	40	60	120	∞
1	647.8	799.5	864.2	899.6	921.8	937.1	948.2	956.7	963.3	968.6	976.7	984.9	993.1	997.2	1001	1006	1010	1014	1018
2	38.51	39.00	39.17	39.25	39.30	39.33	39.36	39.37	39.39	39.40	39.41	39.43	39.45	39.46	39.46	39.47	39.48	39.49	39.50
3	17.44	16.04	15.44	15.10	14.88	14.73	14.62	14.54	14.47	14.42	14.34	14.25	14.17	14.12	14.08	14.04	13.99	13.95	13.90
4	12.22	10.65	9.98	9.60	9.36	9.20	9.07	8.98	8.90	8.84	8.75	8.66	8.56	8.51	8.46	8.41	8.36	8.31	8.26
5	10.01	8.43	7.76	7.39	7.15	6.98	6.85	6.76	6.68	6.62	6.52	6.43	6.33	6.28	6.23	6.18	6.12	6.07	6.02
6	8.81	7.26	6.60	6.23	5.99	5.82	5.70	5.60	5.52	5.46	5.37	5.27	5.17	5.12	5.07	5.01	4.96	4.90	4.85
7	8.07	6.54	5.89	5.52	5.29	5.12	4.99	4.90	4.82	4.76	4.67	4.57	4.47	4.42	4.36	4.31	4.25	4.20	4.14
8	7.57	6.06	5.42	5.05	4.82	4.65	4.53	4.43	4.36	4.30	4.20	4.10	4.00	3.95	3.89	3.84	3.78	3.73	3.67
9	7.21	5.71	5.08	4.72	4.48	4.32	4.20	4.10	4.03	3.96	3.87	3.77	3.67	3.61	3.56	3.51	3.45	3.39	3.33
10	6.94	5.46	4.83	4.47	4.24	4.07	3.95	3.85	3.78	3.72	3.62	3.52	3.42	3.37	3.31	3.26	3.20	3.14	3.08
11	6.72	5.26	4.63	4.28	4.04	3.88	3.76	3.66	3.59	3.53	3.43	3.33	3.23	3.17	3.12	3.06	3.00	2.94	2.88
12	6.55	5.10	4.47	4.12	3.89	3.73	3.61	3.51	3.44	3.37	3.28	3.18	3.07	3.02	2.96	2.91	2.85	2.79	2.72
13	6.41	4.97	4.35	4.00	3.77	3.60	3.48	3.39	3.31	3.25	3.15	3.05	2.95	2.89	2.84	2.78	2.72	2.66	2.60
14	6.30	4.86	4.24	3.89	3.66	3.50	3.38	3.29	3.21	3.15	3.05	2.95	2.84	2.79	2.73	2.67	2.61	2.55	2.49
15	6.20	4.77	4.15	3.80	3.58	3.41	3.29	3.20	3.12	3.06	2.96	2.86	2.76	2.70	2.64	2.59	2.52	2.46	2.40
16	6.12	4.69	4.08	3.73	3.50	3.34	3.22	3.12	3.05	2.99	2.89	2.79	2.68	2.63	2.57	2.51	2.45	2.38	2.32
17	6.04	4.62	4.01	3.66	3.44	3.28	3.16	3.06	2.98	2.92	2.82	2.72	2.62	2.56	2.50	2.44	2.38	2.32	2.25
18	5.98	4.56	3.95	3.61	3.38	3.22	3.10	3.01	2.93	2.87	2.77	2.67	2.56	2.50	2.44	2.38	2.32	2.26	2.19
19	5.92	4.51	3.90	3.56	3.33	3.17	3.05	2.96	2.88	2.82	2.72	2.62	2.51	2.45	2.39	2.33	2.27	2.20	2.13
20	5.87	4.46	3.86	3.51	3.29	3.13	3.01	2.91	2.84	2.77	2.68	2.57	2.46	2.41	2.35	2.29	2.22	2.16	2.09
21	5.83	4.42	3.82	3.48	3.25	3.09	2.97	2.87	2.80	2.73	2.64	2.53	2.42	2.37	2.31	2.25	2.18	2.11	2.04
22	5.79	4.38	3.78	3.44	3.22	3.05	2.93	2.84	2.76	2.70	2.60	2.50	2.39	2.33	2.27	2.21	2.14	2.08	2.00
23	5.75	4.35	3.75	3.41	3.18	3.02	2.90	2.81	2.73	2.67	2.57	2.47	2.36	2.30	2.24	2.18	2.11	2.04	1.97
24	5.72	4.32	3.72	3.38	3.15	2.99	2.87	2.78	2.70	2.64	2.54	2.44	2.33	2.27	2.21	2.15	2.08	2.01	1.94
25	5.69	4.29	3.69	3.35	3.13	2.97	2.85	2.75	2.68	2.61	2.51	2.41	2.30	2.24	2.18	2.12	2.05	1.98	1.91
26	5.66	4.27	3.67	3.33	3.10	2.94	2.82	2.73	2.65	2.59	2.49	2.39	2.28	2.22	2.16	2.09	2.03	1.95	1.88
27	5.63	4.24	3.65	3.31	3.08	2.92	2.80	2.71	2.63	2.57	2.47	2.36	2.25	2.19	2.13	2.07	2.00	1.93	1.85
28	5.61	4.22	3.63	3.29	3.06	2.90	2.78	2.69	2.61	2.55	2.45	2.34	2.23	2.17	2.11	2.05	1.98	1.91	1.83
29	5.59	4.20	3.61	3.27	3.04	2.88	2.76	2.67	2.59	2.53	2.43	2.32	2.21	2.15	2.09	2.03	1.96	1.89	1.81
30	5.57	4.18	3.59	3.25	3.03	2.87	2.75	2.65	2.57	2.51	2.41	2.31	2.20	2.14	2.07	2.01	1.94	1.87	1.79
40	5.42	4.05	3.46	3.13	2.90	2.74	2.62	2.53	2.45	2.39	2.29	2.18	2.07	2.01	1.94	1.88	1.80	1.72	1.64
60	5.29	3.93	3.34	3.01	2.79	2.63	2.51	2.41	2.33	2.27	2.17	2.06	1.94	1.88	1.82	1.74	1.67	1.58	1.48
120	5.15	3.80	3.23	2.89	2.67	2.52	2.39	2.30	2.22	2.16	2.05	1.94	1.82	1.76	1.69	1.61	1.53	1.43	1.31
∞	5.02	3.69	3.12	2.79	2.57	2.41	2.29	2.19	2.11	2.05	1.94	1.83	1.71	1.64	1.57	1.48	1.39	1.27	1.00

续表

$\alpha = 0.01$

n_1＼n_2	1	2	3	4	5	6	7	8	9	10	12	15	20	24	30	40	60	120	∞
1	4052	4999.5	5403	5625	5764	5859	5928	5982	6022	6056	6106	6157	6209	6235	6261	6287	6313	6339	6366
2	98.50	99.00	99.17	99.25	99.30	99.33	99.36	99.37	99.39	99.40	99.42	99.43	99.45	99.46	99.47	99.47	99.48	99.49	99.50
3	34.12	30.82	29.46	28.71	28.24	27.91	27.67	27.49	27.35	27.23	27.05	26.87	26.69	26.60	26.50	26.41	26.32	26.22	26.13
4	21.20	18.00	16.69	15.98	15.52	15.21	14.98	14.80	14.66	14.55	14.37	14.20	14.02	13.93	13.84	13.75	13.65	13.56	13.46
5	16.26	13.27	12.06	11.39	10.97	10.67	10.46	10.29	10.16	10.05	9.89	9.72	9.55	9.47	9.38	9.29	9.20	9.11	9.02
6	13.75	10.92	9.78	9.15	8.75	8.47	8.26	8.10	7.98	7.87	7.72	7.56	7.40	7.31	7.23	7.14	7.06	6.97	6.88
7	12.25	9.55	8.45	7.85	7.46	7.19	6.99	6.84	6.72	6.62	6.47	6.31	6.16	6.07	5.99	5.91	5.82	5.74	5.65
8	11.26	8.65	7.59	7.01	6.63	6.37	6.18	6.03	5.91	5.81	5.67	5.52	5.36	5.28	5.20	5.12	5.03	4.95	4.86
9	10.56	8.02	6.99	6.42	6.06	5.80	5.61	5.47	5.35	5.26	5.11	4.96	4.81	4.73	4.65	4.57	4.48	4.40	4.31
10	10.04	7.56	6.55	5.99	5.64	5.39	5.20	5.06	4.94	4.85	4.71	4.56	4.41	4.33	4.25	4.17	4.08	4.00	3.91
11	9.65	7.21	6.22	5.67	5.32	5.07	4.89	4.74	4.63	4.54	4.40	4.25	4.10	4.02	3.94	3.86	3.78	3.69	3.60
12	9.33	6.93	5.95	5.41	5.06	4.82	4.64	4.50	4.39	4.30	4.16	4.01	3.86	3.78	3.70	3.62	3.54	3.45	3.36
13	9.07	6.70	5.74	5.21	4.86	4.62	4.44	4.30	4.19	4.10	3.96	3.82	3.66	3.59	3.51	3.43	3.34	3.25	3.17
14	8.86	6.51	5.56	5.04	4.69	4.46	4.28	4.14	4.03	3.94	3.80	3.66	3.51	3.43	3.35	3.27	3.18	3.09	3.00
15	8.68	6.36	5.42	4.89	4.56	4.32	4.14	4.00	3.89	3.80	3.67	3.52	3.37	3.29	3.21	3.13	3.05	2.96	2.87
16	8.53	6.23	5.29	4.77	4.44	4.20	4.03	3.89	3.78	3.69	3.55	3.41	3.26	3.18	3.10	3.02	2.93	2.84	2.75
17	8.40	6.11	5.18	4.67	4.34	4.10	3.93	3.79	3.68	3.59	3.46	3.31	3.16	3.08	3.00	2.92	2.83	2.75	2.65
18	8.29	6.01	5.09	4.58	4.25	4.01	3.84	3.71	3.60	3.51	3.37	3.23	3.08	3.00	2.92	2.84	2.75	2.66	2.57
19	8.18	5.93	5.01	4.50	4.17	3.94	3.77	3.63	3.52	3.43	3.30	3.15	3.00	2.92	2.84	2.76	2.67	2.58	2.49
20	8.10	5.85	4.94	4.43	4.10	3.87	3.70	3.56	3.46	3.37	3.23	3.09	2.94	2.86	2.78	2.69	2.61	2.52	2.42
21	8.02	5.78	4.87	4.37	4.04	3.81	3.64	3.51	3.40	3.31	3.17	3.03	2.88	2.80	2.72	2.64	2.55	2.46	2.36
22	7.95	5.72	4.82	4.31	3.99	3.76	3.59	3.45	3.35	3.26	3.12	2.98	2.83	2.75	2.67	2.58	2.50	2.40	2.31
23	7.88	5.66	4.76	4.26	3.94	3.71	3.54	3.41	3.30	3.21	3.07	2.93	2.78	2.70	2.62	2.54	2.45	2.35	2.26
24	7.82	5.61	4.72	4.22	3.90	3.67	3.50	3.36	3.26	3.17	3.03	2.89	2.74	2.66	2.58	2.49	2.40	2.31	2.21
25	7.77	5.57	4.68	4.18	3.85	3.63	3.46	3.32	3.22	3.13	2.99	2.85	2.70	2.62	2.54	2.45	2.36	2.27	2.17
26	7.72	5.53	4.64	4.14	3.82	3.59	3.42	3.29	3.18	3.09	2.96	2.81	2.66	2.58	2.50	2.42	2.33	2.23	2.13
27	7.68	5.49	4.60	4.11	3.78	3.56	3.39	3.26	3.15	3.06	2.93	2.78	2.63	2.55	2.47	2.38	2.29	2.20	2.10
28	7.64	5.45	4.57	4.07	3.75	3.53	3.36	3.23	3.12	3.03	2.90	2.75	2.60	2.52	2.44	2.35	2.26	2.17	2.06
29	7.60	5.42	4.54	4.04	3.73	3.50	3.33	3.20	3.09	3.00	2.87	2.73	2.57	2.49	2.41	2.33	2.23	2.14	2.03
30	7.56	5.39	4.51	4.02	3.70	3.47	3.30	3.17	3.07	2.98	2.84	2.70	2.55	2.47	2.39	2.30	2.21	2.11	2.01
40	7.31	5.18	4.31	3.83	3.51	3.29	3.12	2.99	2.89	2.80	2.66	2.52	2.37	2.29	2.20	2.11	2.02	1.92	1.80
60	7.08	4.98	4.13	3.65	3.34	3.12	2.95	2.82	2.72	2.63	2.50	2.35	2.20	2.12	2.03	1.94	1.84	1.73	1.60
120	6.85	4.79	3.95	3.48	3.17	2.96	2.79	2.66	2.56	2.47	2.34	2.19	2.03	1.95	1.86	1.76	1.66	1.53	1.38
∞	6.63	4.61	3.78	3.32	3.02	2.80	2.64	2.51	2.41	2.32	2.18	2.04	1.88	1.79	1.70	1.59	1.47	1.32	1.00

续表

$\alpha = 0.005$

$n_2 \backslash n_1$	1	2	3	4	5	6	7	8	9	10	12	15	20	24	30	40	60	120	∞
1	16211	20000	21615	22500	23065	23437	23715	23925	24091	24224	24426	24630	24836	24940	25044	25148	25253	25359	25465
2	198.5	199.0	199.2	199.2	199.3	199.3	199.4	199.4	199.4	199.4	199.4	199.4	199.4	199.5	199.5	199.5	199.5	199.5	199.5
3	55.55	49.80	47.47	46.19	45.39	44.84	44.43	44.13	43.88	43.69	43.39	43.08	42.78	42.62	42.47	42.31	42.15	41.99	41.83
4	31.33	26.28	24.26	23.15	22.46	21.97	21.62	21.35	21.14	20.97	20.70	20.44	20.17	20.03	19.89	19.75	19.61	19.47	19.32
5	22.78	18.31	16.53	15.56	14.94	14.51	14.20	13.96	13.77	13.62	13.38	13.15	12.90	12.78	12.66	12.53	12.40	12.27	12.14
6	18.63	14.54	12.92	12.03	11.46	11.07	10.79	10.57	10.39	10.25	10.03	9.81	9.59	9.47	9.36	9.24	9.12	9.00	8.88
7	16.24	12.40	10.88	10.05	9.52	9.16	8.89	8.68	8.51	8.38	8.18	7.97	7.75	7.65	7.53	7.42	7.31	7.19	7.08
8	14.69	11.04	9.60	8.81	8.30	7.95	7.69	7.50	7.34	7.21	7.01	6.81	6.61	6.50	6.40	6.29	6.18	6.06	5.95
9	13.61	10.11	8.72	7.96	7.47	7.13	6.88	6.69	6.54	6.42	6.23	6.03	5.83	5.73	5.62	5.52	5.41	5.30	5.19
10	12.83	9.43	8.08	7.34	6.87	6.54	6.30	6.12	5.97	5.85	5.66	5.47	5.27	5.17	5.07	4.97	4.86	4.75	4.64
11	12.23	8.91	7.60	6.88	6.42	6.10	5.86	5.68	5.54	5.42	5.24	5.05	4.86	4.76	4.65	4.55	4.44	4.34	4.23
12	11.75	8.51	7.23	6.52	6.07	5.76	5.52	5.35	5.20	5.09	4.91	4.72	4.53	4.43	4.33	4.23	4.12	4.01	3.90
13	11.37	8.19	6.93	6.23	5.79	5.48	5.25	5.08	4.94	4.82	4.64	4.46	4.27	4.17	4.07	3.97	3.87	3.76	3.65
14	11.06	7.92	6.68	6.00	5.56	5.26	5.03	4.86	4.72	4.60	4.43	4.25	4.06	3.96	3.86	3.76	3.66	3.55	3.44
15	10.80	7.70	6.48	5.80	5.37	5.07	4.85	4.67	4.54	4.42	4.25	4.07	3.88	3.79	3.69	3.58	3.48	3.37	3.26
16	10.58	7.51	6.30	5.64	5.21	4.91	4.69	4.52	4.38	4.27	4.10	3.92	3.73	3.64	3.54	3.44	3.33	3.22	3.11
17	10.38	7.35	6.16	5.50	5.07	4.78	4.56	4.39	4.25	4.14	3.97	3.79	3.61	3.51	3.41	3.31	3.21	3.10	2.98
18	10.22	7.21	6.03	5.37	4.96	4.66	4.44	4.28	4.14	4.03	3.86	3.68	3.50	3.40	3.30	3.20	3.10	2.99	2.87
19	10.07	7.09	5.92	5.27	4.85	4.56	4.34	4.18	4.04	3.93	3.76	3.59	3.40	3.31	3.21	3.11	3.00	2.89	2.78
20	9.94	6.99	5.82	5.17	4.76	4.47	4.26	4.09	3.96	3.85	3.68	3.50	3.32	3.22	3.12	3.02	2.92	2.81	2.69
21	9.83	6.89	5.73	5.09	4.68	4.39	4.18	4.01	3.88	3.77	3.60	3.43	3.24	3.15	3.05	2.95	2.84	2.73	2.61
22	9.73	6.81	5.65	5.02	4.61	4.32	4.11	3.94	3.81	3.70	3.54	3.36	3.18	3.08	2.98	2.88	2.77	2.66	2.55
23	9.63	6.73	5.58	4.95	4.54	4.26	4.05	3.88	3.75	3.64	3.47	3.30	3.12	3.02	2.92	2.82	2.71	2.60	2.48
24	9.55	6.66	5.52	4.89	4.49	4.20	3.99	3.83	3.69	3.59	3.42	3.25	3.06	2.97	2.87	2.77	2.66	2.55	2.43
25	9.48	6.60	5.46	4.84	4.43	4.15	3.94	3.78	3.64	3.54	3.37	3.20	3.01	2.92	2.82	2.72	2.61	2.50	2.38
26	9.41	6.54	5.41	4.79	4.38	4.10	3.89	3.73	3.60	3.49	3.33	3.15	2.97	2.87	2.77	2.67	2.56	2.45	2.33
27	9.34	6.49	5.36	4.74	4.34	4.06	3.85	3.69	3.56	3.45	3.28	3.11	2.93	2.83	2.73	2.63	2.52	2.41	2.29
28	9.28	6.44	5.32	4.70	4.30	4.02	3.81	3.65	3.52	3.41	3.25	3.07	2.89	2.79	2.69	2.59	2.48	2.37	2.25
29	9.23	6.40	5.28	4.66	4.26	3.98	3.77	3.61	3.48	3.38	3.21	3.04	2.86	2.76	2.66	2.56	2.45	2.33	2.21
30	9.18	6.35	5.24	4.62	4.23	3.95	3.74	3.58	3.45	3.34	3.18	3.01	2.82	2.73	2.63	2.52	2.42	2.30	2.18
40	8.83	6.07	4.98	4.37	3.99	3.71	3.51	3.35	3.22	3.12	2.95	2.78	2.60	2.50	2.40	2.30	2.18	2.06	1.93
60	8.49	5.79	4.73	4.14	3.76	3.49	3.29	3.13	3.01	2.90	2.74	2.57	2.39	2.29	2.19	2.08	1.96	1.83	1.69
120	8.18	5.54	4.50	3.92	3.55	3.28	3.09	2.93	2.81	2.71	2.54	2.37	2.19	2.09	1.98	1.87	1.75	1.61	1.43
∞	7.88	5.30	4.28	3.72	3.35	3.09	2.90	2.74	2.62	2.52	2.36	2.19	2.00	1.90	1.79	1.67	1.53	1.36	1.00

续表

$\alpha = 0.001$

$n_2 \backslash n_1$	1	2	3	4	5	6	7	8	9	10	12	15	20	24	30	40	60	120	∞
1	4053+	5000+	5404+	5625+	5764+	5859+	5929+	5981+	6023+	6056+	6107+	6158+	6209+	6235+	6261+	6287+	6313+	6340+	6366+
2	998.5	999.0	999.2	999.2	999.3	999.3	999.4	999.4	999.4	999.4	999.4	999.4	999.4	999.5	999.5	999.5	999.5	999.5	999.5
3	167.0	148.5	141.1	137.1	134.6	132.8	131.6	130.6	129.9	129.2	128.3	127.4	126.4	125.9	125.4	125.0	124.5	124.0	123.5
4	74.14	61.25	56.18	53.44	51.71	50.53	49.66	49.00	48.47	48.05	47.41	46.76	46.10	45.77	45.43	45.09	44.75	44.40	44.05
5	47.18	37.12	33.20	31.09	29.75	28.84	28.16	27.64	27.24	26.92	26.42	25.91	25.39	25.14	24.87	24.60	24.33	24.06	23.79
6	35.51	27.00	23.70	21.92	20.81	20.03	19.46	19.03	18.69	18.41	17.99	17.56	17.12	16.89	16.67	16.44	16.21	15.99	15.75
7	29.25	21.69	18.77	17.19	16.21	15.52	15.02	14.63	14.33	14.08	13.71	13.32	12.93	12.73	12.53	12.33	12.12	11.91	11.70
8	25.42	18.49	15.83	14.39	13.49	12.86	12.40	12.04	11.77	11.54	11.19	10.84	10.48	10.30	10.11	9.92	9.73	9.53	9.33
9	22.86	16.39	13.90	12.56	11.71	11.13	10.70	10.37	10.11	9.89	9.57	9.24	8.90	8.72	8.55	8.37	8.19	8.00	7.81
10	21.04	14.91	12.55	11.28	10.48	9.92	9.52	9.20	8.96	8.75	8.45	8.13	7.80	7.64	7.47	7.30	7.12	6.94	6.76
11	19.69	13.81	11.56	10.35	9.58	9.05	8.66	8.35	8.12	7.92	7.63	7.32	7.01	6.85	6.68	6.52	6.35	6.17	6.00
12	18.64	12.97	10.80	9.63	8.89	8.38	8.00	7.71	7.48	7.29	7.00	6.71	6.40	6.25	6.09	5.93	5.76	5.59	5.42
13	17.81	12.31	10.21	9.07	8.35	7.86	7.49	7.21	6.98	6.80	6.52	6.23	5.93	5.78	5.63	5.47	5.30	5.14	4.97
14	17.14	11.78	9.73	8.62	7.92	7.43	7.08	6.80	6.58	6.40	6.13	5.85	5.56	5.41	5.25	5.10	4.94	4.77	4.60
15	16.59	11.34	9.34	8.25	7.57	7.09	6.74	6.47	6.26	6.08	5.81	5.54	5.25	5.10	4.95	4.80	4.64	4.47	4.31
16	16.12	10.97	9.00	7.94	7.27	6.81	6.46	6.19	5.98	5.81	5.55	5.27	4.99	4.85	4.70	4.54	4.39	4.23	4.06
17	15.72	10.66	8.73	7.68	7.02	6.56	6.22	5.96	5.75	5.58	5.32	5.05	4.78	4.63	4.48	4.33	4.18	4.02	3.85
18	15.38	10.39	8.49	7.46	6.81	6.35	6.02	5.76	5.56	5.39	5.13	4.87	4.59	4.45	4.30	4.15	4.00	3.84	3.67
19	15.08	10.16	8.28	7.26	6.62	6.18	5.85	5.59	5.39	5.22	4.97	4.70	4.43	4.29	4.14	3.99	3.84	3.68	3.51
20	14.82	9.95	8.10	7.10	6.46	6.02	5.69	5.44	5.24	5.08	4.82	4.56	4.29	4.15	4.00	3.86	3.70	3.54	3.38
21	14.59	9.77	7.94	6.95	6.32	5.88	5.56	5.31	5.11	4.95	4.70	4.44	4.17	4.03	3.88	3.74	3.58	3.42	3.26
22	14.38	9.61	7.80	6.81	6.19	5.76	5.44	5.19	4.99	4.83	4.58	4.33	4.06	3.92	3.78	3.63	3.48	3.32	3.15
23	14.19	9.47	7.67	6.69	6.08	5.65	5.33	5.09	4.89	4.73	4.48	4.23	3.96	3.82	3.68	3.53	3.38	3.22	3.05
24	14.03	9.34	7.55	6.59	5.98	5.55	5.23	4.99	4.80	4.64	4.39	4.14	3.87	3.74	3.59	3.45	3.29	3.14	2.97
25	13.88	9.22	7.45	6.49	5.88	5.46	5.15	4.91	4.71	4.56	4.31	4.06	3.79	3.66	3.52	3.37	3.22	3.06	2.89
26	13.74	9.12	7.36	6.41	5.80	5.38	5.07	4.83	4.64	4.48	4.24	3.99	3.72	3.59	3.44	3.30	3.15	2.99	2.82
27	13.61	9.02	7.27	6.33	5.73	5.31	5.00	4.76	4.57	4.41	4.17	3.92	3.66	3.52	3.38	3.23	3.08	2.92	2.75
28	13.50	8.93	7.19	6.25	5.66	5.24	4.93	4.69	4.50	4.35	4.11	3.86	3.60	3.46	3.32	3.18	3.02	2.86	2.69
29	13.39	8.85	7.12	6.19	5.59	5.18	4.87	4.64	4.45	4.29	4.05	3.80	3.54	3.41	3.27	3.12	2.97	2.81	2.64
30	13.29	8.77	7.05	6.12	5.53	5.12	4.82	4.58	4.39	4.24	4.00	3.75	3.49	3.36	3.22	3.07	2.92	2.76	2.59
40	12.61	8.25	6.60	5.70	5.13	4.73	4.44	4.21	4.02	3.87	3.64	3.40	3.15	3.01	2.87	2.73	2.57	2.41	2.23
60	11.97	7.76	6.17	5.31	4.76	4.37	4.09	3.87	3.69	3.54	3.31	3.08	2.83	2.69	2.55	2.41	2.25	2.08	1.89
120	11.38	7.32	5.79	4.95	4.42	4.04	3.77	3.55	3.38	3.24	3.02	2.78	2.53	2.40	2.26	2.11	1.95	1.76	1.54
∞	10.38	6.91	5.42	4.62	4.10	3.74	3.47	3.27	3.10	2.96	2.74	2.51	2.27	2.13	1.99	1.84	1.66	1.45	1.00

注　+表示要将所列数乘以 100

习题参考答案

习题一

1. (1) $S = \{1,2,3,4,5,6\}$,　$A = \{1,3,5\}$.

　(2) $S = \{(0,0),(0,1),(1,0),(1,1)\}$,　$A = \{(0,0),(0,1)\}$,

　　　$B = \{(0,0),(1,1)\}$,　$C = \{(0,0),(0,1),(1,0)\}$.

　其中 0 表示出现正面,1 表示出现反面.

　(3) $S = \{(1,2,3),(1,2,4),(1,2,5),(1,3,4),(1,3,5),(1,4,5),$

　　　$(2,3,4),(2,3,5),(2,4,5),(3,4,5)\}$,

　　　$A = \{(1,2,3),(1,2,4),(1,2,5),(1,3,4),(1,3,5),(1,4,5)\}$.

　(4) $S = \{(1,1),(1,2),(1,3),(1,4),(2,1),\cdots,(4,4)\}$,

　　　$A = \{(1,2),(2,1),(2,4),(4,2)\}$.

　(5) $S = \{(1,1),(1,2),(1,3),(2,1),(2,2),(2,3),(3,1),(3,2),(3,3)\}$,

　　　$A = \{(1,1),(1,2),(1,3),(2,1),(3,1)\}$,其中$(i,j)$ 表示将第一

　　　只球放入第 i 个盒子,将第二只球放入第 j 个盒子.

2. (1)$\{1,2,5,6,7,8,9,10\}$.　(2)$\{1,6,7,8,9,10\}$.

　(3)$\{1,5,6,7,8,9,10\}$.

3. (1)A.　(2)$A\bar{B}\bar{C}$.　(3)$AB\bar{C}$.　(4)ABC.

4. (1)A.　(2)$B\bigcup(AC)$.　(3)$\varnothing$.

5. 0.625.　6. (1) $\dfrac{1}{12}$. (2) $\dfrac{1}{20}$. (3) $\dfrac{1}{6}$.　7. $\dfrac{1}{415800} = 0.000002405$.

8. $\dfrac{1}{60}$.　9. $\dfrac{13}{21}$.　10. (1) $\dfrac{25}{49}$.　(2) $\dfrac{10}{49}$.　(3) $\dfrac{2}{7}$.

11. (1) $P(A\bigcup B) = \dfrac{5}{8}$, $P(\overline{AB}) = \dfrac{3}{8}$, $P(\overline{AB}) = \dfrac{7}{8}$,

　　　$P[(A\bigcup B)\overline{AB}] = \dfrac{1}{2}$.

　(2)$P(A|B) = \dfrac{1}{3}$, $P(AB|A\bigcup B) = \dfrac{1}{7}$, $P(A|AB) = 1$.

12. $\dfrac{35}{858}$.   13. 0.999947.   14. (1)0.146.   (2)0.24.

15. $\dfrac{19}{28}$.   16. (1)0.0345.   (2)$\dfrac{25}{69}$.

17. $1-0.992^{25}$.   18. 0.5.   19. 0.6.

20. (1)0.24.   (2)0.424.   21. 0.904594.

习题二

1. X 的分布律

X	2	3	4	5	6	7	8	9	10	11	12
P	$\dfrac{1}{36}$	$\dfrac{2}{36}$	$\dfrac{3}{36}$	$\dfrac{4}{36}$	$\dfrac{5}{36}$	$\dfrac{6}{36}$	$\dfrac{5}{36}$	$\dfrac{4}{36}$	$\dfrac{3}{36}$	$\dfrac{2}{36}$	$\dfrac{1}{36}$

2. (1)X 的分布律

X	0	1	2
P	$\dfrac{22}{35}$	$\dfrac{12}{35}$	$\dfrac{1}{35}$

(2)X 的分布函数 $F(x)=\begin{cases}0, & x<0,\\[2mm] \dfrac{22}{35}, & 0\leqslant x<1,\\[2mm] \dfrac{34}{35}, & 1\leqslant x<2,\\[2mm] 1, & x\geqslant 2.\end{cases}$ 图形略.

(3) $P\left\{X\leqslant\dfrac{1}{2}\right\}=\dfrac{22}{35}$, $P\left\{1<X\leqslant\dfrac{3}{2}\right\}=0$,

$P\left\{1\leqslant X\leqslant\dfrac{3}{2}\right\}=\dfrac{12}{35}$.

3. (1) 分布律

X	0	1	2	3
P	0.008	0.096	0.384	0.512

(2)$P\{X\geqslant 2\}=0.896$.

4. $P\{X=k\}=p(1-p)^{k-1}, k=1,2,\cdots$.

5. (1) $P\{X = k\} = \dfrac{1}{3}\dfrac{(\ln 3)^k}{k!}, k = 0, 1, 2, \cdots,$ (2) $\dfrac{1}{3}(2 - \ln 3)$.

6. $1 - 1.1\mathrm{e}^{-0.1}$.

7. $k = \begin{cases} \lambda - 1 \text{ 或 } \lambda, & \text{若 } \lambda \text{ 是整数,} \\ [\lambda], & \text{若 } \lambda \text{ 不是整数.} \end{cases}$

8. (1) $A = \dfrac{1}{2}$, $B = \dfrac{1}{\pi}$. (2) $\dfrac{1}{2}$. (3) $f(x) = \dfrac{1}{\pi}\dfrac{1}{1 + x^2}$.

9. (1) $F(a) - F(a^-)$. (2) $F(a^-)$. (3) $1 - F(a)$. (4) $1 - F(a^-)$.

10. $F(x) = \begin{cases} \dfrac{1}{2}\mathrm{e}^x, & x \leqslant 0, \\ \dfrac{1}{2} + \dfrac{x}{4}, & 0 < x \leqslant 2, \\ 1, & x > 2. \end{cases}$

11. (1) $A = \dfrac{2}{1 - \mathrm{e}^{-9}}$. (2) $P = \left(\dfrac{1 - \mathrm{e}^{-4}}{1 - \mathrm{e}^{-9}}\right)^5$.

12. (1) $\dfrac{t_1 - t_0}{T}$. (2) $\dfrac{t_1 - t_0}{T - t_0}$.

13. (1) $P\{2 < X \leqslant 5\} = 0.5328, P\{-4 < X \leqslant 10\} = 0.9996,$
    $P\{X > 3\} = 0.5.$ (2) $C = 3$.

14. (1) $a = 111.84$. (2) $a = 57.5$.

15. $0 < \sigma \leqslant 31.25$.

16.

$2X + 5$	1	3	5	7	11
P	$\dfrac{6}{30}$	$\dfrac{5}{30}$	$\dfrac{6}{30}$	$\dfrac{2}{30}$	$\dfrac{11}{30}$

X^2	0	1	4	9
P	$\dfrac{6}{30}$	$\dfrac{7}{30}$	$\dfrac{6}{30}$	$\dfrac{11}{30}$

17.

$\dfrac{2}{3}X + 2$	2	$\dfrac{\pi}{3} + 2$	$\dfrac{2}{3}\pi + 2$
P	$\dfrac{1}{4}$	$\dfrac{2}{4}$	$\dfrac{1}{4}$

$\cos X$	-1	0	1
P	$\dfrac{1}{4}$	$\dfrac{2}{4}$	$\dfrac{1}{4}$

18. (1) $f_Y(y) = \begin{cases} \dfrac{1}{y}, & 1 < y < e, \\ 0, & \text{其他.} \end{cases}$ (2) $f_Y(y) = \begin{cases} \dfrac{1}{2}e^{-\frac{y}{2}}, & y > 0, \\ 0, & y \leqslant 0. \end{cases}$

19. (1) $f_Y(y) = \begin{cases} \dfrac{1}{y\sqrt{2\pi}}e^{\frac{-(\ln y)^2}{2}}, & y > 0, \\ 0, & y \leqslant 0. \end{cases}$

　　 (2) $f_Y(y) = \begin{cases} \dfrac{1}{2\sqrt{\pi(y-1)}}e^{\frac{-(y-1)}{4}}, & y > 1, \\ 0, & y \leqslant 1. \end{cases}$

　　 (3) $f_Y(y) = \begin{cases} \sqrt{\dfrac{2}{\pi}}e^{\frac{-y^2}{2}}, & y > 0, \\ 0, & y \leqslant 0. \end{cases}$

20. $f_Y(y) = \begin{cases} \dfrac{2}{\pi\sqrt{1-y^2}}, & 0 < y < 1, \\ 0, & \text{其他.} \end{cases}$

21. $F_Y(y) = \begin{cases} 0, & y \leqslant 0, \\ 2\sqrt{y-1} - y + 1, & 1 < y < 2, \\ 1, & y \geqslant 2. \end{cases}$

22. $f_X(x) = \begin{cases} \dfrac{1}{l}, & 0 < x < l, \\ 0, & \text{其他.} \end{cases}$

23. $E(X) = \dfrac{2}{5}$. 　24. $E(X) = \dfrac{1}{p}$. 　25. $E(X) = 0$. 　26. $E(X) = 1$.

27. $E(X) = \sqrt{\dfrac{\pi}{2}}\sigma$.

28. 第 23 题:$D(X) = \dfrac{28}{75}$. 　第 24 题:$D(X) = \dfrac{1-p}{p^2}$.

　　 第 25 题:$D(X) = 2$. 　第 26 题:$D(X) = \dfrac{1}{6}$.

第 27 题:$D(X) = \left(2 - \dfrac{\pi}{2}\right)\sigma^2.$

习题三

1. (1)$F(b,y) - F(a^-,y).$　　　　(2)$F(a,y) - F(a^-,y).$
   (3)$F(b,+\infty) - F(a,+\infty).$　　(4)$F(d,+\infty) - F(c^-,+\infty).$

2. (1) $\dfrac{7}{8}.$　(2) $\dfrac{1}{8}.$　(3) $\dfrac{3}{4}.$　(4) $\dfrac{3}{8}.$

3.

X\Y	0	1	2	3
1	0	$\dfrac{3}{8}$	$\dfrac{3}{8}$	0
3	$\dfrac{1}{8}$	0	0	$\dfrac{1}{8}$

4.

X\Y	0	1	2	3
0	0	0	$\dfrac{3}{35}$	$\dfrac{2}{35}$
1	0	$\dfrac{6}{35}$	$\dfrac{12}{35}$	$\dfrac{2}{35}$
2	$\dfrac{1}{35}$	$\dfrac{6}{35}$	$\dfrac{3}{35}$	0

5.

$d(n)$\$F(n)$	1	2	3	4
0	$\dfrac{1}{10}$	0	0	0
1	0	$\dfrac{4}{10}$	$\dfrac{2}{10}$	$\dfrac{1}{10}$
2	0	0	0	$\dfrac{2}{10}$

6. (1)

X	51	52	53	54	55
P	0.18	0.15	0.35	0.12	0.2

Y	51	52	53	54	55
P	0.28	0.28	0.22	0.09	0.13

(2)

X	51	52	53	54	55
$P\{X = k \mid Y = 51\}$	$\dfrac{6}{28}$	$\dfrac{7}{28}$	$\dfrac{5}{28}$	$\dfrac{5}{28}$	$\dfrac{5}{28}$

7. (1) $P\{X = n\} = \dfrac{e^{-14}\,14^n}{n!}, n = 0,1,2,\cdots,$

$P\{X = m\} = \dfrac{e^{-7.14}\,7.14^m}{m!}, m = 0,1,2,\cdots.$

(2) 当 $m = 0,1,2,\cdots$ 时, $P\{X = n \mid Y = m\} = \dfrac{e^{-6.86}\,6.86^{n-m}}{(n-m)!},$

$n = m, m+1, \cdots.$

当 $n = 0,1,2,\cdots$ 时, $P\{Y = m \mid X = n\} = C_n^m\, 0.51^m\, 0.49^{n-m}, m = 0,1,\cdots,n.$

(3) $P\{Y = m \mid X = 20\} = C_{20}^m\, 0.51^m\, 0.49^{20-m}, m = 0,1,\cdots,20.$

8. 不相互独立.

9. $\alpha = \dfrac{2}{9}, \beta = \dfrac{1}{9}$ 时 X 和 Y 相互独立.

10. (1)

U	0	1	2
P	0.4	0.4	0.2

(2)

V	0	1	$\dfrac{1}{2}$
P	0.4	0.4	0.2

11. $P\{Z=i\} = \sum_{k=0}^{i} p(k)q(i-k), i = 0,1,2,\cdots.$

12. $c = \dfrac{\pi}{6}.$

13. (1) $\dfrac{15}{64}.$　(2)0.　(3) $\dfrac{1}{2}.$

14. $A = 20,\quad F(x,y) = \dfrac{1}{\pi^2}\left(\arctan\dfrac{x}{4} + \dfrac{\pi}{2}\right)\left(\arctan\dfrac{y}{5} + \dfrac{\pi}{2}\right).$

15. 0.8185.

16. (1) $\dfrac{1}{8}.$　(2) $\dfrac{3}{8}.$　(3) $\dfrac{27}{32}.$　(4) $\dfrac{2}{3}.$

17. (1) $A = \dfrac{1}{\pi^2}, B = C = \dfrac{\pi}{2}.$

   (2) $F_X(x) = \dfrac{1}{\pi}\left(\dfrac{\pi}{2} + \arctan\dfrac{x}{2}\right), -\infty < x < +\infty.$

   $F_Y(y) = \dfrac{1}{\pi}\left(\dfrac{\pi}{2} + \arctan\dfrac{y}{3}\right), -\infty < y < +\infty.$

18. (1) $F_X(x) = \begin{cases} 1 - e^{-0.01x}, & x > 0, \\ 0, & x \leqslant 0. \end{cases}$

   $F_Y(y) = \begin{cases} 1 - e^{-0.01y}, & y > 0, \\ 0, & y \leqslant 0. \end{cases}$

   (2) $2e^{-1.2} - e^{-2.4}.$

19. 当 $|y| < 1$ 时, $f_{X|Y}(x \mid y) = \begin{cases} \dfrac{1}{1-|y|}, & |y| < x < 1 \\ 0, & \text{其他}. \end{cases}$

   当 $0 < x < 1$ 时, $f_{Y|X}(y \mid x) = \begin{cases} \dfrac{1}{2x}, & |y| < x, \\ 0, & \text{其他}. \end{cases}$

20. 当 $0 < x \leqslant 1$ 时, $f_{Y|X}(y \mid x) = \begin{cases} \dfrac{1}{x}, & 0 < y < x, \\ 0, & \text{其他}. \end{cases}$

   当 $1 < x < 2$ 时, $f_{Y|X}(y \mid x) = \begin{cases} \dfrac{1}{2-x}, & x - 1 < y < 1, \\ 0, & \text{其他}. \end{cases}$

   $P\{0 < Y < 0.5 \mid X = 0.5\} = 1, P\{0 < Y < 0.5 \mid X = 1.2\} = 0.625.$

21. 当 $0 < x < \dfrac{\pi}{2}$ 时, $f_{Y|X}(y \mid x) = \begin{cases} \dfrac{1}{3}, & 0 \leqslant y \leqslant 3, \\ 0, & \text{其他}. \end{cases}$

当 $0 \leqslant y \leqslant 3$ 时, $f_{X|Y}(x \mid y) = \begin{cases} \sin x, & 0 \leqslant x \leqslant \dfrac{\pi}{2}, \\ 0, & \text{其他}. \end{cases}$

22. 不相互独立.

23. $(1)\, y > 0$ 时, $f_{X|Y}(x \mid y) = \begin{cases} \lambda e^{-\lambda x}, & x > 0, \\ 0, & x \leqslant 0. \end{cases}$

$(2)\, Z$ 的分布律

Z	0	1
P	$\dfrac{\mu}{\lambda+\mu}$	$\dfrac{\lambda}{\lambda+\mu}$

24. $(1)\, \dfrac{1}{2}$.　$(2)\, 0.1207$.

25. $(1)\, \dfrac{1}{4}$.　$(2)\, \dfrac{5}{8}$.

26. $f_Z(z) = \begin{cases} z^2, & 0 < z \leqslant 1, \\ 2z - z^2, & 1 < z \leqslant 2, \\ 0, & \text{其他}. \end{cases}$

27. $f_Z(z) = \begin{cases} \dfrac{1}{2}\lambda^3 z^2 e^{-\lambda z}, & z > 0, \\ 0, & z \leqslant 0. \end{cases}$

28. $f_Z(z) = \dfrac{1}{\pi(1+z^2)}$.

29. $(1)\, 2, 0$.　$(2)\, -\dfrac{1}{15}$.　$(3)\, 5$.

30. $\dfrac{4}{5}, \dfrac{3}{5}, \dfrac{1}{2}, \dfrac{16}{15}$.

31. $300 e^{-\frac{1}{4}} - 200 \approx 33.64$.

32. $(1)\, \dfrac{3}{4}, \dfrac{5}{8}$.　$(2)\, \dfrac{1}{8}$.

33. $(1)\, \dfrac{2}{3}, 0, 0$.　$(2)\, X, Y$ 不相互独立.

34. $\dfrac{7}{6},\dfrac{7}{6},-\dfrac{1}{36},-\dfrac{1}{11},\dfrac{5}{9}$.

35. $E(X+Y+Z)=1,D(X+Y+Z)=\dfrac{7}{2}$.

36. $\dfrac{1}{2}$.

37. $1-\mathrm{e}^{-\frac{r}{2}}$.

习题四

1. 略.　2. $P\{260<Y<340\}\geqslant\dfrac{13}{16}$.

3. (1)0.7372.　(2)0.9878.　4.0.9520.　5.141.4.

习题五

1. (1)(2)(3) 是统计量,(4)(5) 不是统计量.

2. (1)0.2628;　(2)0.2923;　(3)0.5785.

3. 0.6744.

4. 当 $X\sim B(m,p)$ 时,$E(\overline{X})=mp$,$D(\overline{X})=\dfrac{mp(1-p)}{n}$,

$E(S^2)=mp(1-p)$;

当 $X\sim E(\lambda)$ 时,$E(\overline{X})=\dfrac{1}{\lambda}$,$D(\overline{X})=\dfrac{1}{n\lambda^2}$,$E(S^2)=\dfrac{1}{\lambda^2}$.

5. 略.　6. $F_{10}(x)=\begin{cases}0, & x<-4,\\ 1/10, & -4\leqslant x<0,\\ 2/10, & 0\leqslant x<2,\\ 4/10, & 2\leqslant x<2.5,\\ 7/10, & 2.5\leqslant x<3,\\ 8/10, & 3\leqslant x<3.2,\\ 9/10, & 3.2\leqslant x<4,\\ 1, & x\geqslant4.\end{cases}$

7. (1)22.362,17.535;　(2)1.9432,1.3722;　(3)3.33,0.4.

8. 0.01.　9. $\chi^2(2)$.　10. 略.

习题六

1. 矩估计量为 $\hat{\lambda}=\overline{X}$,最大似然估计值为 $\hat{\lambda}=\overline{x}$.

2. $\hat{n} = \dfrac{\overline{X}^2}{\overline{X} - B_2}$,　　$\hat{p} = 1 - \dfrac{B_2}{\overline{X}}$.

3. $\hat{\mu} = \overline{X} - \sqrt{B_2}$,　　$\hat{\theta} = \dfrac{1}{\sqrt{B_2}}$.

4. 997.1,　15574.3.

5. (1) $\hat{\theta} = -\dfrac{n}{\displaystyle\sum_{i=1}^{n} \ln X_i}$.　　(2) $\hat{\theta} = \dfrac{n}{\displaystyle\sum_{i=1}^{n} X_i^{\alpha}}$.

6. 略.

7. $C = \dfrac{1}{2(n-1)}$.

8. (1) $\hat{\theta}_1, \hat{\theta}_3$ 是 θ 的无偏估计量.　　(2) $\hat{\theta}_3$ 较 $\hat{\theta}_2$ 有效.

9. (1) (2.121, 2.129).　　(2) (2.117, 2.133).

10. (55.2053, 444.092).

11. (1.3399, 5.6433).

12. (−7.49765, 1.96431).

13. (0.2217, 3.601).

14. 2.122.

15. 12.12.

16. $\overline{X} - \overline{Y} + z_\alpha \sqrt{\dfrac{\sigma_1^2}{m} + \dfrac{\sigma_2^2}{n}}$.

习题七

1. 该自动机工作不正常.

2. 可以接受这批矿砂的镍含量的均值为 3.25.

3. 岩石密度测量误差的均值满足要求.

4. 这批元件不合格.

5. 可以认为装配时间的均值显著地大于 10.

6. 接受 H_0.

7. 认为这批导线的标准差显著偏大.

8. 乙车床产品的方差比甲车床产品的小.

9. 甲、乙两企业生产的钢丝的抗拉强度有显著差异.

10. 拒绝 H_0.

11. 这 2 台机床加工的零件口径的方差无显著差异.

12. 接受 H_0.

13. 配对问题,2 个化验室测量值之间无显著差异.

14. 配对问题,这 2 种种子种植的谷物的产量无显著差异.

15. (1) 接受 H_0. (2) 接受 H'_0.

16. 认为一页的印刷错误个数服从泊松分布.

17. 接受 H_0.

18. 这些数据来自正态总体.

19. 拒绝 H_0.

20. $\left\{ \dfrac{s_1^2}{s_2^2} \geqslant F_\alpha(m-1, n-1) \right\}$.

习题八

1. 无显著差异.

2. 有显著差异.

3. $\hat{y} = 0.499x + 11.6$, $F = 272.698$,线性回归方程显著.

4. $\hat{y} = 0.223x + 9.121$, $F = 439.83$,线性回归方程显著,
   估计值 $\hat{y}\big|_{x=42} = 18.488$,预测区间$(17.320, 19.656)$.

参考文献

1. 盛骤,谢式千.概率论与数理统计及其应用(第二版).北京:高等教育出版社,2010.

2. 袁荫棠.概率论与数理统计(第二版).北京:中国人民大学出版社,1990.

3. 张从军,刘亦农,肖丽华,周惠新.概率论与数理统计(第二版).上海:复旦大学出版社,2012.

4. 吴小霞,许芳,朱家砚.概率论与数理统计.武汉:华中科技大学出版社,2013.

5. 肖筱南,茹世才,欧阳克智,王惠君.新编概率论与数理统计(第二版).北京:北京大学出版社,2013.

6. 秦衍.概率论与数理统计同步辅导与习题全解.上海:华东理工大学出版社,2012.

7. 苏保河,刘中学.高等数学.厦门:厦门大学出版社,2013.

8. 马庆国.管理统计.北京:科学出版社,2002.

9. 张宜华.精通 SPSS.北京:清华大学出版社,2001.

图书在版编目(CIP)数据

概率论与数理统计/苏保河编著.—厦门:厦门大学出版社,2015.1
高等学校通识课程教材系列
ISBN 978-7-5615-5351-0

Ⅰ.①概…　Ⅱ.①苏…　Ⅲ.①概率论-高等学校-教材②数理统计-高等学校-教材
Ⅳ.①O21

中国版本图书馆 CIP 数据核字(2014)第 309020 号

官方合作网络销售商:

厦门大学出版社出版发行

(地址:厦门市软件园二期望海路 39 号　邮编:361008)

总 编 办 电 话:0592-2182177　传真:0592-2181253

营销中心电话:0592-2184458　传真:0592-2181365

网址:http://www.xmupress.com

邮箱:xmup @ xmupress.com

沙县四通彩印有限公司印刷

2015 年 1 月第 1 版　2015 年 1 月第 1 次印刷

开本:720×970　1/16　印张:19　插页:2

字数:332 千字　印数:1~3 000 册

定价:37.00 元

本书如有印装质量问题请直接寄承印厂调换